Fünfstellige Funktionentafeln

Kreis-, zyklometrische, Exponential-, Hyperbel-, Kugel-,
Besselsche, elliptische Funktionen, Thetanullwerte,
natürlicher Logarithmus, Gammafunktion u. a. m.

nebst
einigen häufig vorkommenden Zahlenwerten

von

林 桂 一
(Keiichi Hayashi)
Professor an der Kaiserlichen Kyushu-Universität
Japan

Mit 17 Textabbildungen

Berlin
Verlag von Julius Springer
1930

ISBN-13:978-3-642-89809-9   e-ISBN-13:978-3-642-91666-3
DOI: 10.1007/978-3-642-91666-3

Vorwort.

Die vorliegende Tafelsammlung besteht im wesentlichen in einer Zusammenfassung meiner beiden bereits erschienenen Werke[1]). Abgesehen von sehr wenigen Fällen beschränken sich die angegebenen Ziffern im vorliegenden Band auf fünf Dezimalstellen, während die beiden obengenannten Werke sieben- und mehrstellig waren. Die Sammlung enthält in ungefähr fünfzig Tafeln bzw. Tafelgruppen die Werte der wichtigsten aller höheren Funktionen, die in neuerer Zeit in den mathematischen sowie technischen Wissenschaften mehr und mehr in Anwendung kommen.

Die Tafeln I bis XIV befassen sich mit Kreis- und Hyperbelfunktionen. Die Werte der zyklometrischen- und Exponentialfunktionen, sowie der natürlichen Logarithmen, welche mit den Kreis- und Hyperbelfunktionen in enger Beziehung stehen, sind gleichzeitig angegeben. Einige elementare Tabellen, die sich auf diese Funktionen beziehen und in der praktischen Geometrie sowie in der Physik vielfach in Gebrauch sind, habe ich noch beigefügt.

Die Werte der Zylinderfunktionen $J_0(x)$, $J_1(x)$ in Tafel XV stammen größtenteils aus der bekannten Meißelschen Tafel, während die Funktionen $Y_0(x)$, $Y_1(x)$ mit Hilfe der Tafel[2]) von Watson von mir berechnet sind.

Die Tafeln der Kugelfunktionen in XXVI sind vollständig neu von mir hergestellt. Bei der Vergleichung mit den vorhandenen Tafeln für diese Funktionen fand ich ziemlich viele Ungenauigkeiten.

Die Tafeln XXVII, XXVIII der elliptischen Integrale sind aus den bekannten Tafeln von Legendre ausgewählt, während die Werte K, E in den Tafeln XXX und XXXI zum Teil von mir berechnet sind. Diese Werte wurden mit der Tafel[3]) von Nagaoka verglichen.

Die Werte der Funktionen $\vartheta_1'(0)$, $\vartheta_2(0)$, $\vartheta_3(0)$, $\vartheta_0(0)$, q und $\Gamma(x)$ in XXXII und XXXIII verdanken ausschließlich meiner Bemühung ihre Entstehung. Betreffs der Logarithmen der Funktionen $\vartheta_1'(0)$, $\vartheta_2(0)$, $\vartheta_3(0)$, $\vartheta_0(0)$, q verweise ich auf die Nagaokaschen Tafeln.

Die Tafeln von XXXVI bis IL bieten sozusagen in einem Guß ein vollständiges Hilfsmaterial für den rechnenden Physiker und Techniker. Sie sind teils aus zahlreichen Büchern gesammelt, teils aus meinen tatsächlichen Bedürfnissen in Wissenschaft und Praxis hervorgegangen.

Was die Abbildungen betrifft, die den Verlauf der Funktionen darstellen, habe ich auch solche angegeben, die sich vielleicht in einer Sammlung der vor-

---

[1]) Sieben- u. mehrstellige Tafeln, Berlin 1926. — Tafeln der Besselschen usw. Funktionen, Berlin 1930.

[2]) Watson, Theory of Bessel functions, Cambridge 1922.

[3]) Nagaoka u. Sakurai, Tables of Thetafunctions, Tokyo 1922.

liegenden Art erübrigen, weil man durch den bloßen Anblick des Kurvenverlaufs manches lernen kann, was bei rein theoretischer Betrachtung entweder gar nicht oder nur oberflächlich in den Sinn kommt.

Herrn Dr.-Ing. F. Schleicher, Privatdozent an der Technischen Hochschule Karlsruhe, der mir gern die Erlaubnis zum Abdruck seiner Tafeln (XXI) für die Besselschen Funktionen gegeben hat, spreche ich meinen tiefsten Dank aus. Des Prof. A. Dinnik in Jekaterinoslaw, der mir seine Arbeit über die Besselschen Funktionen zur Verfügung stellte, sei ferner hier gedacht. Den sonstigen Verfassern, aus deren Werken ich meine Sammlung bereichert habe, schulde ich vielen Dank.

Zum Schluß hoffe ich, daß sich das Buch trotz vieler Mängel als nützlich erweisen wird, und daß die Benutzer bemerken werden, daß das Ganze nicht bloß durch Zusammenschreiben aus verschiedenen Büchern entstanden, sondern auch zum großen Teil Ergebnisse eigener Bemühung darin niedergelegt sind.

Ferner hege ich die Hoffnung, daß zu einer späteren Zeit durch Anregungen zu Verbesserungen oder durch Aufnahme weiterer Stoffe, die mir, wie ich hoffe, die Benutzer des Buches zur Verfügung stellen werden, die vorhandenen Mängel ausgeglichen werden können.

Berlin, im August 1930.   **K. Hayashi.**

Inhaltsverzeichnis.

Kreis-, Exponential- und Hyperbelfunktionen.

Besselsche Funktionen.

Kugelfunktionen.

Elliptische Funktionen.

$$E(\varphi, k) = \int\limits_0^{\varphi} \sqrt{1 - k^2 \sin^2 \varphi}\, d\varphi,$$

$$[k = \sin \vartheta]$$

$$\varphi = 0^0 - 90^0 \text{ für jeden } 1^0,$$

$$(\vartheta = 0 - 90^0 \text{ nach } 5^0 \text{ fortschreitend}).$$

$$[k = \sin \vartheta]$$

$$k^2 = 0 - 1{,}00 \text{ für jedes } 0{,}01.$$

$$K = F\left(\frac{\pi}{2}, k\right) = \int\limits_0^{\frac{\pi}{2}} \frac{d\varphi}{\sqrt{1 - k^2 \sin^2 \varphi}}, \qquad K' = F\left(\frac{\pi}{2}, k'\right),$$

$$E = E\left(\frac{\pi}{2}, k\right) = \int\limits_0^{\frac{\pi}{2}} \sqrt{1 - k^2 \sin^2 \varphi}\, d\varphi, \qquad E' = E\left(\frac{\pi}{2}, k'\right)$$

$$[k = \sin \vartheta, \qquad k^2 + k'^2 = 1]$$

$$k^2 = 0 - 0{,}500 \text{ für jedes } 0{,}001.$$

$$\begin{cases} \vartheta = 0^0 - 70^0 \text{ für jeden } 1^0, \\ \vartheta = 70^0 - 80^0 \quad,, \quad ,, \quad 0{,}5^0, \\ \vartheta = 80^0 - 89^0 \quad,, \quad ,, \quad 0{,}2^0, \\ \vartheta = 89^0 - 90^0 \quad,, \quad ,, \quad 0{,}1^0. \end{cases}$$

$$k^2 = 0{,}000 - 0{,}500 \text{ für jedes } 0{,}001.$$

Gammafunktion.

$$\begin{cases} x = -5 - 1{,}00 \quad \text{für jedes } 0{,}01, \\ x = 1 - 2{,}000 \quad,, \quad ,, \quad 0{,}001, \\ x = 2 - 5{,}00 \quad,, \quad ,, \quad 0{,}01. \end{cases}$$

$$x = 0 - 0{,}99 \text{ für jedes } 0{,}01.$$

$$[\log_{10} \Gamma(1+n) = \log_{10}(n!)]$$

$$n = 1 - 100.$$

Verschiedenes.

$$\gamma = 0 - 3{,}00 \text{ für jedes } 0{,}01.$$

I
Tafel der Funktionen

sin x, cos x, tg x, arc sin x, arc cos x, arc tg x;

Sin x, Cof x, Tg x, Ar Sin x, Ar Cof x, Ar Tg x, Amp x;

e^x, e^{-x}, $\log_e x$

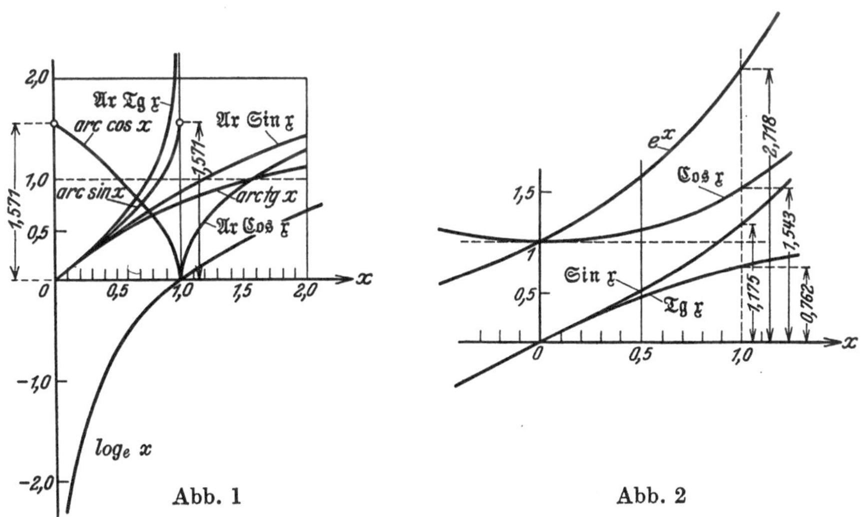

V
Werte von x bei gegebener Amp x

x	φ	sin x	cos x	tg x	arc sin x	arc cos x	arc tg x	$\log_e x$
0	o	o	1	o	o	1,57080	o	— ∞
0,01	0° 34′ 23″	0,01000	0,99995	0,01000	0,01000	6080	0,01000	—4,60517
2	1 08 45	2000	980	2000	2000	5079	2000	—3,91202
3	1 43 08	3000	955	3001	3000	4079	2999	—3,50656
4	2 17 31	3999	920	4002	4001	3079	3998	—3,21888
5	2 51 53	4998	875	5004	5002	2078	4996	—2,99573
6	3 26 16	5996	820	6007	6004	1076	5993	—2,81341
7	4 00 39	6994	755	7011	7006	0074	6989	—2,65926
8	4 35 01	7991	680	8017	8009	1,49071	7983	—2,52573
9	5 09 24	8988	595	9024	9012	8067	8976	—2,40795
0,10	5 43 46	9983	500	0,10033	0,10017	7063	9967	—2,30259
1	6 18 09	0,10978	396	1045	1022	6057	0,10956	—2,20727
2	6 52 32	1971	281	2058	2029	5051	1943	—2,12026
3	7 26 54	2963	156	3074	3037	4043	2928	—2,04022
4	8 01 17	3954	022	4092	4046	3063	3910	—1,96611
5	8 35 40	4944	0,98877	5114	5057	2023	4889	—1,89712
6	9 10 02	5932	723	6138	6069	1011	5866	—1,83258
7	9 44 25	6918	558	7166	7083	1,39997	6839	—1,77196
8	10 18 48	7903	384	8197	8099	8981	7809	—1,71480
9	10 53 10	8886	200	9232	9116	7963	8776	—1,66073
0,20	11 27 33	9867	007	0,20271	0,20136	6944	9740	—1,60944
1	12 01 56	0,20846	0,97803	1314	1156	5922	0,20699	—1,56064
2	12 36 18	1823	590	2362	2181	4898	1655	—1,51413
3	13 10 41	2798	367	3414	3208	3872	2607	—1,46968
4	13 45 04	3770	134	4472	4237	2843	3554	—1,42712
5	14 19 26	4740	0,96891	5534	5268	1812	4498	—1,38629
6	14 53 49	5708	639	6602	6302	0778	5437	—1,34707
7	15 28 12	6673	377	7676	7339	1,29740	6371	—1,30933
8	16 02 34	7636	106	8755	8379	8700	7301	—1,27297
9	16 36 57	8595	0,95824	9841	9423	7657	8226	—1,23787
0,30	17 11 19	9552	5534	0,30934	0,30469	6610	9146	—1,20397
1	17 45 42	0,30506	5233	2033	1519	5560	0,30061	—1,17118
2	18 20 05	1457	4924	3139	2573	4507	0970	—1,13943
3	18 54 27	2404	4604	4252	3630	3449	1875	—1,10866
4	19 28 50	3349	4275	5374	4692	2388	2774	—1,07881
5	20 03 13	4290	3937	6503	5757	1323	3667	—1,04982
6	20 37 35	5227	3590	7640	6827	0253	4556	—1,02165
7	21 11 58	6162	3233	8786	7901	1,19179	5438	—0,99425
8	21 46 21	7092	2866	9941	8980	8100	6315	—0,96758
9	22 20 43	8019	2491	0,41105	9063	7016	7186	—0,94161
0,40	22 55 06	8942	2106	2279	0,41152	5928	8051	—0,91629
1	23 29 29	9861	1712	3463	2245	4834	8910	—0,89160
2	24 03 51	0,40776	1309	4657	3345	3735	9763	—9,86750
3	24 38 14	1687	0897	5862	4449	2630	0,40610	—0,84397
4	25 12 37	2594	0475	7078	5560	1520	1451	—0,82098
5	25 46 59	3497	0045	8306	0677	0403	2285	—0,79861
6	25 21 22	4395	0,89605	9545	7800	1,09280	3114	—0,77653
7	26 55 44	5289	9157	0,50797	8918	8162	3936	—0,75502
8	27 30 07	6178	8690	2061	0,50065	7014	4752	—0,73397
9	28 04 30	7063	8263	3339	1209	5871	5562	—0,71335

Amp x	x	Amp x	x	Amp x	x	Amp x	x	Amp x	x
0	o	**1°00′**	0,01745	**2°00′**	0,03491	**3°00′**	0,05238	**4°00′**	0,06987
0° 10′	0,00291	10	2036	10	3782	10	5530	10	7279
20	0582	20	2327	20	4074	20	5821	20	7570
30	0873	30	2618	30	4365	30	6112	30	7862
40	1164	40	2909	40	4656	40	6404	40	8154
50	1454	50	3200	50	4947	50	6695	50	8446

x	e^x	e^{-x}	Sin x	Cos x	Tg x	Ar Sin x	Ar Tg x	Amp x
0	I	I	o	I	o	o	o	o
0,01	1,01005	0,99005	0,01000	1,00005	0,01000	0,01000	0,01000	0° 34′ 23″
2	2020	8020	2000	020	2000	2000	2000	1 08 45
3	3045	7045	3000	045	2999	3000	3001	1 43 07
4	4081	6079	4001	080	3998	3999	4002	2 17 28
5	5127	5123	5002	125	4996	4998	5004	2 51 49
6	6184	4196	6004	180	5993	5996	6007	3 26 09
7	7251	3239	7006	245	6989	6994	7011	4 00 27
8	8329	2312	8009	320	7983	7991	8017	4 34 44
9	9417	1393	9012	405	8976	8887	9024	5 08 59
0,10	1,10517	0483	0,10017	500	9967	9983	0,10034	5 43 12
1	1628	0,89583	1022	606	0,10956	0,10977	1045	6 17 24
2	2750	8692	2029	721	1943	1971	2058	6 51 33
3	3882	7810	3037	846	2927	2964	3074	7 25 39
4	5027	6936	4046	982	3909	3955	4093	7 59 43
5	6183	6071	5056	1,01127	4888	4944	5114	8 33 44
6	7351	5214	6068	283	5865	5933	6139	9 07 42
7	8530	4366	7082	448	6838	6919	7167	9 41 37
8	9722	3527	8097	624	7808	7904	8198	10 15 29
9	1,20925	2696	9115	810	8775	8888	9234	49 17
0,20	2140	1873	0,20134	1,02006	9737	9869	0,20273	11 23 01
1	3368	1058	1155	213	0,20697	0,20849	1317	56 41
2	4608	0252	2178	430	1652	1826	2366	12 30 17
3	5860	0,79453	3203	657	2603	2802	3419	13 03 48
4	7125	8663	4231	894	3550	3775	4476	37 15
5	8403	7880	5261	1,03141	4492	4747	5541	14 10 37
6	9693	7105	6294	399	5430	5716	6611	43 55
7	1,30996	6338	7329	667	6362	6682	7686	15 17 07
8	2313	5578	8367	946	7291	7646	8768	50 14
9	3643	4826	9408	1,04235	8213	8608	9857	16 23 16
0,30	4986	4082	0,30452	534	9131	9567	0,30951	56 12
1	6343	3345	1499	844	0,30044	0,30524	2055	17 29 02
2	7713	2615	2549	1,05164	0951	1478	3165	18 01 46
3	9097	1892	3602	495	1852	2429	4283	34 25
4	1,40495	1177	4659	836	2748	3377	5409	19 06 57
5	1907	0469	5719	1,06188	3638	4322	6544	39 22
6	3333	0,69768	6783	550	4521	5265	7689	20 11 42
7	4773	9074	7850	923	5399	6204	8842	43 54
8	6228	8386	8921	1,07307	6271	7140	0,40006	21 16 00
9	7698	7706	9996	702	7136	8073	1180	47 58
0,40	9182	7032	0,41075	1,08107	7995	9004	2365	22 19 50
1	1,50682	6365	2158	523	8847	9930	3561	51 34
2	2196	5705	3246	950	9693	0,40854	4769	23 23 11
3	3726	5051	4337	1,09388	0,40532	1774	5990	54 41
4	5271	4404	5434	837	1364	2691	7223	24 26 02
5	6831	3763	6534	1,10297	2190	3605	8470	57 16
6	8407	3128	7640	768	3008	4515	9731	25 28 22
7	9999	2500	8750	1,11250	3820	5422	0,51007	59 21
8	1,61607	1878	9865	743	4624	6325	2298	26 30 11
9	3232	1263	0,50984	1,12247	5422	7225	3606	27 00 52

Amp x	x	Amp x	x	Amp x	x	Amp x	x	Amp x	x
5°00′	0,08738	6°00′	0,10491	7°00′	0,12248	8°00′	0,14008	9°00′	0,15773
10	9030	10	0784	10	2541	10	4302	10	6068
20	9322	20	1076	20	2834	20	4596	20	6362
30	9614	30	1369	30	3128	30	4890	30	6657
40	9906	40	1662	40	3421	40	5184	40	6952
50	0,10199	50	1955	50	3715	50	5479	50	7247

x	φ	sin x	cos x	tg x	arc sin x	arc cos x	arc tg x	$\log_e x$
0,50	28° 38′ 52″	0,47943	0,87758	0,54630	0,52360	1,04720	0,46365	—0,69315
1	29 13 15	8818	7264	5936	3518	3561	7162	7334
2	29 47 38	9688	6782	7256	4685	2395	7952	5393
3	30 22 00	0,50553	6281	8592	5860	1220	8736	3488
4	30 56 23	1414	5771	9943	7044	0036	9513	1619
5	31 30 46	2269	5252	0,61311	8236	0,98843	0,50284	—0,59784
6	32 05 08	3119	4726	2695	9439	7641	1049	7982
7	32 39 31	3963	4190	4097	0,60651	6429	1807	6212
8	33 13 54	4802	3646	5517	1873	5207	2558	4473
9	33 48 16	5636	3094	6956	3106	3974	3303	2763
0,60	34 22 39	6464	2534	8414	4350	2730	4042	1083
1	34 57 02	7287	1965	9892	5606	1474	4774	—0,49430
2	35 31 24	8104	1388	0,71391	6874	0205	5500	7804
3	36 05 47	8914	0803	2911	8155	0,88924	6219	6204
4	36 40 09	9720	0210	4454	9450	7630	6931	4629
5	37 14 32	0,60519	0,79608	6020	0,70758	6321	7638	3078
6	37 48 55	1312	8999	7610	2082	4998	8337	1552
7	38 23 17	2099	8382	9225	3421	3659	9031	0048
8	38 57 40	2879	7757	0,80866	4776	2207	9718	—0,38566
9	39 32 03	3654	7125	2534	6149	0930	0,60398	7106
0,70	40 06 25	4422	6484	4229	7540	0,79540	1073	5667
1	40 40 48	5183	5836	5953	8950	8130	1741	4249
2	41 15 11	5938	5181	7707	0,80380	6699	2402	2850
3	41 49 33	6687	4517	9492	1832	5247	3058	1471
4	42 23 56	7429	3847	0,91309	3307	3773	3707	0111
5	42 58 19	8164	3169	3160	4806	2273	4350	—0,28768
6	43 32 41	8892	2484	5045	6331	0748	4987	7444
7	44 07 04	9614	1791	6967	7884	0,69196	5618	6136
8	44 41 27	0,70328	1091	0,98926	9467	7613	6243	4846
$\frac{\pi}{4} = 0{,}78\ldots$	45	0711	0711	1	0,90334	6746	6563	4156
9	45 15 49	1035	0385	1,00925	1081	5999	6861	3572
0,80	45 50 12	1736	0,69671	2964	2730	4350	7474	2314
1	46 24 34	2429	8950	5046	4415	2664	8081	1072
2	46 58 57	3115	8222	7171	6141	0939	8682	—0,19845
3	47 33 20	3793	7488	9343	7911	0,59169	9277	8633
4	48 07 42	4464	6746	1,11563	9728	7351	9866	7435
5	48 42 05	5128	5998	3833	1,01599	5481	0,70449	6252
6	49 16 28	5784	5244	6156	3527	3553	1027	5082
7	49 50 50	6433	4483	8532	5520	1559	1599	3926
8	50 25 13	7074	3715	1,20966	7586	0,49493	2165	2783
9	50 59 36	7707	2941	3460	9735	7345	2726	1653
0,90	51 33 58	8333	2161	6016	1,11977	5103	3282	0536
1	52 08 21	8950	1375	8637	4328	2751	3831	—0,09431
2	52 42 44	9560	0582	1,31326	6808	0272	4376	8338
3	53 17 06	0,80162	0,59783	4087	9441	0,37638	4914	7257
4	53 51 29	0756	8979	6923	1,22263	4817	5448	6188
5	54 25 52	1342	8168	9838	5324	1756	5976	5129
6	55 00 14	1919	7352	1,42836	8700	0,28379	6499	4082
7	55 34 37	2489	6530	5920	1,32523	4557	7017	3046
8	56 09 00	3050	5702	9096	7046	0033	7530	2020
9	56 43 22	3603	4869	1,52368	1,42926	0,14154	8037	1005
1,00					1,57080	0		

𝔄mp x	x	𝔄mp x	x	𝔄mp x	x	𝔄mp x	x	𝔄mp x	x
10° 00′	0,17543	**11° 00′**	0,19318	**12° 00′**	0,21099	**13° 00′**	0,22886	**14° 00′**	0,24681
10	7838	10	9614	10	1396	10	3185	10	4981
20	8134	20	9911	20	1694	20	3484	20	5281
30	8429	30	0,20207	30	1992	30	3783	30	5582
40	8725	40	0504	40	2290	40	4082	40	5882
50	9021	50	0801	50	2588	50	4382	50	6183

x	e^x	e^{-x}	Sin x	Cos x	Tg x	Ar Sin x	Ar Tg x	Amp x
0,50	1,64872	0,60653	0,52110	1,12763	0,46212	0,48121	0,54931	27° 31′ 26″
1	6529	0050	3240	3289	6995	9014	6273	28 01 51
2	8203	0,59452	4375	3827	7770	9903	7634	32 07
3	9893	8860	5516	4377	8538	0,50788	9015	29 02 15
4	1,71601	8275	6663	4938	9299	1670	0,60416	32 14
5	3325	7695	7815	5510	0,50052	2548	1838	30 02 04
6	5067	7121	8973	6094	0798	3422	3283	31 45
7	6827	6553	0,60137	6690	1536	4293	4752	31 01 17
8	8604	5990	1307	7297	2267	5160	6246	30 40
9	1,80399	5433	2483	7916	2990	6023	7767	59 54
0,60	2212	4881	3665	8547	3705	6882	9315	32 28 59
1	4043	4335	4854	9189	4413	7738	0,70892	57 54
2	5893	3794	6049	9844	5113	8590	2501	33 26 40
3	7761	3259	7251	1,20510	5805	9438	4142	55 16
4	9648	2729	8459	1189	6490	0,60282	5817	34 23 43
5	1,91554	2205	9675	1879	7167	1122	7530	52 00
6	3479	1685	0,70897	2582	7836	1959	9281	35 20 08
7	5424	1171	2126	3297	8498	2792	0,81074	48 06
8	7388	0662	3363	4025	9152	3621	2911	36 15 54
9	9372	0158	4607	4765	9798	4446	4796	43 32
0,70	2,01375	0,49659	5858	5517	0,60437	5267	6730	37 11 00
1	3399	9164	7117	6282	1068	6084	8718	38 18
2	6443	8675	8384	7059	1691	6897	0,90764	38 05 27
3	7508	8191	9659	7849	2307	7707	2873	32 25
4	9594	7711	0,80941	8652	2915	8513	5048	59 14
5	2,11700	7237	2232	9468	3515	9315	7296	39 25 52
6	3828	6767	3530	1,30297	4108	0,70113	9622	52 20
7	5977	6301	4838	1139	4693	0907	1,02033	40 18 38
8	8147	5841	6153	1994	5271	1697	4537	44 46
$\frac{\pi}{4}=0{,}78\ldots$	9328	5594	6867	2461	5579	2123	5931	58 48
9	2,20340	5384	7478	2862	5841	2484	7143	41 10 43
0,80	2554	4933	8811	3743	6404	3267	9861	36 31
1	4791	4486	0,90152	4638	6959	4046	1,12703	42 02 08
2	7050	4043	1503	5547	7507	4821	5682	27 35
3	9332	3605	2863	6468	8048	5592	8814	52 51
4	2,31637	3171	4233	7404	8581	6360	1,22117	43 17 57
5	3965	2741	5612	8353	9107	7124	5615	42 53
6	6316	2316	7000	9316	9626	7884	9334	44 07 39
7	8691	1895	8398	1,40293	0,70137	8640	1,33308	32 15
8	2,41090	1478	9806	1284	0642	9393	1,37577	56 40
9	3513	1066	1,01224	2289	1139	0,80142	1,42193	45 20 54
0,90	5960	0657	2652	3309	1630	0887	1,47222	44 59
1	8432	0225	4090	4342	2113	1628	1,52752	46 08 53
2	2,50929	0,39852	5539	5390	2590	2366	1,58903	32 37
3	3451	9455	6998	6453	3059	3100	1,65839	56 10
4	5998	9063	8468	7530	3522	3830	1,73805	47 19 34
5	8571	8674	9948	8623	3978	4557	1,83178	42 47
6	2,61170	8289	1,11440	9729	4428	5280	1,94591	48 05 49
7	3794	7908	2943	1,50851	4870	6000	2,09230	28 42
8	6446	7531	4457	1988	5307	6716	2,29756	51 24
9	9123	7158	5983	3141	5736	7428	2,64665	49 13 56
1,00							∞	

Amp x	x	Amp x	x	Amp x	x	Amp x	x	Amp x	x
15°00′	0,26484	**16°00′**	0,28295	**17°00′**	0,30116	**18°00′**	0,31946	**19°00′**	0,33786
10	6785	10	8598	10	0420	10	2252	10	4094
20	7087	20	8901	20	0725	20	2558	20	4402
30	7389	30	9204	30	1030	30	2865	30	4711
40	7691	40	9508	40	1335	40	3172	40	5019
50	7993	50	9812	50	1640	50	3479	50	5328

x	φ	sin x	cos x	tg x	arc tg x	$\log_e$ x	Amp x
1,00	57° 17′ 45″	0,84147	0,54030	1,55741	0,78540	0	49° 36′ 18″
1	57 52 07	4683	3186	1,59221	9037	0,00995	58 29
2	58 26 30	5211	2337	1,62813	9530	1980	50 20 31
3	59 00 53	5730	1482	1,66524	0,80018	2956	42 22
4	59 35 15	6240	0622	1,70361	0500	3922	51 04 03
5	60 09 38	6742	0,49757	1,74332	0978	4879	25 35
6	60 44 01	7236	8887	1,78442	1452	5827	46 56
7	61 18 23	7720	8012	1,82703	1920	6766	52 08 07
8	61 52 46	8196	7133	1,87122	2384	7696	29 08
9	62 27 09	8663	6249	1,91709	2843	8618	49 59
1,10	63 01 31	9121	5360	1,96476	3298	9531	53 10 40
1	63 35 54	9570	4466	2,01434	3748	0,10436	31 11
2	64 10 17	0,90010	3568	2,06596	4194	1333	51 33
3	64 44 39	0441	2666	2,11975	4636	2222	54 11 44
4	65 19 02	0863	1759	2,17588	5073	3103	31 46
5	65 53 25	1276	0849	2,23450	5505	3976	51 38
6	66 27 47	1680	0,39934	2,29580	5934	4842	55 11 21
7	67 02 10	2075	9015	2,35998	6358	5700	30 53
8	67 36 32	2461	8092	2,42727	6778	6551	50 16
9	68 10 55	2837	7166	2,49790	7194	7395	56 09 30
1,20	68 45 18	3204	6236	2,57215	7606	8232	28 34
1	69 19 40	3562	5302	2,65032	8014	9062	47 28
2	69 54 03	3910	4365	2,73275	8417	9885	57 06 13
3	70 28 26	4249	3424	2,81982	8817	0,20701	24 49
4	71 02 48	4578	2480	2,91193	9213	1511	43 15
5	71 37 11	4898	1532	3,00957	9606	2314	58 01 32
6	72 11 34	5209	0582	3,11327	9994	3111	19 39
7	72 45 56	5510	9628	3,22363	0,90378	3902	37 38
8	73 20 19	5802	8672	3,34135	0759	4686	55 27
9	73 54 42	6084	0,27712	3,46721	1137	5464	59 13 07
1,30	74 29 04	6356	6750	3,60210	1510	6236	30 38
1	75 03 27	6618	5785	3,74708	1880	7003	48 00
2	75 37 50	6872	4818	3,90335	2246	7763	60 05 13
3	76 12 12	7115	3848	4,07230	2609	8518	22 18
4	76 46 35	7348	2875	4,25562	2969	9267	39 13
5	77 20 57	7572	1901	4,45522	3325	0,30010	55 59
6	77 55 20	7786	0924	4,67344	3677	0748	61 12 37
7	78 29 43	7991	0,19945	4,91306	4026	1481	29 06
8	79 04 05	8185	8964	5,17744	4373	2208	45 26
9	79 38 28	8370	7981	5,47069	4715	2930	62 01 38
1,40	80 12 51	8545	6997	5,79788	5055	3647	17 41
1	80 47 13	8710	6010	6,16536	5391	4359	33 36
2	81 21 36	8865	5023	6,58112	5724	5066	49 22
3	81 55 59	9010	4033	7,05546	6054	5767	63 05 00
4	82 30 21	9146	3042	7,60183	6381	6464	20 30
5	83 04 44	9271	2050	8,23809	6705	7156	35 51
6	83 39 07	9387	1057	8,98861	7026	7844	51 04
7	84 13 29	9492	0063	9,88737	7343	8526	64 06 09
8	84 47 52	9588	0,09067	10,98338	7658	9204	21 06
9	85 22 15	9674	8071	12,34986	7970	9878	35 55

Amp x	x	Amp x	x	Amp x	x	Amp x	x	Amp x	x
20° 00′	0,35638	**21° 00′**	0,37501	**22° 00′**	0,39377	**23° 00′**	0,41266	**24° 00′**	0,43169
10	5948	10	7813	10	9691	10	1582	10	3488
20	6258	20	8125	20	0,40005	20	1899	20	3807
30	6568	30	8438	30	0320	30	2216	30	4127
40	6879	40	8750	40	0635	40	2533	40	4446
50	7190	50	9064	50	0950	50	2851	50	4767

x	e^x	e^-x	Sin x	Cos x	Tg x	Ar Sin x	Ar Cos x
1,00	2,71828	0,36788	1,17520	1,54308	0,76159	0,88137	0
1	4560	6422	9069	5491	6576	8843	0,14130
2	7319	6059	1,20630	6689	6987	9545	9967
3	2,80107	5701	2203	7904	7391	0,90243	0,24434
4	2922	5345	3788	9134	7789	0938	8191
5	5765	4994	5386	1,60379	8181	1629	0,31492
6	8637	4646	6996	1641	8566	2317	4470
7	2,91538	4301	8619	2919	8946	3002	7202
8	4468	3960	1,30254	4214	9320	3683	9738
9	7427	3622	1903	5525	9688	4360	0,42114
1,10	3,00417	3287	3565	6852	0,80050	5035	4357
1	3436	2956	5240	8196	0406	5706	6485
2	6485	2628	6929	9557	0757	6373	8513
3	9566	2303	8631	1,70934	1102	7038	0,50453
4	3,12677	1982	1,40347	2329	1441	7699	2316
5	5819	1664	2078	3741	1775	8357	4110
6	8993	1349	3822	5171	2104	9011	5840
7	3,22199	1037	5581	6618	2427	9663	7514
8	5437	0728	7355	8083	2745	1,00311	9135
9	8708	0422	9143	9565	3058	0956	0,60708
1,20	3,32012	0119	1,50946	1,81066	3365	1597	2236
1	5348	0,29820	2764	2584	3668	2236	3724
2	8718	9523	4598	4121	3965	2871	5173
3	3,42123	9229	6447	5676	4258	3504	6586
4	5561	8938	8311	7250	4546	4133	7966
5	9034	8650	1,60191	8842	4828	4759	9315
6	3,52542	8365	2088	1,90454	5106	5382	0,70634
7	6085	8083	4001	2084	5380	6003	1924
8	9664	7804	5930	3734	5648	6620	3189
9	3,63279	7527	7876	5403	5913	7234	4428
1,30	6930	7253	9838	7091	6172	7845	5643
1	3,70617	6982	1,71818	8800	6428	8453	6836
2	4342	6714	3814	2,00528	6678	9059	8007
3	8104	6448	5828	2276	6925	9661	9157
4	3,81904	6185	7860	4044	7167	1,10261	0,80288
5	5743	5924	9909	5833	7405	0857	1400
6	9619	5666	1,81977	7643	7639	1451	2494
7	3,93535	5411	4062	9473	7869	2042	3570
8	7490	5158	6166	2,11324	8095	2630	4630
9	4,01485	4908	8289	3196	8317	3216	5673
1,40	5520	4660	1,90430	5090	8535	3798	6701
1	9596	4414	2591	7005	8749	4378	7715
2	4,13712	4171	4770	8942	8960	4955	8714
3	7870	3931	6970	2,20900	9167	5530	9699
4	4,22070	3693	9188	2881	9370	6101	0,90670
5	6311	3457	2,01427	4884	9569	6670	1629
6	4,30596	3224	3686	6910	9765	7237	2575
7	4924	2993	5965	8958	9958	7801	3509
8	9295	2764	8265	2,31029	0,90147	8362	4432
9	4,43710	2537	2,10586	3123	0332	8920	5343

Amp x	x	Amp x	x	Amp x	x	Amp x	x	Amp x	x
25°00′	0,45088	26°00′	0,47021	27°00′	0,48972	28°00′	0,50939	29°00′	0,52925
10	5409	10	7345	10	9298	10	1269	10	3258
20	5730	20	7669	20	9625	20	1599	20	3592
30	6052	30	7994	30	9953	30	1930	30	3925
40	6375	40	8320	40	0,50281	40	2261	40	4260
50	6698	50	8645	50	0610	50	2593	50	4595

x	φ	sin x	cos x	tg x	arc tg x	log_e x	Amp x
1,50	85° 56′ 37″	0,99750	0,07074	14,10142	0,98279	0,40547	64° 50′ 36″
1	86 30 60	9815	6076	16,42809	586	1211	65 05 09
2	87 05 23	9871	5077	19,66953	889	1871	19 34
3	87 39 45	9917	4079	24,49841	0,99190	2527	33 51
4	88 14 08	9953	3079	32,46114	488	3178	48 00
5	88 48 30	9978	2079	48,07848	783	3825	66 02 02
6	89 22 53	9994	1080	92,62050	1,00076	4469	15 56
7	89 57 16	1,00000	+0,00080	1255,76559	366	5108	29 42
$\frac{2\pi}{4}$=1,57…	90	1	0	±∞	388	5158	30 48
8	90 31 38	0,99996	−0,00920	−108,64920	653	5742	43 21
9	91 06 01	9982	1920	−52,06697	938	6373	56 53
1,60	91 40 24	9957	2920	−34,23253	1,01220	7000	67 10 17
1	92 14 46	9923	3919	−25,49474	499	7623	23 33
2	92 49 09	9879	4918	−20,30728	776	8243	36 42
3	93 23 32	9825	5917	−16,87110	1,02051	8858	49 44
4	93 57 54	9761	6915	−14,42702	323	9470	68 02 39
5	94 32 17	9687	7912	−12,59926	593	0,50078	15 27
6	95 06 40	9602	8909	−11,18055	862	0682	28 07
7	95 41 02	9508	9904	−10,04718	1,03126	1282	40 41
8	96 15 25	9404	−0,10899	−9,10277	389	1879	53 07
9	96 49 48	9290	1892	−8,34923	649	2473	69 05 27
1,70	97 24 10	9166	2884	−7,69660	907	3063	17 40
1	97 58 33	9033	3875	−7,13726	1,04163	3649	29 46
2	98 32 55	8889	4865	−6,65244	417	4232	41 45
3	99 07 18	8735	5853	−6,22810	668	4812	53 37
4	99 41 41	8572	6840	−5,85353	918	5389	70 05 23
5	100 16 03	8399	7825	−5,52038	1,05165	5962	17 02
6	0 50 26	8215	8808	−5,22209	410	6531	28 35
7	1 24 49	8022	9789	−4,95341	653	7098	40 01
8	1 59 11	7820	−0,20768	−4,71009	849	7661	51 20
9	2 33 34	7607	1745	−4,48866	1,06133	8222	71 02 34
1,80	3 07 57	7385	2720	−4,28626	370	8779	13 40
1	3 42 19	7153	3693	−4,10050	605	9333	24 41
2	4 16 42	6911	4663	−3,92937	838	9884	35 35
3	4 51 05	6659	5631	−3,77118	1,07068	0,60432	46 24
4	5 25 27	6398	6596	−3,62449	297	0977	57 06
5	5 59 50	6128	7559	−3,48806	524	1519	72 07 42
6	6 34 13	5847	8519	−3,36083	750	2058	18 12
7	7 08 35	5557	9476	−3,24187	973	2594	28 36
8	7 42 58	5258	−0,30430	−3,13038	1,08194	3127	38 54
9	8 17 20	4949	1381	−3,02566	414	3658	49 06
1,90	8 51 43	4630	2329	−2,92710	632	4185	59 13
1	9 26 06	4302	3274	−2,83414	848	4710	73 09 13
2	100 00 28	3965	4215	−2,74630	1,09062	5233	19 08
3	0 34 51	3618	5153	−2,66316	275	5752	28 57
4	1 09 14	3261	6087	−2,58433	485	6269	38 41
5	1 43 36	2896	7018	−2,50948	694	6783	48 19
6	2 17 59	2521	7945	−2,43828	902	7294	57 52
7	2 52 22	2137	8868	−2,37048	1,10108	7803	74 07 19
8	3 26 44	1744	9788	−2,30582	312	8310	16 40
9	4 01 07	1341	−0,40703	−2,24408	514	8813	25 56

Amp x	x	Amp x	x	Amp x	x	Amp x	x	Amp x	x
30°00′	0,54931	**31°00′**	0,56956	**32°00′**	0,59003	**33°00′**	0,61073	**34°00′**	0,63166
10	5267	10	7296	10	9347	10	1420	10	3517
20	5604	20	7636	20	9691	20	1768	20	3869
30	5941	30	7977	30	0,60035	30	2116	30	4222
40	6279	40	8319	40	0380	40	2465	40	4575
50	6617	50	8661	50	0726	50	2815	50	4929

x	e^x	e^{-x}	$\mathfrak{Sin}\ x$	$\mathfrak{Cof}\ x$	$\mathfrak{Tg}\ x$	$\mathfrak{Ar}\ \mathfrak{Sin}\ x$	$\mathfrak{Ar}\ \mathfrak{Cof}\ x$
1,50	4,48169	0,22313	2,12928	2,35241	0,90515	1,19476	0,96242
1	52673	2091	5291	7382	694	1,20030	7131
2	57223	1871	7676	9547	870	0581	8010
3	61818	1654	2,20082	2,41736	0,91042	1129	8879
4	66459	1438	2510	3949	212	1675	9737
5	71147	1225	4961	6186	379	2218	1,00587
6	75882	1014	7434	8448	542	2759	1426
7	80665	0805	9930	2,50735	703	3298	2257
$\frac{2\pi}{4}=1,57\ldots$	81048	0788	2,30130	0918	715	3340	2323
8	85496	0598	2449	3047	860	3834	3079
9	90375	0393	4991	5384	0,92015	4367	3892
1,60	95303	0190	7557	7746	167	4898	4697
1	5,00281	0,19989	2,40146	2,60135	316	5427	6493
2	05309	9790	2760	2549	462	5954	7282
3	10387	9593	5397	4990	606	6478	7063
4	15517	9398	8059	7457	747	6999	7836
5	20698	9205	2,50746	9951	886	7519	8601
6	25931	9014	3459	2,72472	0,93022	8036	9360
7	31217	8825	6196	5021	155	8551	1,10111
8	36556	8637	8959	7596	286	9064	0855
9	41948	8452	2,61748	2,80200	415	9574	1592
1,70	47395	8268	4563	2832	541	1,30082	2323
1	52896	8087	7405	5491	665	0589	3047
2	58453	7907	2,70273	8180	786	1092	3765
3	64065	7728	3168	2,90897	906	1593	4476
4	69734	7552	6091	3643	0,94023	2093	5182
5	75460	7377	9041	6419	138	2590	5881
6	81244	7204	2,82020	9224	250	3085	6574
7	87085	7033	5026	3,02059	361	3578	7262
8	92986	6864	8061	4925	470	4069	7944
9	98945	6696	2,91125	7821	576	4557	8620
1,80	6,04965	6530	4217	3,10747	681	5004	9291
1	11045	6365	7340	3705	783	5529	9957
2	17186	6203	3,00492	6694	884	6011	1,20617
3	23389	6041	3674	9715	983	7492	1272
4	29654	5882	6886	3,22768	0,95080	7970	1922
5	35982	5724	3,10129	5853	175	7467	2567
6	42374	5567	3403	8970	268	7921	3207
7	48830	5412	6709	3,32121	359	8394	3842
8	55350	5259	3,20046	5305	449	8864	4473
9	61937	5107	3415	8522	537	9333	5098
1,90	68589	4957	6816	3,41773	624	9800	5720
1	75309	4808	3,30250	5058	709	1,40265	6336
2	82096	4661	3718	8378	792	0728	6949
3	88951	4515	7218	3,51733	873	1189	7557
4	95875	4370	3,40752	5123	953	1648	8160
5	7,02869	4227	4321	8548	0,96032	2105	8760
6	09933	4086	7923	3,62009	109	2560	9355
7	17068	3946	3,51561	5507	185	3013	9946
8	24274	3807	5234	9041	259	3466	1,30533
9	31553	3670	8942	3,72611	331	3915	1117

$\mathfrak{Amp}\ x$	x	$\mathfrak{Amp}\ x$	x	$\mathfrak{Amp}\ x$	x	$\mathfrak{Amp}\ x$	x	$\mathfrak{Amp}\ x$	x
35°00′	0,65284	**36°00′**	0,67428	**37°00′**	0,69599	**38°00′**	0,71799	**39°00′**	0,74029
10	5639	10	7787	10	9963	10	2168	10	4404
20	5995	20	8148	20	0,70329	20	2539	20	4779
30	6352	30	8510	30	0695	30	2910	30	5156
40	6710	40	8872	40	1062	40	3282	40	5533
50	7068	50	9235	50	1430	50	3655	50	5912

x	φ	sin x	cos x	tg x	arc tg x	$\log_e$ x	Amp x
2,00	114°35′30″	0,90930	−0,41615	−2,18504	1,10715	0,69315	74°35′07″
1	5 09 52	0509	2522	−2,12853	914	9813	44 13
2	5 44 15	0079	3425	−2,07437	1,11112	0,70310	53 13
3	6 18 38	0,89641	4323	−2,02242	308	0804	75 02 09
4	6 53 00	9193	5218	−1,97252	502	1295	10 58
5	7 27 29	8736	6107	−1,92456	695	1784	19 44
6	8 01 46	8271	6992	−0,87841	887	2271	28 24
7	8 36 08	7796	7873	−1,83396	1,12077	2755	36 58
8	9 10 31	7313	8748	−1,79111	265	3237	45 28
9	9 44 53	6821	9619	−1,74977	452	3716	53 53
2,10	120 19 16	6321	−0,50485	−1,70985	638	4194	76 02 13
1	0 53 39	5812	1345	−1,67127	822	4669	10 29
2	1 28 01	5294	2201	−1,63396	1,13005	5142	18 39
3	2 22 04	4768	3051	−1,59785	186	5612	26 44
4	2 36 47	4233	3896	−1,56288	366	6081	34 46
5	3 11 09	3690	4736	−1,52898	544	6547	42 42
6	3 45 32	3138	5570	−1,49610	721	7011	50 34
7	4 19 55	2579	6399	−1,46420	897	7473	58 20
8	4 54 17	2010	7221	−1,43321	1,14072	7932	77 06 04
9	5 28 39	1434	8039	−1,40310	245	8390	13 42
2,20	6 03 03	0850	8850	−1,37382	417	8846	21 16
1	6 37 25	0257	9656	−1,34534	587	9299	28 46
2	7 11 48	0,79657	−0,60455	−1,31761	757	9751	36 11
3	7 46 10	9048	1249	−1,29061	925	0,80200	43 31
4	8 20 33	8432	2036	−1,26429	1,15092	0648	50 47
5	8 54 56	7807	2817	−1,23863	257	1093	58 00
6	9 29 18	7175	3592	−1,21359	422	1536	78 05 08
7	130 03 41	6535	4361	−1,18916	585	1978	12 12
8	0 38 04	5888	5123	−1,16530	747	2418	19 12
9	1 12 26	5233	5879	−1,14200	907	2855	26 06
2,30	1 46 49	4571	6628	−1,11921	1,16067	3291	32 58
1	2 21 12	3901	7370	−1,09694	225	3725	39 46
2	2 55 34	3223	8106	−1,07514	383	4157	46 29
3	3 29 57	2538	8834	−1,05381	539	4587	53 09
4	4 04 20	1846	9556	−1,03293	694	5015	59 44
5	4 48 42	1147	0271	−1,01247	848	5442	79 06 16
$\frac{3\pi}{4}=2{,}35\ldots$	5	0711	0711	0	942	5705	10 17
6	5 13 05	0441	0979	−0,99242	1,17000	5866	12 44
7	5 47 28	0,69728	1680	7276	152	6289	19 08
8	6 21 50	9007	2374	5349	303	6710	25 29
9	6 56 13	8280	3060	3458	452	7129	31 45
2,40	7 30 36	7546	3739	1601	601	7547	37 58
1	8 04 58	6806	4411	−0,89779	748	7963	44 08
2	8 39 21	6058	5075	7989	894	8377	50 14
3	9 13 43	5304	5732	6230	1,18040	8789	56 15
4	9 48 06	4544	6382	4501	184	9200	80 02 14
5	140 22 29	3776	7023	2802	327	9609	08 09
6	0 56 51	3003	7657	1130	470	0,90016	14 01
7	1 31 14	2223	8283	−0,79485	611	0422	19 49
8	2 05 37	1437	8901	7866	751	0826	25 34
9	2 39 59	0645	9512	6272	891	1228	31 15

Amp x	x	Amp x	x	Amp x	x	Amp x	x	Amp x	x
40°00′	0,76291	**41°00′**	0,78586	**42°00′**	0,80917	**43°00′**	0,83284	**44°00′**	0,85690
10	6671	10	8972	10	1309	10	3682	10	6095
20	7052	20	9359	20	1702	20	4082	20	6501
30	7434	30	9747	30	2096	30	4482	30	6909
40	7817	40	0,80136	40	2491	40	4884	40	7317
50	8201	50	0526	50	2887	50	5286	50	7727

x	e^x	e^{-x}	Sin x	Cof x	Tg x	Ar Sin x	Ar Cof x
2,00	7,38906	0,13534	3,62686	3,76220	0,96403	1,44364	1,31696
1	46332	399	66466	79865	473	4810	2271
2	53833	266	70283	83549	541	5254	2843
3	61409	134	74138	87271	609	5697	3411
4	69061	003	78029	91032	675	6138	3975
5	76790	0,12873	81958	94832	740	6578	4536
6	84597	745	85926	98671	803	7015	5093
7	92482	619	89932	4,02550	865	7451	5646
8	8,00447	493	93977	06470	926	7885	6196
9	08491	369	98061	10430	986	8318	6743
2,10	16617	246	4,02186	14431	0,97045	8748	7286
1	24824	124	06350	18474	103	9177	7826
2	33114	003	10555	22558	159	9605	8362
3	41487	0,11884	14801	26685	215	1,50031	8896
4	49944	765	19089	30855	269	0455	9426
5	58486	648	23419	35067	323	0877	9953
6	67114	533	27791	39323	375	1298	1,40477
7	75828	418	32205	43623	426	1718	0997
8	84631	304	36663	47967	477	2135	1515
9	93521	192	41165	52356	526	2551	2030
2,20	9,02501	080	45711	56791	574	2966	2542
1	11572	0,10970	50301	61271	622	3379	3051
2	20733	861	54936	65797	668	3791	3557
3	29987	753	59617	70370	714	4200	4060
4	39333	646	64344	74989	759	4609	4560
5	48774	540	69117	79657	803	5016	5057
6	58309	435	73937	84372	846	5421	5552
7	67940	331	78804	89136	888	5825	6044
8	77668	228	83720	93948	929	6227	6534
9	87494	127	88683	98810	970	6628	7020
2,30	97418	026	93696	5,03722	0,98010	7028	7504
1	10,07442	0,09926	98758	08684	049	7426	7986
2	17567	827	5,03870	13697	087	7822	8465
3	27794	730	09032	18762	124	8218	8941
4	38124	633	14245	23879	161	8611	9415
5	48557	537	19510	29047	197	9003	9887
$\frac{3\pi}{4} = 2,35\ldots$	55072	478	22797	32275	219	9246	1,50178
6	59095	442	24827	34269	233	9394	0356
7	69739	348	30196	39544	267	9784	0822
8	80490	255	35618	44873	301	1,60172	1287
9	91349	163	41093	50256	335	0558	1748
2,40	11,02318	072	46623	55695	367	0944	2208
1	13396	0,08982	52207	61189	400	1328	2665
2	24586	892	57847	66739	430	1710	3120
3	35888	804	63542	72346	462	2092	3573
4	47304	716	69294	78010	492	2471	4023
5	58835	629	75103	83732	522	2850	4471
6	70481	543	80969	89512	551	2227	4917
7	82245	458	86893	95352	579	3603	5361
8	94126	374	92876	6,01250	607	3978	5803
9	12,06128	291	98918	07209	635	4351	6242

Amp x	x	Amp x	x	Amp x	x	Amp x	x	Amp x	x
45° 00′	0,88137	46° 00′	0,90628	47° 00′	0,93163	48° 00′	0,95747	49° 00′	0,98381
10	8549	10	1047	10	3590	10	6182	10	8825
20	8963	20	1468	20	4019	20	6619	20	9271
30	9377	30	1890	30	4449	30	7057	30	9718
40	9793	40	2313	40	4880	40	7497	40	1,00166
50	0,90209	50	2737	50	5133	50	7938	50	0617

x	φ	sin x	cos x	tg x	arc tg x	logₑ x	Amp x
2,50	143° 14′ 22″	0,59847	−0,80114	−0,74702	1,19029	0,91629	80° 36′ 54″
1	3 48 45	9043	0709	3156	166	2028	42 28
2	4 23 07	8233	1295	1632	303	2426	48 00
3	4 57 30	7417	1873	0129	439	2822	53 28
4	5 31 53	6596	2444	−0,68648	573	3216	58 52
5	6 06 15	5768	3005	7186	707	3609	81 04 14
6	6 40 38	4936	3559	5745	840	4001	09 33
7	7 15 01	4097	4104	4322	971	4391	14 48
8	7 49 23	3253	4641	2917	1,20103	4779	20 00
9	8 23 46	2404	5169	1530	233	5166	25 10
2,60	8 58 09	1550	5689	0160	362	5551	30 16
1	9 32 31	0691	6200	−0,58806	491	5935	35 20
2	150 06 54	0,49826	6703	7468	618	6317	40 20
3	0 41 16	8957	7197	6145	745	6698	45 17
4	1 15 39	8082	7682	4837	871	7078	50 11
5	1 50 02	7203	8158	3544	996	7456	55 02
6	2 24 24	6319	8626	2264	1,21120	7833	59 51
7	2 58 47	5431	9085	0997	244	8208	82 04 37
8	3 33 10	4537	9534	−0,49743	366	8582	09 20
9	4 07 32	3640	9975	8502	488	8954	14 00
2,70	4 41 55	2738	−0,90407	7273	609	9325	18 37
1	5 16 18	1832	0830	6055	729	9695	23 12
2	5 50 40	0921	1244	4848	849	1,00063	27 44
3	6 25 03	0007	1648	3653	967	0430	32 13
4	6 59 26	0,39088	2044	2467	1,22085	0796	36 40
5	7 33 48	8166	2430	1292	203	1160	41 04
6	8 08 11	7240	2807	0126	319	1523	45 25
7	8 42 34	6310	3175	−0,38970	435	1885	49 44
8	9 16 56	5376	3533	7822	550	2245	54 00
9	9 51 19	4439	3883	6683	664	2604	58 14
2,80	160 25 41	3499	4222	5553	777	2962	83 02 25
1	1 00 04	2555	4553	4431	890	3318	06 34
2	1 34 27	1608	4873	3316	1,23002	3674	10 40
3	2 08 49	0658	5185	2208	113	4028	14 43
4	2 43 12	0,29704	5486	1108	244	4380	18 45
5	3 17 35	8748	5779	0015	334	4732	22 44
6	3 51 57	7789	6061	−0,28928	443	5082	26 41
7	4 26 20	6827	6334	7847	552	5431	30 35
8	5 00 43	5862	6598	6773	660	5779	34 27
9	5 35 05	4895	6852	5704	767	6126	38 17
2,90	6 09 28	3925	7096	4641	874	6471	42 04
1	6 43 51	2953	7330	3582	980	6815	45 49
2	7 18 13	1978	7555	2529	1,24085	7158	49 32
3	7 52 36	1002	7770	1481	190	7500	53 13
4	8 26 59	0023	7975	0437	294	7841	56 52
5	9 01 21	0,19042	8170	−0,19397	397	8181	84 00 28
6	9 35 44	8060	8356	8362	500	8519	04 02
7	170 10 06	7075	8531	7330	602	8856	07 34
8	0 44 29	6089	8697	6301	703	9192	11 04
9	1 18 52	5101	8853	5276	804	9527	14 32

Amp x	x	Amp. x	x	Amp x	x	Amp x	x	Amp x	x
50° 00′	1,01068	**51° 00′**	1,03812	**52° 00′**	1,06616	**53° 00′**	1,09483	**54° 00′**	1,12418
10	1522	10	4275	10	7090	10	9968	10	2914
20	1977	20	4740	20	7565	20	1,10454	20	3411
30	2433	30	5207	30	8042	30	0942	30	3911
40	2891	40	5675	40	8520	40	1432	40	4413
50	3351	50	6145	50	9001	50	1924	50	4917

x	e^x	e^{-x}	Sin x	Cof x	Tg x	Ar Sin x	Ar Cof x
2,50	12,18249	0,08208	6,05020	6,13229	0,98661	1,64723	1,56680
1	30493	127	11183	19310	688	5094	7115
2	42860	046	17407	25453	714	5463	7549
3	55351	0,07966	23692	31658	739	5832	7980
4	67967	887	30040	37927	764	6199	8409
5	80710	808	36451	44259	788	6564	8837
6	93582	730	42926	50656	812	6929	9262
7	13,06582	654	49464	57118	835	7292	9685
8	19714	577	56068	63646	858	7634	1,60107
9	32977	502	62738	70240	881	8014	0526
2,60	46374	427	69473	76901	903	8374	0944
1	59005	353	76276	83629	924	8733	1360
2	73572	280	83146	90426	946	9090	1773
3	87377	208	90085	97292	966	9446	2185
4	14,01320	136	97092	7,04228	987	1,70801	2596
5	15404	065	7,04169	11234	0,99007	0154	3004
6	29629	0,06995	11317	18312	026	0507	3411
7	43997	925	18536	25461	045	0858	3815
8	58509	856	25827	32683	064	1208	4218
9	73168	788	33190	39978	083	1557	4620
2,70	87973	721	40626	47347	101	1705	5019
1	15,02928	654	48137	54791	118	2252	5417
2	18032	587	55722	62310	136	2598	5813
3	33289	522	63383	69905	153	2942	6208
4	48699	457	71121	77578	170	3285	6601
5	64263	393	78935	85328	186	3628	6992
6	79984	329	86828	93157	202	3969	7381
7	95863	266	94799	8,01065	218	4309	7769
8	16,11902	204	8,02849	09053	233	4648	8156
9	28102	142	10980	17122	248	4986	8540
2,80	44465	081	19192	25273	263	5323	8924
1	60992	020	27486	33506	278	5659	9305
2	77685	0,05961	35862	41823	292	5993	9685
3	94546	901	44322	50224	306	6327	1,70064
4	17,11576	843	52867	58710	320	6660	0441
5	28778	784	61497	67281	333	6991	0816
6	46153	727	70213	75940	346	7322	1190
7	63702	670	79016	84686	359	7652	1562
8	81427	613	87907	93520	372	7980	1933
9	99331	558	96887	9,02444	384	8308	2303
2,90	18,17415	502	9,05956	11458	396	8634	2671
1	35680	448	15116	20564	408	8960	3038
2	54129	393	24368	29761	420	9284	3403
3	72763	340	33712	39051	431	9608	3767
4	91585	287	43149	48436	443	9930	4129
5	19,10595	233	52681	57915	454	1,80251	4490
6	29797	182	62308	67489	464	0572	4850
7	49192	130	72031	77161	475	0891	5208
8	68782	079	81851	86930	485	1210	5565
9	88568	029	91770	96798	496	1528	5921

Amp x	x	Amp x	x	Amp x	x	Amp x	x	Amp x	x
55°00′	1,15423	**56°00′**	1,18505	**57°00′**	1,21667	**58°00′**	1,24916	**59°00′**	1,28257
10	5932	10	9026	10	2203	10	5466	10	8823
20	6442	20	9550	20	2740	20	6019	20	9392
30	6954	30	1,20076	30	3281	30	6574	30	9963
40	7469	40	0604	40	3823	40	7133	40	1,30538
50	7986	50	1135	50	4368	50	7693	50	1115

x	φ	sin x	cos x	tg x	arc tg x	log_e x	Amp x
3,00	171° 53′ 14″	0,14112	−0,98999	−0,14255	1,24905	1,09861	84° 17′ 58″
1	2 27 37	3121	−0,99135	3236	1,25004	1,10194	21 22
2	3 01 60	2129	262	2220	103	0526	24 44
3	3 36 22	1136	378	1206	202	0856	28 04
4	4 10 45	0142	484	0194	300	1186	31 22
5	4 45 08	0,09146	581	−0,09185	397	1514	34 38
6	5 19 30	8150	667	8177	494	1841	37 52
7	5 53 53	7153	744	7172	590	2168	41 04
8	6 28 16	6155	810	6167	686	2493	44 14
9	7 02 38	5157	867	5164	681	2817	47 22
3,10	7 37 01	4158	914	4162	875	3140	50 28
1	8 11 24	3159	950	3160	969	3462	53 33
2	8 45 46	2159	977	2160	1,26063	3783	56 36
3	9 20 09	1159	993	1159	156	4103	59 37
4	9 54 31	+0159	−1,00000	0159	248	4422	85 02 36
π=3,14 …	180	0	−1	0	263	4473	03 04
5	0 28 54	−0,00841	−0,99996	+0,00841	340	4740	05 33
6	1 03 17	1841	983	1841	431	5057	08 29
7	1 37 39	2840	960	2841	522	5373	11 23
8	2 12 02	3840	926	3843	612	5688	14 15
9	2 46 25	4839	883	4845	702	6002	17 05
3,20	3 20 47	5837	829	5847	791	6315	19 54
1	3 55 10	6835	766	6851	880	6627	22 41
2	4 29 33	7833	693	7857	968	6938	25 26
3	5 03 55	8829	609	8864	1,27056	7248	28 10
4	5 38 18	9825	516	9873	143	7557	30 52
5	6 12 41	−0,10820	413	0,10883	300	7865	33 32
6	6 47 03	1813	300	1896	316	8173	36 11
7	7 21 26	2805	177	2912	402	8479	38 49
8	7 55 39	3797	044	3930	487	8784	41 25
9	8 30 11	4786	−0,98901	4951	572	9089	43 59
3,30	9 04 34	−0,15775	748	5975	656	9392	46 32
1	9 38 57	6761	585	7002	740	9695	49 03
2	190 13 19	7746	413	8032	823	9996	51 33
3	0 47 42	8729	230	9067	906	1,20297	54 01
4	1 22 04	9711	038	0,20105	989	0597	56 27
5	1 56 27	−0,20690	−0,97836	1148	1,28071	0896	58 53
6	2 30 50	1668	624	2195	153	1194	86 01 16
7	3 05 12	2643	403	3246	234	1491	03 38
8	3 39 35	3616	172	4303	314	1788	06 00
9	4 13 58	4586	−0,96931	5365	395	2083	08 20
3,40	4 48 20	5554	680	6432	474	2378	10 38
1	5 22 13	6520	419	7504	554	2671	12 55
2	5 57 26	7482	149	8583	633	2964	15 10
3	6 31 48	8443	−0,95870	9668	711	3256	17 24
4	7 05 11	9400	581	0,30759	790	3547	19 37
5	7 40 34	−0,30354	282	1857	867	3837	21 49
6	8 14 56	1305	−0,94974	2962	945	4127	23 59
7	8 48 19	2254	656	4075	1,29021	4415	26 07
8	9 23 42	3199	328	5195	098	4703	28 15
9	9 57 04	4140	−0,93992	6322	174	4990	30 21

Amp x	x	Amp x	x	Amp x	x	Amp x	x	Amp x	x
60° 00′	1,31696	**61° 00′**	1,35240	**62° 00′**	1,38899	**63° 00′**	1,42679	**64° 00′**	1,46591
10	2279	10	5842	10	9520	10	3321	10	7256
20	2865	20	6447	20	1,40145	20	3968	20	7926
30	3454	30	7055	30	0773	30	4618	30	8600
40	4047	40	7666	40	1405	40	5272	40	9277
50	4642	50	8281	50	2040	50	5929	50	9959

x	e^x	e^{-x}	Sin x	Cos x	Tg x	Ar Sin x	Ar Cos x
3,00	20,08554	0,04979	10,01787	10,06766	0,99505	1,81845	1,76275
1	28740	929	11905	16835	15	2160	6628
2	49129	880	22125	27005	25	2475	6970
3	69723	832	32446	37277	34	2789	7329
4	90524	783	42870	47654	43	3102	7678
5	21,11534	736	53399	58135	52	3414	8026
6	32756	669	64033	68722	61	3725	8373
7	54190	642	74774	79416	70	4035	8718
8	75840	596	85622	90218	78	4345	9062
9	97708	550	96579	11,01129	87	4653	9404
3,10	22,19795	505	11,07645	12150	95	4960	9746
1	42104	460	18822	23282	0,99603	5267	1,80086
2	64638	416	30111	34527	11	5573	0425
3	87398	372	41513	45885	18	5877	0763
4	23,10387	328	53029	57357	26	6181	1099
$\pi=3,14\ldots$	14069	321	54874	59195	27	6230	1153
5	33606	285	64661	69946	33	6484	1435
6	57060	243	76409	80651	40	6786	1769
7	80748	200	88274	92474	48	7088	2102
8	24,04675	159	12,00258	12,04417	55	7388	2434
9	28843	117	12363	16480	62	7688	2764
3,20	53253	076	24588	28665	68	7986	3094
1	77909	036	36936	40972	75	8284	3422
2	25,02812	0,03996	49408	53404	81	8581	3749
3	27966	956	62005	65961	88	8877	4476
4	53372	916	74728	78644	94	9173	4401
5	79034	877	87578	91456	0,99700	9467	4725
6	26,04954	839	13,00557	13,04396	06	9761	5047
7	31134	801	13667	17467	12	1,90054	5369
8	57577	763	26907	30670	17	0346	5690
9	84286	725	40280	44006	23	0637	6009
3,30	27,11264	688	53788	57476	28	0927	6328
1	38513	652	67430	71082	34	1217	6645
2	66035	615	81210	84825	39	1506	6962
3	93834	579	95127	98707	44	1794	7277
4	28,21913	544	14,09184	14,12728	49	2081	7591
5	50273	508	23382	26891	54	2367	7905
6	78919	474	37723	41196	59	2653	8217
7	29,07853	439	52207	55646	64	2938	8528
8	37077	405	66836	70241	68	3222	8838
9	66595	371	81612	84983	73	3505	9148
3,40	96410	337	96536	99874	77	3788	9456
1	30,26524	304	15,11610	15,14914	82	4070	9763
2	56942	271	26835	30106	86	4351	1,40069
3	87664	239	42213	45451	90	4631	0375
4	31,18696	206	57745	60951	95	4911	0679
5	50039	175	73432	76607	99	5189	0982
6	81698	143	89277	92420	0,99803	5467	1285
7	32,13674	112	16,05281	16,08393	07	5745	1586
8	45972	081	21446	24526	10	6021	1887
9	78595	050	37772	40822	14	6297	2186

Amp x	x	Amp x	x	Amp x	x	Amp x	x	Amp x	x
65°00′	1,50645	**66°00′**	1,54855	**67°00′**	1,59232	**68°00′**	1,63794	**69°00′**	1,68557
10	1336	10	5572	10	9979	10	4573	10	9372
20	2031	20	6294	20	1,60732	20	5358	20	1,70193
30	2730	30	7022	30	1489	30	6149	30	1020
40	3434	40	7754	40	2252	40	6946	40	1854
50	4142	50	8490	50	3020	50	7748	50	2694

x	φ	sin x	cos x	tg x	arc tg x	$\log_e x$	Amp x
3,50	200° 32′ 07″	−0,35078	−0,93646	0,37459	1,29250	1,25276	86° 32′ 26″
1	1 06 29	6013	3290	8603	325	5562	34 30
2	1 40 52	6944	2925	9757	400	5846	36 33
3	2 15 15	7871	2551	0,40919	474	6130	38 34
4	2 49 37	8795	2168	2092	548	6413	40 34
5	3 24 00	9715	1775	3274	622	6695	42 33
6	3 58 23	−0,40631	1374	4466	695	6976	44 31
7	4 32 45	1542	0963	5669	768	7257	46 28
8	5 07 08	2450	0543	6884	841	7536	48 23
9	5 41 31	3353	0114	8109	913	7815	50 18
3,60	6 15 53	4252	−0,89676	9347	985	8093	52 11
1	6 50 16	5147	9229	0,50596	1,30056	8371	54 03
2	7 24 39	6037	8773	1859	127	8647	55 54
3	7 59 01	6922	8308	3134	198	8923	57 44
4	8 33 24	7803	7835	4424	269	9198	59 33
5	9 07 47	8679	7352	5727	339	9473	87 01 20
6	9 42 09	9550	6861	7045	408	9746	03 07
7	210 16 32	−0,50416	6361	8378	477	1,30019	04 52
8	0 50 54	1277	5853	9727	546	0291	06 37
9	1 25 17	2133	5336	0,61092	615	0563	08 20
3,70	1 59 40	2984	4810	2473	683	0833	10 02
1	2 34 02	3829	4276	3872	751	1103	11 44
2	3 08 25	4669	3733	5289	819	1372	13 25
3	3 42 48	5504	3183	6725	886	1641	15 04
4	4 17 10	6333	2623	8180	953	1909	16 42
5	4 51 33	7156	2056	9655	1,31019	2176	18 20
6	5 25 56	7974	1480	0,71151	086	2442	19 56
7	6 00 18	8786	0896	2670	151	2708	21 32
8	6 34 41	9592	0305	4207	217	2972	23 06
9	7 09 04	−0,60392	−0,79705	5769	282	3237	24 40
3,80	7 43 26	1186	9097	7356	347	3500	26 13
1	8 17 49	1974	8481	8967	412	3763	27 44
2	8 52 12	2755	7857	0,80603	476	4025	29 16
3	9 26 34	3531	7226	2266	540	4286	30 46
4	220 00 57	4300	6587	3957	604	4547	32 15
5	0 35 20	5063	5940	5676	667	4807	33 43
6	1 09 42	5819	5285	7425	730	5067	35 10
7	1 44 05	6568	4624	9205	793	5325	36 36
8	2 18 27	7311	3954	0,91017	855	5584	38 02
9	2 52 50	8047	3277	2863	918	5841	39 27
3,90	3 27 13	8777	2593	4742	979	6098	40 51
1	4 01 35	9499	1902	6658	1,32041	6354	42 14
2	4 35 58	−0,70215	1203	8611	102	6609	43 36
$\frac{5\pi}{4} = 3,92\ldots$	5	0711	0711	0	145	6787	44 33
3	5 10 21	0923	0498	1,00603	163	6864	44 57
4	5 44 43	1625	−0,69785	2636	224	7118	46 18
5	6 19 06	2319	9065	4711	284	7372	47 38
6	6 53 29	3006	8338	6830	344	7624	48 57
7	7 27 51	3686	7605	8994	404	7877	50 15
8	8 02 14	4358	6865	1206	464	8128	51 32
9	8 36 37	5023	6118	3468	523	8379	52 49

Amp x	x	Amp x	x	Amp x	x	Amp x	x	Amp x	x
70° 00′	1,73542	**71° 00′**	1,78771	**72° 00′**	1,84273	**73° 00′**	1,90079	**74° 00′**	1,96226
10	4395	10	9668	10	5219	10	1078	10	7286
20	5296	20	1,80573	20	6173	20	2088	20	8358
30	6124	30	1486	30	7136	30	3107	30	9441
40	6999	40	2407	40	8108	40	4136	40	2,00535
50	7881	50	3336	50	9088	50	5176	50	1641

x	e^x	e^{-x}	$\mathfrak{Sin}\ x$	$\mathfrak{Cof}\ x$	$\mathfrak{Tg}\ x$	$\mathfrak{Ar\ Sin}\ x$	$\mathfrak{Ar\ Cof}\ x$
3,50	33,11545	0,03020	16,54263	16,57282	0,99818	1,96572	1,92485
1	33,44827	0,02990	70919	73908	21	6846	2782
2	33,78443	960	87741	90701	25	7120	3079
3	34,12397	930	17,04733	17,07664	28	7393	3375
4	34,46692	901	21895	24797	32	7665	3670
5	34,81332	872	39230	42102	35	7937	3964
6	35,16320	844	56738	59582	38	8207	4257
7	35,51659	816	74422	77237	42	8478	4549
8	35,87354	788	92283	95071	45	8747	4841
9	35,23408	760	18,10324	18,13084	48	9016	5131
3,60	36,59823	732	28546	31278	51	9284	5421
1	36,96605	705	46950	49655	54	9551	5709
2	37,33757	678	65539	68218	57	9817	5997
3	37,71282	652	84315	86967	59	2,00083	6284
4	38,09184	625	19,03279	19,05904	62	0349	6570
5	38,47467	599	22434	25033	65	0613	6856
6	38,86134	573	41781	44354	68	0877	7140
7	39,25191	548	61321	63869	60	1140	7424
8	39,64639	522	81059	83581	73	1403	7707
9	40,04485	497	20,00994	20,03491	75	1665	7989
3,70	40,44730	472	21129	23601	78	1926	8270
1	40,85381	448	41466	43914	80	2187	8550
2	41,26439	423	62008	64431	83	2447	8830
3	41,67911	399	82756	85155	85	2706	9108
4	42,09799	375	21,03712	21,06087	87	2964	9386
5	42,52108	351	24878	27230	89	3222	9663
6	42,94843	328	46257	48585	92	3480	9939
7	43,38006	305	67851	70156	94	3737	2,00215
8	43,81604	282	89661	91943	96	3993	0490
9	44,25640	260	22,11690	13950	98	4248	0764
3,80	44,70118	237	33941	22,36178	0,99900	4503	1037
1	45,15044	215	56415	58629	02	4757	1309
2	45,60421	193	79114	81307	04	5011	1581
3	46,06254	171	23,02041	23,04212	06	5263	1852
4	46,52547	149	25199	27348	08	5516	2122
5	46,99306	128	48589	50717	09	5768	2391
6	47,46535	107	72214	74320	11	6019	2660
7	47,94239	086	96076	98162	13	6269	2928
8	48,42422	065	24,20178	24,22243	15	6519	3195
9	48,91089	045	44522	46567	16	6768	3461
3,90	49,40245	024	69110	71135	18	7017	3727
1	49,89895	004	93945	95950	20	7265	3992
2	50,40044	0,01984	25,19030	25,21014	21	7512	4256
$\frac{5\pi}{4} = 3{,}92\ldots$	50,75402	970	36716	38686	22	7685	4440
3	50,90698	964	44367	46331	23	7759	4519
4	51,41860	945	69958	71902	24	8006	4782
5	51,93537	925	95806	97731	26	8251	5044
6	52,45733	906	26,21913	26,23819	27	8497	5305
7	52,98453	887	48283	50170	29	8741	5566
8	53,51703	869	74917	76786	30	9885	5826
9	54,05489	850	27,01819	27,03669	32	9228	6085

$\mathfrak{Amp}\ x$	x	$\mathfrak{Amp}\ x$	x	$\mathfrak{Amp}\ x$	x	$\mathfrak{Amp}\ x$	x	$\mathfrak{Amp}\ x$	x
75°00′	2,02759	**76°00′**	2,09732	**77°00′**	2,17212	**78°00′**	2,25280	**79°00′**	2,34040
10	3889	10	2,10942	10	8514	10	6689	10	5576
20	5032	20	2166	20	9832	20	8117	20	7136
30	6187	30	3404	30	2,21167	30	9566	30	8719
40	7355	40	4658	40	2520	40	2,31036	40	2,40328
50	8537	50	5927	50	3891	50	2527	50	1963

x	φ	sin x	cos x	tg x	arc tg x	$\log_e$ x	Amp x
4,00	229° 10′ 59″	−0,75680	−0,65364	1,15782	1,32582	1,38629	87° 54′ 05″
1	9 45 22	6330	4604	1,18150	640	879	55 20
2	230 19 45	6972	3838	1,20575	699	1,39128	56 34
3	0 54 07	7607	3065	1,23059	757	377	57 48
4	1 28 30	8234	2286	1,25604	815	624	59 01
5	2 02 52	8853	1500	1,28215	872	872	88 00 14
6	2 37 15	9464	0709	1,30893	930	1,40118	01 25
7	3 11 38	−0,80067	−0,59911	1,33643	987	364	02 36
8	3 46 00	0662	9107	1,36467	1,33044	610	03 46
9	4 20 23	1249	8298	1,39269	100	854	04 55
4,10	4 54 46	1828	7482	1,42353	156	1,41099	06 04
1	5 29 08	2398	6661	1,45423	212	342	07 12
2	6 03 31	2961	5834	1,48584	268	585	08 20
3	6 37 54	3515	5002	1,51840	324	828	09 26
4	7 12 16	4061	4164	1,55197	379	1,42070	10 32
5	7 46 39	4598	3321	1,58659	434	311	11 37
6	8 21 02	5127	2472	1,62233	489	552	12 42
7	8 55 24	5648	1618	1,65925	543	792	13 46
8	9 29 47	6160	0759	1,69742	598	1,43031	14 49
9	240 04 10	6663	−0,49895	1,73690	652	270	15 52
4,20	0 38 32	7158	9026	1,77778	705	508	16 54
1	1 12 55	7643	8152	1,82014	759	746	17 56
2	1 47 17	8121	7373	1,86407	812	984	18 57
3	2 21 40	8589	6390	1,90967	865	1,44220	19 57
4	2 56 23	9048	5501	1,95704	918	456	20 57
5	3 30 25	9499	4609	2,00631	971	692	21 56
6	4 04 48	9941	3712	2,05759	1,34023	927	22 54
7	4 39 11	−0,90373	2810	2,11103	075	1,45161	23 53
8	5 13 33	0797	1904	2,16677	127	395	24 50
9	5 47 56	1211	0994	2,22499	179	629	25 46
4,30	6 22 19	1617	0080	2,28585	230	862	26 43
1	6 56 41	2013	−0,39162	2,34956	281	1,46094	27 39
2	7 31 04	2400	8240	2,41633	332	326	28 34
2	8 05 27	2778	7314	2,48642	383	557	29 28
4	8 39 49	3146	6384	2,56007	433	787	30 22
5	9 14 12	3505	5451	2,63760	484	1,47018	31 16
6	9 48 35	3855	4514	2,71933	534	247	32 09
7	250 22 57	4196	3574	2,80562	584	476	33 01
8	0 57 20	4527	2630	2,89690	633	705	33 53
9	1 31 43	4848	1683	2,99363	682	933	34 45
4,40	2 06 05	5160	0733	3,09632	732	1,48160	35 36
1	2 40 28	5463	−0,29780	3,20558	781	387	36 26
2	3 14 50	5756	8824	3,32208	830	614	37 16
3	3 49 13	6039	7865	3,44658	878	840	38 05
4	4 23 36	6313	6903	3,57997	927	1,49065	38 54
5	4 57 58	6577	5939	3,72327	975	290	39 42
6	5 32 21	6832	4972	3,87765	1,35023	515	40 30
7	6 06 44	7077	4002	4,04449	071	739	41 18
8	6 41 06	7312	3030	4,22539	118	962	42 05
9	7 15 29	7537	2056	4,42225	166	1,50185	42 51

Amp x	x	Amp x	x	Amp x	x	Amp x	x	Amp x	x
80° 00′	2,43625	81° 00′	2,54209	82° 00′	2,66031	83° 00′	2,79422	84° 00′	2,94870
10	5314	10	6086	10	8143	10	2,81838	10	7692
20	7031	20	7998	20	2,70300	20	4313	20	3,00596
30	8779	30	9947	30	2504	30	6850	30	3586
40	2,50557	40	2,61935	40	4758	40	9453	40	6668
50	2366	50	3962	50	7063	50	2,92125	50	9847

x	e^x	e^{-x}	$\mathfrak{Sin}\ x$	$\mathfrak{Cos}\ x$	$\mathfrak{Tg}\ x$	$\mathfrak{Ar}\ \mathfrak{Sin}\ x$	$\mathfrak{Ar}\ \mathfrak{Cos}\ x$
4,00	54,59815	0,01832	27,28992	27,30823	0,99933	2,09471	2,06344
1	55,14687	13	27,56437	27,58250	4	714	602
2	55,70111	0,01795	27,84158	27,85953	6	955	859
3	56,26091	77	28,12157	28,13934	7	2,10196	2,07115
4	56,82634	60	28,40437	28,42197	8	437	371
5	57,39746	42	28,69002	28,70744	9	677	·626
6	57,97431	25	28,97853	28,99578	0,99941	916	881
7	58,55696	08	29,26994	29,28702	2	2,11155	2,08134
8	59,14547	0,01691	29,56428	29,58119	3	394	388
9	59,73989	74	29,86158	29,87832	4	631	640
4,10	60,34029	57	30,16186	30,17843	5	869	892
1	60,94672	41	30,46515	30,48156	6	2,12105	2,09143
2	61,55924	24	30,77150	30,78774	7	341	394
3	62,17792	08	31,08092	31,09700	8	577	643
4	62,80282	0,01592	31,39345	31,40937	9	812	893
5	63,43400	76	31,70912	31,72438	0,99951	2,13047	2,10141
6	64,07152	61	32,02796	32,04357	1	281	389
7	64,71545	45	32,35000	32,36545	2	514	637
8	65,36585	30	32,67528	32,69058	3	747	883
9	66,02279	15	33,00382	33,01897	4	979	2,11129
4,20	66,68633	00	33,33567	33,35066	5	2,14211	375
1	67,35654	0,01485	33,67085	33,68569	6	443.	620
2	68,03348	70	34,00939	34,02409	7	673	864
3	68,71723	55	34,35134	34,36589	8	904	2,12107
4	69,40785	41	34,69672	34,71113	8	2,15134	350
5	70,10541	26	35,04557	35,05984	9	363	593
6	70,80998	12	35,39793	35,41205	0,99960	592	835
7	71,52163	0,01398	35,75383	35,76781	1	820	2,13076
8	72,24044	84	36,11330	36,12714	2	2,16048	316
9	72,96647	70	36,47638	36,49009	2	275	556
4,30	73,69979	57	36,84311	36,85668	3	502	796
1	74,44049	43	37,21353	37,22696	4	728	2,14035
2	75,18863	30	37,58766	37,60096	5	954	273
3	75,94429	17	37,96556	37,97873	5	2,17179	511
4	76,70754	04	38,34725	38,36029	6	404	748
5	77,47846	0,01291	38,73278	38,74568	7	628	984
6	78,25713	78	39,12218	39,13496	7	852	2,15220
7	79,04363	65	39,51549	39,52814	8	2,18075	455
8	79,83803	53	39,91275	39,92528	9	298	690
9	80,64042	40	40,31401	40,32641	9	520	924
4,40	81,45087	28	40,71930	40,73157	0,99970	742	2,16158
1	82,26946	16	41,12865	41,14081	0	964	391
2	83,09629	03	41,54213	41,55416	1	2,19184	624
3	83,93142	0,01191	41,95975	41,97167	2	405	856
4	84,77494	80	42,38157	42,39337	2	625	2,17087
5	85,62694	68	42,80763	42,81931	3	844	318
6	86,48751	56	43,23797	43,24954	3	2,20063	548
7	87,35672	45	43,67264	43,68409	4	282	778
8	88,23467	33	44,11167	44,12300	4	500	2,18007
9	89,12145	22	44,55511	44,56633	5	718	236

$\mathfrak{Amp}\ x$	x	$\mathfrak{Amp}\ x$	x	$\mathfrak{Amp}\ x$	x	$\mathfrak{Amp}\ x$	x	$\mathfrak{Amp}\ x$	x
85°00′	3,13130	**86°00′**	3,35467	**87°00′**	3,64253	**88°00′**	4,04813	**89°00′**	4,74135
10	6524	10	9727	10	3,69972	10	4,13515	10	4,92368
20	3,20038	20	3,44175	20	3,76036	20	4,23048	20	5,14683
30	3678	30	8830	30	3,82492	30	4,33585	30	5,43451
40	7456	40	3,53712	40	3,89394	40	4,45365	40	5,83998
50	3,31382	50	8844	50	3,96807	50	4,58719	50	6,53313
								90°	∞

x	φ	sin x	cos x	tg x	arc tg x	$\log_e$ x	$\mathfrak{Amp}$ x
4,50	257° 49′ 52″	−0,97753	−0,21080	4,63773	1,35213	1,50408	88° 43′ 38″
1	8 24 14	959	0101	4,87333	260	630	44 23
2	8 58 37	−0,98155	−0,19120	5,13351	306	851	45 08
3	9 33 00	341	8138	5,42186	353	1,51072	45 52
4	260 07 22	518	7154	5,74326	399	293	46 37
5	0 41 45	684	6168	6,10383	446	513	47 21
6	1 16 08	841	5180	6,51128	492	732	48 04
7	1 50 30	988	4191	6,97549	537	951	48 47
8	2 24 53	−0,99125	3200	7,50932	583	1,52170	49 29
9	2 59 15	252	2208	8,12983	628	388	50 12
4,60	3 33 38	369	1215	8,86017	674	606	50 53
1	4 08 01	476	0221	9,73252	719	823	51 35
2	4 42 23	574	−0,09226	10,79299	763	1,53039	52 15
3	5 16 46	661	8230	12,11007	808	256	52 56
4	5 51 09	738	7233	13,79012	853	471	53 36
5	6 25 31	805	6235	16,00767	897	687	54 16
6	6 59 54	863	5237	19,07052	941	902	54 55
7	7 34 17	910	4238	23,57691	985	1,54116	55 33
8	8 08 39	948	3238	30,86388	1,36029	330	56 12
9	8 43 02	975	2239	44,65737	072	543	56 50
4,70	9 17 25	992	1239	80,71277	116	756	57 28
1	9 51 47	−1,00000	− 0239	418,58782	159	969	58 05
$\frac{6\pi}{4}=4{,}71\ldots$	270	−1	0	$\pm\infty$	169	1,55019	58 14
2	0 26 10	−0,99997	+0,00761	−131,38590	202	181	58 42
3	1 00 33	984	1761	− 56,77676	245	393	59 19
4	1 34 55	962	2761	− 36,20822	287	604	59 55
5	2 09 18	929	3760	− 26,57541	330	814	89 00 31
6	2 43 40	887	4759	− 20,98767	372	1,56025	01 06
7	3 18 03	834	5758	− 17,33858	415	235	01 42
8	3 52 26	771	6756	− 14,76794	457	444	02 17
9	4 26 48	699	7753	− 12,85889	498	653	02 51
4,80	5 01 11	616	8750	− 11,38487	540	862	03 25
1	5 35 34	524	9746	− 10,21219	582	1,57070	03 58
2	6 09 56	422	0,10740	− 9,25683	623	277	04 32
3	6 44 19	309	1734	− 8,46336	664	485	05 05
4	7 18 42	187	2726	− 7,79373	705	691	05 38
5	7 53 04	055	3718	− 7,22093	746	898	06 10
6	8 27 27	−0,98913	4708	− 6,72529	787	1,58104	06 43
7	9 01 50	761	5696	− 6,29211	827	309	07 15
8	9 36 12	599	6683	− 5,91022	868	515	07 46
9	280 10 35	427	7668	− 5,57095	908	719	08 17
4,90	0 44 58	245	8651	− 5,26749	948	924	08 48
1	1 19 20	054	9633	− 4,99440	988	1,59127	09 19
2	1 53 43	−0,97853	0,20612	− 4,74730	1,37028	331	09 49
3	2 28 05	642	1590	− 4,52259	067	534	10 19
4	3 02 28	421	2565	− 4,31733	107	737	10 48
5	3 36 51	190	3538	− 4,12906	146	939	11 18
6	4 11 13	−0,96950	4509	− 3,95572	185	1,60141	11 47
7	4 45 36	700	5477	− 3,79557	224	342	12 15
8	5 19 59	441	6443	− 3,64713	263	543	12 44
9	5 54 21	171	7406	− 3,50915	302	744	13 12

x	e^x	e^{-x}	Sin x	Cof x	Tg x	Ar Sin x	Ar Cof x
4,50	90,01713	0,01111	45,00301	45,01412	0,99975	2,20935	2,18464
1	90,92182	00	45,45541	45,46641	6	2,21151	692
2	91,83560	0,01089	45,91235	45,92324	6	368	919
3	92,75856	78	46,37389	46,38467	7	584	2,19146
4	93,69080	67	46,84006	46,85074	7	799	372
5	94,63241	57	47,31092	47,32149	8	2,22014	597
6	95,58348	46	47,78651	47,79697	8	228	822
7	96,54411	36	47,26688	48,27723	9	442	2,20047
8	97,51439	25	48,75207	48,76232	9	656	271
9	98,49443	15	49,24214	49,25229	9	869	494
4,60	99,48432	05	49,73713	49,74718	0,99980	2,23081	717
1	100,48415	0,00995	50,23710	50,24705	0	294	940
2	1,49403	85	50,74209	50,75194	1	505	2,21162
3	2,51406	75	51,25215	51,26191	1	717	383
4	3,54435	66	51,76734	51,77700	1	928	604
5	4,58499	56	52,28771	52,29727	2	2,24138	825
6	5,63608	47	52,81331	52,82277	2	348	2,22045
7	6,69774	37	53,34419	53,35356	2	558	264
8	7,77007	28	53,88040	53,88968	3	767	483
9	8,85318	19	54,42200	54,43118	3	976	702
4,70	9,94717	10	54,96904	54,97813	3	2,25184	920
1	111,05216	00	55,52158	55,53058	4	392	2,23137
$\frac{6\pi}{4}=4,71\ldots$	1,31778	0,00898	55,65440	55,66338	4	441	189
2	2,16825	92	56,07967	56,08858	4	599	354
3	3,29556	83	56,64337	56,65219	4	806	571
4	4,43420	74	57,21273	57,22147	5	2,26013	787
5	5,58428	65	57,78782	57,79647	5	219	2,24002
6	6,74593	57	58,36868	58,37725	5	425	217
7	7,91924	48	58,95538	58,96386	6	630	432
8	9,10435	40	59,54798	59,55637	6	835	646
9	120,30137	31	60,14653	60,15484	6	2,27040	860
4,80	1,51042	23	60,75109	60,75932	6	244	2,25073
1	2,73162	15	61,36173	61,36988	7	448	286
2	3,96509	07	61,97851	61,98658	7	651	498
3	5,21096	0,00799	62,60149	62,60947	7	854	710
4	6,46935	91	63,23072	63,23863	7	2,28057	921
5	7,74039	83	63,86628	63,87411	8	259	2,26132
6	9,02420	75	64,50823	64,51598	8	461	343
7	130,32092	67	65,15662	65,16430	8	662	533
8	1,63066	60	65,81153	65,81913	8	863	763
9	2,95357	52	66,47303	66,48055	9	2,29063	972
4,90	4,28978	45	67,14117	67,14861	9	264	2,27180
1	5,63941	37	67,81602	67,82339	9	463	389
2	7,00261	30	68,49766	68,50496	9	663	596
3	8,37951	23	69,18614	69,19307	0,99990	862	804
4	9,77025	15	69,88155	69,88870	0	2,30060	2,28011
5	141,17496	08	70,58394	70,59102	0	259	217
6	2,59380	01	71,29339	71,30040	0	456	423
7	4,02689	0,00694	72,00997	72,01692	0	654	629
8	5,47438	87	72,73375	72,74063	1	851	834
9	6,93642	81	73,46481	73,47161	1	2,31048	2,29039

x	φ	sin x	cos x	tg x	arc tg x	log_e x	𝔄mp x
5,00	286° 28′ 44″	−0,95892	0,28366	−3,38052	1,37340	1,60944	89° 13′ 40″
1	7 03 07	5604	9324	26030	378	1,61144	14 08
2	7 37 29	5306	0,30278	14767	417	343	14 35
3	8 11 52	4998	1230	04192	455	542	15 03
4	8 46 15	4681	2178	−2,94241	493	741	15 29
5	9 20 37	4355	3123	93726	531	939	15 56
6	9 56 00	4019	4065	75996	568	1,62137	16 22
7	290 29 23	3674	5004	67610	606	334	16 48
8	1 03 45	3319	5939	59661	643	531	17 14
9	1 38 08	2955	6870	52114	680	728	17 40
5,10	2 12 31	2581	7798	44939	717	924	18 05
1	2 46 53	2199	8722	38107	754	1,63120	18 30
2	3 21 16	1807	9642	31592	791	315	18 55
3	3 55 38	1406	0,40558	25372	828	511	19 19
4	4 30 01	0996	1470	19427	864	705	19 44
5	5 04 24	0577	2378	13737	901	900	20 08
6	5 38 46	0148	3281	08285	937	1,64094	20 31
7	6 13 09	−0,89711	4181	03055	973	287	20 55
8	6 47 32	9265	5076	−1,98034	1,38009	481	21 18
9	7 21 54	8810	5966	93208	045	673	21 41
5,20	7 56 17	8345	6852	88564	081	866	22 04
1	8 30 40	7873	7733	84093	116	1,65058	22 27
2	9 05 02	7391	8609	79783	152	250	22 49
3	9 39 25	6900	9481	75625	187	441	23 12
4	300 13 48	6401	0,50347	71611	222	632	23 34
5	0 48 10	5893	1209	67733	257	823	23 55
6	1 22 33	5377	2065	63982	292	1,66013	24 17
7	1 56 56	4852	2916	60352	327	203	24 38
8	2 31 18	4319	3762	56837	362	393	24 59
9	3 05 41	3777	4602	53431	397	582	25 20
5,30	3 40 03	3227	5437	50127	431	771	25 41
1	4 14 26	2668	6267	46922	465	959	26 01
2	4 48 48	2101	7091	43809	499	1,67147	26 22
3	5 23 11	1526	7909	40784	534	335	26 42
4	5 57 34	0943	8721	37843	567	523	27 02
5	6 31 56	0352	9528	34982	601	710	27 21
6	7 06 19	−0,79753	0,60328	32198	635	896	27 41
7	7 40 42	9145	1123	29486	669	1,68083	28 00
8	8 15 04	8530	1911	26844	702	269	28 19
9	8 49 27	7907	2693	24267	735	455	28 38
5,40	9 23 49	7276	3469	21754	769	640	28 57
1	9 58 12	6638	4039	19301	802	825	29 15
2	310 32 35	5992	5002	16907	835	1,69010	29 34
3	1 06 57	5338	5759	14567	867	194	29 52
4	1 41 20	4677	6509	12281	900	378	30 10
5	2 15 43	4008	7252	10045	933	562	30 28
6	2 50 05	3332	7989	07858	965	745	30 45
7	3 24 28	2648	8719	05718	998	928	31 03
8	3 58 51	1957	9442	03622	1,39030	1,70111	31 20
9	4 33 13	1259	0,70158	01570	062	293	31 37
$\frac{7\pi}{4}=5,49\ldots$	5	0711	0711	−1	087	434	31 50

x	e^x	e^{-x}	Sin x	Cof x	Tg x	Ar Sin x	Ar Cof x
5,00	148,41316	0,00674	74,20321	74,20995	0,99991	2,31244	2,29243
1	9,90474	67	74,94903	74,95570	1	440	447
2	151,41130	60	75,76235	75,70895	1	635	651
3	2,93301	54	76,46324	76,46978	1	830	854
4	4,47002	47	77,23177	77,23824	2	2,32025	2,30056
5	6,02246	41	78,00803	78,01444	2	220	259
6	7,59052	35	78,76209	78,79843	2	414	460
7	9,17433	28	79,58402	79,59030	2	607	662
8	160,77406	22	80,38392	80,39014	2	801	863
9	2,38986	16	81,19185	81,19801	2	994	2,31063
5,10	4,02191	10	82,00791	82,01400	3	2,33186	263
1	5,67035	04	82,83216	82,83830	3	379	463
2	7,33737	0,00598	83,66470	83,67067	3	570	663
3	9,01712	92	84,50560	84,51152	3	762	861
4	170,71577	86	85,35496	85,36081	3	953	2,32060
5	2,43179	80	86,21285	86,21864	3	2,34144	258
6	4,16446	74	87,07936	87,08510	3	334	456
7	5,91484	68	87,95458	87,96026	4	524	653
8	7,68281	63	88,83859	88,84422	4	714	850
9	9,46855	57	89,73149	89,73706	4	904	2,33047
5,20	181,27224	52	90,63336	90,63888	4	2,35093	243
1	3,09406	46	91,54430	91,54976	4	281	439
2	4,93418	41	92,46439	92,46980	4	470	634
3	6,79280	35	93,39372	93,39908	4	658	829
4	8,67010	30	94,33240	94,33770	4	845	2,34024
5	190,56627	25	95,28051	95,28576	4	2,36032	218
6	2,48149	20	96,23815	96,24334	5	219	412
7	4,41596	14	97,50541	97,21055	5	406	605
8	6,36988	09	98,18239	98,18748	5	592	798
9	8,34343	04	99,16919	99,17423	5	778	991
5,30	200,33681	0,00499	100,16591	100,17090	5	964	2,35183
1	2,35023	94	1,17264	1,17759	5	2,37149	375
2	4,38388	89	2,18949	2,19439	5	334	567
3	6,43797	84	3,21657	3,22141	5	518	758
4	8,51271	80	4,25396	4,25875	5	703	949
5	210,60830	75	5,30177	5,30652	5	887	2,36139
6	2,72495	71	6,36012	6,36482	6	2,38070	329
7	4,86287	65	7,42911	7,43376	6	253	519
8	7,02228	61	8,50883	8,51344	6	436	708
9	9,20339	56	9,59941	9,60397	6	619	897
5,40	221,40642	52	110,70095	110,70547	6	801	2,37086
1	3,63159	47	1,81356	1,81803	6	983	274
2	5,87912	43	2,93735	2,94177	6	2,39165	462
3	8,14925	38	4,07243	4,07681	6	346	650
4	230,44219	34	5,21892	5,22326	6	527	837
5	2,75817	30	6,37693	6,38123	6	708	2,38024
6	5,09742	25	7,54659	7,55084	6	888	210
7	7,48019	21	8,72799	8,73220	6	2,40068	396
8	9,84671	17	9,92127	9,92544	7	248	582
9	242,25721	13	121,12654	121,13067	7	427	768
$\frac{7\pi}{4} = 5,49\ldots$	4,15106	10	2,07348	2,07758	7	566	912

24

x	φ	sin x	cos x	tg x	arc tg x	$\log_e$ x	$\mathfrak{Amp}$ x
5,50	315° 07′ 36″	−0,70554	0,70867	−0,99558	1,39094	1,70475	89° 31′ 54″
1	5 41 59	−0,69842	1569	7587	126	656	89 32 11
2	6 16 22	9123	2264	5653	158	838	27
3	6 50 44	8397	2951	3756	190	1,71019	44
4	7 25 07	7664	3632	1895	221	199	89 33 00
5	7 59 30	6924	4305	0067	253	380	16
6	8 33 52	6178	4970	−0,88272	284	560	32
7	9 08 15	5425	5628	6508	316	740	48
8	9 42 38	4665	6279	4775	347	919	89 34 04
9	320 17 00	3899	6921	3071	378	1,72098	19
5,60	0 51 23	3127	7557	1394	409	277	35
1	1 25 46	2348	8184	−0,79745	440	455	50
2	2 00 08	1563	8804	8122	470	633	89 35 05
3	2 34 31	0772	9415	6524	501	811	20
4	3 08 54	−0,59975	0,80019	4951	532	988	34
5	3 43 16	9172	0615	3400	562	1,73166	49
6	4 17 39	8362	1202	1873	592	342	89 36 03
7	4 52 01	7548	1782	0367	622	519	18
8	5 26 24	6727	2353	−0,68882	653	695	32
9	6 00 47	5900	2916	7418	683	871	46
5,70	6 35 09	5069	3471	5973	713	1,74047	89 37 00
1	7 09 32	4231	4018	4547	742	222	13
2	7 43 55	3388	4556	3140	772	397	27
3	8 18 17	2540	5086	1750	802	572	40
4	8 52 40	1687	5607	0377	831	746	54
5	9 27 03	0828	6119	−0,59020	861	920	89 38 07
6	330 31 25	−0,49964	6623	7680	890	1,75094	20
7	0 35 48	9095	7119	6355	919	267	33
8	1 10 11	8222	7605	5045	948	440	46
9	1 44 33	7343	8083	3749	977	613	59
5,80	2 18 55	6460	8552	2467	1,40006	786	89 39 11
1	2 53 18	5572	9012	1198	035	958	23
2	3 27 41	4680	9463	−0,49942	064	1,76130	36
3	4 02 03	3783	9906	8699	092	302	48
4	4 36 26	2882	0,90339	7468	121	473	89 40 00
5	5 10 49	1976	0763	6248	149	644	12
6	5 45 11	1067	1179	5040	178	815	24
7	6 19 34	0153	1585	3842	206	985	35
8	6 53 57	−0,39235	1982	2655	234	1,77156	47
9	7 28 19	8313	2369	1478	262	326	59
5,90	8 02 42	7388	2748	0311	290	495	89 41 10
1	8 37 05	6458	3117	−0,39153	318	665	21
2	9 11 27	5525	3477	8004	346	834	32
3	9 45 50	4589	3828	6864	373	1,78002	43
4	340 20 12	3649	4169	5732	401	171	54
5	0 54 35	2705	4501	4609	429	339	89 42 05
6	1 28 58	1759	4823	3493	456	507	16
7	2 03 20	0809	5136	2384	483	675	26
8	2 37 43	−0,29856	5439	1283	511	842	37
9	3 12 06	8900	5733	0189	538	1,79009	47

x	e^x	e^{-x}	$\mathfrak{Sin}\ x$	$\mathfrak{Cof}\ x$	$\mathfrak{Tg}\ x$	$\mathfrak{Ar}\ \mathfrak{Sin}\ x$	$\mathfrak{Ar}\ \mathfrak{Cof}\ x$
5,50	244,69193	0,00409	122,34392	... 4801[1])	9,99997	2,40606	2,38953
1	247,15113	05	3,57354	... 7759	7	785	2,39137
2	249,63504	01	4,81552	... 1952	7	963	322
3	252,14391	0,00397	6,06997	... 7394	7	2,41141	506
4	254,67800	93	7,33704	... 4096	7	319	689
5	257,23756	89	8,61683	... 2072	7	496	873
6	259,82284	85	9,90949	... 1334	7	674	2,40056
7	262,43410	81	131,21514	... 1895	7	850	239
8	265,07161	77	2,53392	... 3769	7	2,42027	421
9	267,73562	74	3,86094	... 6468	7	203	603
5,60	270,42641	70	5,21135	... 1505	7	379	784
1	273,14424	66	6,57029	... 7395	7	555	966
2	275,88938	62	7,94288	... 4650	7	730	2,41147
3	278,66212	59	8,32926	... 3285	7	905	327
4	281,46272	55	140,72958	... 3314	7	2,43080	508
5	284,29147	52	2,14397	... 4749	8	254	688
6	289,14864	48	3,57258	... 7606	8	429	867
7	290,03453	45	5,01554	... 1899	8	602	2,42047
8	292,94943	41	6,47301	... 7642	8	776	226
9	295,89362	38	7,94512	... 4850	8	949	404
5,70	298,86740	35	9,43203	... 3537	8	2,44122	583
1	301,87107	31	150,93388	... 3719	8	295	761
2	304,90492	28	2,45082	... 5410	8	467	939
3	307,96927	25	3,98301	... 8626	8	639	2,43116
4	311,06441	21	5,53060	... 3381	8	811	293
5	314,19066	18	7,09374	... 9692	8	982	470
6	317,34833	15	8,67259	... 7574	8	2,45154	646
7	320,53773	12	160,26731	... 7043	8	325	822
8	323,75919	09	1,87805	... 8114	8	495	998
9	327,01302	06	3,50498	... 0804	8	665	2,44174
5,80	330,29956	03	5,14827	... 5129	8	836	349
1	333,61913	00	6,80866	... 1106	8	2,46005	524
2	336,97205	0,00297	8,48454	... 8751	8	175	698
3	340,35868	94	170,17787	... 8081	8	344	873
4	343,77934	91	1,88822	... 9112	8	513	2,45047
5	347,23438	88	3,61575	... 1863	8	682	220
6	350,72414	85	5,36065	... 6350	8	650	394
7	354,24898	82	7,12308	... 2590	8	2,47018	567
8	357,80924	79	8,90322	... 0602	8	186	739
9	361,40528	77	180,70126	... 0403	8	353	912
5,90	365,03747	74	2,51736	... 2010	8	521	2,46084
1	368,70616	71	4,35172	... 5443	9	687	256
2	372,41171	69	6,20451	... 0720	9	854	427
3	376,15451	66	8,07593	... 7859	9	2,48021	599
4	379,93493	63	9,96615	... 6878	9	187	769
5	383,75334	61	191,87537	... 7797	9	253	940
6	387,61012	58	3,80377	... 0635	9	518	2,47110
7	391,50567	55	5,75156	... 5411	9	684	280
8	395,44037	53	7,71892	... 2145	9	849	450
9	399,41461	50	9,70605	... 0856	9	2,49013	620

[1]) Die anfangs mit „···" bezeichneten Stellen von $\mathfrak{Cof}\ x$ sind den entsprechenden Werten von $\mathfrak{Sin}\ x$ zu entnehmen. Z. B. für x = 5,78 ist $\mathfrak{Cof}\ x$ = 161,88114.

x	φ	sin x	cos x	tg x	arc tg x	$\log_e$ x	$\mathfrak{Amp}$ x
6,00	343° 46′ 29″	—0,27942	0,96017	—0,29101	1,40565	1,79176	89° 42′ 57″
1	4 20 51	6980	292	8019	592	342	89 43 08
2	4 55 14	6016	557	6944	619	509	18
3	5 29 37	5049	812	5874	645	675	28
4	6 03 59	4080	0,97058	4810	672	840	38
5	6 38 22	3108	294	3751	699	1,80006	47
6	7 12 45	2134	520	2697	725	171	57
7	7 47 07	1157	736	1647	752	336	89 44 07
8	8 21 30	0179	943	0603	778	500	16
9	8 55 53	—0,19199	0,98140	—0,19564	805	665	25
6,10	9 30 15	8216	327	8526	831	829	35
1	350 04 38	7232	504	7494	857	993	44
2	0 39 01	6246	671	6465	882	1,81156	53
3	1 13 23	5259	829	5439	909	319	89 45 02
4	1 47 46	4270	977	4417	935	482	11
5	2 22 09	3279	0,99114	3398	961	645	20
6	2 56 31	2287	242	2381	986	808	29
7	3 30 54	1294	360	1367	1,41012	970	37
8	4 05 17	0300	468	0355	037	1,82132	43
9	4 39 39	—0,09305	566	—0,09346	063	294	51
6,20	5 14 02	8309	654	8338	088	455	89 46 03
1	5 48 24	7312	732	7332	114	616	11
2	6 22 47	6314	800	6327	139	777	19
3	6 57 10	5316	859	5324	164	938	28
4	7 31 32	4317	907	4321	189	1,83098	36
5	8 05 55	3318	945	3320	214	258	44
6	8 40 18	2318	973	2319	239	418	52
7	9 14 40	1318	991	1319	264	578	59
8	9 49 03	— 0319	999	— 0319	289	737	89 47 07
$\frac{8\pi}{4}$=6,28...	360	0	1	0	297	788	10
9	0 23 26	+0,00681	0,99998	+0,00681	313	896	15
6,30	0 57 48	1681	986	1682	338	1,84055	22
1	1 32 11	2681	964	2682	362	214	30
2	2 06 34	3681	932	3683	387	372	37
3	2 40 56	4680	890	4685	411	530	45
4	3 15 19	5678	839	5679	436	688	52
5	3 49 42	6676	777	6691	460	845	59
6	4 24 04	7674	705	7697	484	1,85003	89 48 07
7	4 58 27	8671	623	8703	508	160	14
8	5 32 49	9666	532	9712	532	317	21
9	6 07 12	0,10661	430	0,10722	556	473	28
6,40	6 41 35	1655	318	1735	580	630	35
1	7 15 57	2648	197	2750	604	786	41
2	7 50 20	3639	066	3767	627	942	48
3	8 24 43	4629	0,98924	4788	651	1,86097	55
4	8 59 05	5617	773	5811	675	253	89 49 01
5	9 33 28	6604	612	6838	698	408	08
6	370 07 51	7589	441	7868	722	563	14
7	0 42 13	8573	260	8902	745	718	21
8	1 16 36	9555	069	9940	768	872	27
9	1 50 59	0,20534	0,97869	0,20981	792	1,87026	34

x	e^x	e^{-x}	$\mathfrak{Sin}\ x$	$\mathfrak{Coj}\ x$	$\mathfrak{Tg}\ x$	$\mathfrak{Ar}\ \mathfrak{Sin}\ x$	$\mathfrak{Ar}\ \mathfrak{Coj}\ x$
6,00	403,42879	0,00248	201,71316	... 1564[1])	0,99999	2,49178	2,47789
1	407,48332	45	203,74043	... 4289	,,	342	958
2	411,57860	43	205,78808	... 9051	,,	506	2,48126
3	415,71503	41	207,85631	... 5872	,,	670	295
4	419,89303	38	209,94533	... 4771	,,	833	463
5	424,11303	36	212,05534	... 5769	,,	997	630
6	428,37544	33	214,18655	... 8889	,,	2,50160	798
7	432,68068	31	216,33919	... 4150	,,	322	965
8	437,02919	29	218,51345	... 1574	,,	485	2,49132
9	441,42141	27	220,70957	... 1184	,,	647	299
6,10	445,85777	24	222,92776	... 3001	,,	809	465
1	450,33872	22	225,16825	... 7047	,,	970	631
2	454,86469	20	227,43125	... 3345	,,	2,51132	797
3	459,43616	18	229,71699	... 1917	,,	293	962
4	464,05357	15	232,02571	... 2786	,,	454	2,50127
5	468,71739	13	234,35763	... 5976	,,	614	292
6	473,42807	11	236,71298	... 1509	,,	775	457
7	478,18611	09	239,09201	... 9410	,,	935	621
8	482,99196	07	241,49494	... 9701	,,	2,52095	785
9	487,84611	05	243,92203	... 2408	,,	254	949
6,20	492,74904	03	246,37351	... 7554	,,	414	2,51113
1	497,70125	01	248,84962	... 5163	,,	573	276
2	502,70323	0,00199	251,35062	... 5261	,,	732	439
3	507,75548	97	253,87676	... 7873	,,	890	602
4	512,85851	95	256,42828	... 3023	,,	2,53049	764
5	518,01282	93	259,00545	... 0738	,,	207	927
6	523,21894	91	261,60851	... 1043	,,	365	2,52089
7	528,47738	89	264,23774	... 3964	,,	522	250
$\frac{8\pi}{4}=6,28\ldots$	533,78866	87	266,89340	... 9527	,,	680	412
8	535,49166	87	267,74489	... 4676	,,	730	463
9	539,15333	85	269,57574	... 7759	,,	837	573
6,30	544,57191	84	272,28504	... 8687	,,	994	734
1	550,04495	82	275,02157	... 2338	,,	2,54150	894
2	555,57299	80	277,78560	... 8740	,,	307	2,53055
3	561,15659	78	280,57741	... 7919	,,	463	215
4	566,79631	76	283,39727	... 9904	,,	619	375
5	572,49271	75	286,24548	... 4723	,,	775	534
6	578,24636	73	289,12231	... 2404	,,	930	694
7	584,05783	71	292,02806	... 2977	,,	2,55085	853
8	589,92771	70	294,96301	... 6470	,,	240	2,54012
9	595,85658	68	297,92745	... 2913	,,	395	170
6,40	601,84504	66	300,92169	... 2334	,,	549	329
1	607,89368	65	303,94602	... 4766	,,	704	487
2	614,00311	63	307,00074	... 0237	,,	858	644
3	620,17395	61	310,08617	... 8778	,,	2,56011	802
4	626,40680	60	313,20260	... 0420	,,	165	959
5	632,70229	58	316,35036	... 5194	1,00000	318	2,55116
6	639,06106	56	319,52975	... 3131	,,	471	273
7	645,48373	55	322,74109	... 4264	,,	624	430
8	651,97095	54	325,98471	... 8624	,,	777	586
9	658,52336	52	329,26092	... 6244	,,	929	742

[1]) S. die Bemerkung auf S. 25.

x	φ	sin x	cos x	tg x	arc tg x	$\log_e x$	Amp x
6,50	372° 25′ 22″	0,21512	0,97659	0,22028	1,41815	1,87180	89° 49′ 40″
1	2 59 44	2487	7439	3079	838	334	46
2	3 34 07	3461	7209	4134	861	487	52
3	4 08 29	4432	6970	5195	884	641	58
4	4 42 52	5400	6720	6261	907	794	89 50 04
5	5 17 14	6366	6462	7333	929	947	10
6	5 51 37	7329	6193	8411	952	1,88099	16
7	6 26 00	8290	5915	9495	975	251	22
8	7 00 22	9248	5627	0,30585	997	403	27
9	7 34 45	0,30202	5330	1682	1,42020	555	33
6,60	8 09 08	1154	5023	2786	042	707	39
1	8 43 30	2103	4707	3897	065	858	44
2	9 17 53	3084	4381	5016	087	1,89010	50
3	9 52 16	3900	4046	6142	110	160	55
4	380 26 38	4929	3701	7277	132	311	89 51 01
5	1 01 01	5864	3347	8420	154	462	06
6	1 35 24	6796	2984	9572	176	612	11
7	2 09 46	7724	2612	0,40734	198	762	17
8	2 44 09	8648	2230	1904	220	912	22
9	3 18 32	9569	1839	3085	242	1,90061	27
6,70	3 52 54	0,40485	1438	4276	264	211	32
1	4 27 17	1397	1029	5477	285	360	37
2	5 01 40	2306	0610	6690	307	509	42
3	5 36 02	3210	0183	7913	329	658	47
4	6 10 25	4109	0,89746	9149	350	806	52
5	6 44 47	5004	9301	0,50397	372	954	57
6	7 19 10	5895	8846	1657	393	1,91102	89 52 02
7	7 53 33	6781	8383	2930	415	250	07
8	8 27 55	7663	7911	4217	436	398	11
9	9 02 18	8539	7430	5518	457	545	16
6,80	9 36 41	9411	6940	6834	478	692	21
1	390 11 03	0,50278	6441	8165	500	839	25
2	0 45 26	1140	5934	9511	521	986	30
3	1 19 49	1997	5419	0,60873	542	1,92132	34
4	1 54 11	2848	4894	2252	563	279	39
5	2 28 34	3695	4362	3648	583	425	41
6	3 02 57	4536	3820	5063	604	571	47
7	3 37 19	5371	3271	6495	625	716	52
8	4 11 42	6201	2713	7947	646	862	56
9	4 46 05	7025	2146	9419	666	1,93007	89 53 00
6,90	5 20 27	7844	1573	0,70911	687	152	04
1	5 54 50	8657	0990	2425	708	297	08
2	6 29 12	9464	0399	3960	728	442	12
3	7 03 35	0,60265	0,79801	5519	749	586	17
4	7 37 58	1060	9194	7101	769	730	21
5	8 12 20	1849	8580	8708	789	874	24
6	8 46 43	2631	7957	0,80341	809	1,94018	28
7	9 21 06	3408	7327	2000	830	162	32
8	9 55 28	4178	6689	3686	850	305	36
9	400 29 51	4941	6043	5401	870	448	40

x	e^x	e^{-x}	$\mathfrak{Sin}\ x$	$\mathfrak{Cos}\ x$	$\mathfrak{Tg}\ x$	$\mathfrak{Ar\ Sin}\ x$	$\mathfrak{Ar\ Cos}\ x$
6,50	665,14163	0,00150	332,57006	... 7157[1])	1,00000	2,57081	2,55898
1	671,82642	49	335,91246	... 1395	,,	233	2,56053
2	678,57839	47	339,28846	... 3993	,,	385	209
3	685,39821	46	342,69838	... 9984	,,	537	364
4	692,28658	44	346,14257	... 4401	,,	688	519
5	699,24417	43	349,62137	... 2280	,,	839	673
6	706,27169	42	353,13514	... 3655	,,	990	828
7	713,36984	40	356,68422	... 8562	,,	2,58140	982
8	720,53933	39	360,27897	... 7036	,,	291	2,57136
9	727,78087	37	363,88975	... 9112	,,	441	289
6,60	735,09519	36	367,54691	... 4827	,,	591	443
1	742,48302	35	371,24084	... 4218	,,	740	596
2	749,94510	33	374,97188	... 7322	,,	890	749
3	757,48217	32	378,74043	... 4175	,,	2,59039	902
4	765,09499	31	382,54684	... 4815	,,	188	2,58054
5	772,78433	29	386,39152	... 9281	,,	337	206
6	780,55094	28	390,27483	... 7611	,,	486	358
7	788,39560	27	394,19717	... 9844	,,	634	510
8	796,31911	26	398,15893	... 6018	,,	782	661
9	804,32225	24	402,16050	... 6175	,,	930	813
6,70	812,40583	23	406,20230	... 0353	,,	2,60078	964
1	820,57064	22	410,28971	... 8593	,,	225	2,59115
2	828,81751	21	414,40815	... 0936	,,	373	265
3	837,14727	19	418,57304	... 7423	,,	520	416
4	845,56074	18	422,77978	... 8096	,,	667	566
5	854,05876	17	427,02880	... 2997	,,	813	716
6	862,64220	16	431,32052	... 2168	,,	960	865
7	871,31189	15	435,65537	... 5652	,,	2,61106	2,60015
8	880,06872	14	440,03379	... 3493	,,	252	164
9	888,91356	12	444,45622	... 5734	,,	398	313
6,80	897,84729	11	448,92309	... 2420	,,	543	462
1	906,87081	10	453,43485	... 3595	,,	689	610
2	915,98501	09	457,99196	... 9305	,,	834	759
3	925,19081	08	462,59487	... 9595	,,	979	907
4	934,48913	07	467,24403	... 4510	,,	2,62124	2,61055
5	943,88091	06	471,93992	... 4098	,,	268	202
6	953,36707	05	476,68301	... 8406	,,	413	350
7	962,94857	04	481,47376	... 7480	,,	557	497
8	972,62636	03	486,31267	... 1369	,,	701	644
9	982,40142	02	491,20020	... 0122	,,	844	791
6,90	992,27472	01	496,13685	... 3786	,,	988	938
1	1002,24724	00	501,12312	... 2412	,,	2,63131	2,62084
2	12,31999	0,00099	506,15950	... 6049	,,	274	230
3	22,49398	98	511,24650	... 4745	,,	417	376
4	32,77021	97	516,38462	... 8559	,,	560	522
5	43,14973	96	521,57438	... 7534	,,	702	667
6	53,63356	95	526,81630	... 1725	,,	845	813
7	64,22275	94	532,11091	... 1185	,,	987	958
8	74,91837	93	537,45872	... 5965	,,	2,64129	2,63102
9	85,72148	92	542,86028	... 6120	,,	271	247

[1]) S. die Bemerkung auf S. 25.

x	φ	sin x	cos x	tg x	arc tg x	$\log_e$ x	𝔄mp x
7,00	401°04′ 14″	0,65698	0,75390	0,87145	1,42890	1,94591	89° 53′ 44″
1	1 38 36	6449	4729	0,89920	910	734	48
2	2 12 59	7193	4061	0,90727	930	876	51
3	2 47 22	7930	3385	0,92566	950	1,95019	55
4	3 21 44	8660	2702	0,94441	969	161	59
5	3 56 07	9384	2012	0,96351	989	303	89 54 02
6	4 30 30	0,70101	1315	0,98298	1,43009	445	06
$\frac{9\pi}{4}=7,06\ldots$	5	0711	0711	1	026	566	09
7	5 04 52	0811	0610	1,00284	029	586	09
8	5 39 15	1513	0,69898	1,02310	048	727	13
9	6 13 37	2208	9180	1,04378	068	869	16
7,10	6 48 00	2896	8454	1,06489	087	1,96009	20
1	7 22 23	3577	7722	1,08646	107	150	23
2	7 56 45	4251	6983	1,10851	126	291	26
3	8 31 08	4917	6237	1,13105	145	431	30
4	9 05 31	5576	5484	1,15410	165	571	33
5	9 39 53	6227	4725	1,17769	184	711	36
6	410 14 16	6870	3960	1,20185	203	851	39
7	0 48 39	7506	3188	1,22659	222	991	43
8	1 23 01	8134	2410	1,25195	241	1,97130	46
9	1 57 24	8754	1625	1,27795	260	269	49
7,20	2 31 47	9366	0835	1,30462	279	408	52
1	3 06 09	9971	0038	1,33200	298	547	55
2	3 40 32	0,80567	0,59235	1,36012	317	685	58
3	4 14 55	1155	8427	1,38901	336	824	89 55 01
4	4 49 17	1736	7612	1,41872	354	962	04
5	5 23 40	2308	6792	1,44928	373	1,98100	07
6	5 58 02	2871	5966	1,48074	392	238	10
7	6 32 25	3427	5135	1,51315	410	376	13
8	7 06 48	3974	4297	1,54655	429	513	16
9	7 41 10	4513	3455	1,58100	447	650	19
7,30	8 15 33	5044	2608	1,61656	466	787	21
1	8 49 56	5565	1755	1,65329	484	924	24
2	9 24 18	6079	0896	1,69125	502	1,99061	27
3	9 58 41	6583	0033	1,73052	521	198	30
4	420 33 04	7079	0,49165	1,77117	539	334	32
5	1 07 26	7567	8292	1,81329	557	470	35
6	1 41 49	8045	7414	1,85696	575	606	38
7	2 16 12	8515	6531	1,90229	593	742	40
8	2 50 34	8976	5643	1,94937	612	877	43
9	3 24 57	9428	4751	1,99833	630	2,00013	45
7,40	3 59 20	9871	3855	2,04928	647	148	48
1	4 33 42	0,90305	2954	2,10237	665	283	50
2	5 08 05	0730	2049	2,15773	685	418	53
3	5 42 28	1146	1139	2,21554	701	553	55
4	6 16 50	1553	0226	2,27597	719	687	58
5	6 51 13	1950	0,39308	2,33921	737	821	89 56 00
6	7 25 35	2339	8387	2,40548	754	956	03
7	7 59 58	2718	7462	2,47502	772	2,01089	05
8	8 34 21	3088	6532	2,54809	789	223	07
9	9 08 43	3449	5600	2,62498	807	357	10

x	e^x	e^{-x}	$\mathfrak{Sin}\ x$	$\mathfrak{Cof}\ x$	$\mathfrak{Tg}\ x$	$\mathfrak{Ar\ Sin}\ x$	$\mathfrak{Ar\ Cof}\ x$
7,00	1096,63316	0,00091	548,31612	… 1704[1]	1,00000	2,64412	2,63392
1	1107,65450	90	553,82680	… 2770	,,	553	536
2	18,78662	89	559,39286	… 9376	,,	695	680
3	30,03061	88	565,01486	… 1575	,,	835	824
4	41,38761	88	570,69337	… 9424	,,	976	967
5	52,85874	87	576,42894	… 2981	,,	2,65117	2,64111
6	64,44517	86	582,22215	… 2301	,,	257	254
$\frac{9\pi}{4} = 7{,}06\ldots$	74,48317	85	587,24116	… 4201	,,	377	381
7	76,14803	85	588,07359	… 7444	,,	397	397
8	87,96852	84	593,98384	… 8468	,,	537	540
9	99,90780	83	599,95348	… 5432	,,	677	682
7,10	1211,96707	83	605,98312	… 8394	,,	816	825
1	24,14755	82	612,07336	… 7418	,,	956	967
2	36,45043	81	618,22481	… 2562	,,	2,66095	2,65109
3	48,87697	80	624,43808	… 3888	,,	234	250
4	61,42839	79	630,71380	… 1459	,,	373	392
5	74,10596	78	637,05259	… 5337	,,	511	533
6	86,91093	78	643,45508	… 5585	,,	650	674
7	99,84460	77	649,92192	… 2269	,,	788	815
8	1312,90826	76	656,45375	… 5451	,,	926	956
9	26,10321	75	663,05123	… 5198	,,	2,67064	2,66097
7,20	39,43076	75	669,71501	… 1576	,,	202	237
1	52,89227	74	676,44576	… 4650	,,	339	377
2	66,48906	73	683,24416	… 4490	,,	476	517
3	80,22250	72	690,11089	… 1161	,,	613	657
4	94,09397	72	697,04663	… 4734	,,	750	796
5	1408,10485	71	704,05207	… 5278	,,	887	936
6	22,25654	70	711,12792	… 2862	,,	2,68024	2,67075
7	36,55045	70	718,27488	… 7557	,,	160	214
8	50,98803	79	725,49367	… 9436	,,	296	353
9	65,57070	68	732,78501	… 8569	,,	432	491
7,30	80,29993	68	740,14963	… 5030	,,	568	630
1	95,17719	67	747,58826	… 8893	,,	704	768
2	1510,20397	66	755,10165	… 0232	,,	839	906
3	25,38177	66	762,69056	… 9121	,,	974	2,68044
4	40,71211	65	770,35573	… 5638	,,	2,69109	181
5	56,19653	64	778,09794	… 9859	,,	244	319
6	71,83656	64	785,91796	… 1860	,,	379	456
7	87,63378	63	793,81658	… 1721	,,	514	593
8	1603,58977	62	801,79457	… 9520	,,	648	730
9	19,70611	62	809,85275	… 5337	,,	782	867
7,40	35,98443	61	817,99191	… 9252	,,	916	2,69003
1	52,42635	61	826,21287	… 1348	,,	2,70050	139
2	69,03351	60	834,51645	… 1705	,,	184	275
3	85,80757	59	842,90349	… 0408	,,	317	411
4	1702,75022	59	851,37482	… 7540	,,	450	547
5	19,86315	58	859,93128	… 3186	,,	583	683
6	37,14806	58	868,57374	… 7432	,,	716	818
7	54,60669	57	877,30306	… 0363	,,	849	953
8	72,24078	56	886,12011	… 2067	,,	982	2,70088
9	90,05209	56	895,02577	… 2633	,,	2,71114	223

[1] S. die Bemerkung auf S. 25.

x	φ	sin x	cos x	tg x	arc tg x	$\log_e$ x
7,50	429° 43′ 06″	0,93800	0,34664	2,70601	1,43824	2,01490
1	430 17 29	4142	3724	2,79156	842	624
2	0 51 51	4474	2781	2,88201	859	757
3	1 26 14	4798	1834	2,97784	877	890
4	2 00 37	5111	0885	3,07954	894	2,02022
5	2 34 59	5410	0,29932	3,18772	911	155
6	3 09 22	5710	8977	3,30301	928	287
7	3 43 45	5995	8018	3,42618	946	419
8	4 18 07	6270	7057	3,55809	963	551
9	4 52 30	6536	6093	3,69974	980	683
7,60	5 26 53	6792	5126	3,85327	997	815
1	6 01 15	7038	4157	4,01702	1,44014	946
2	6 35 38	7275	3185	4,19556	031	2,03078
3	7 10 00	7502	2211	4,38974	048	209
4	7 44 23	7719	1235	4,60175	065	340
5	8 18 46	7927	0257	4,83422	081	471
6	8 53 08	8124	0,19277	5,09030	098	601
7	9 27 31	8312	8295	5,37386	115	732
8	440 01 54	8490	7311	5,68962	132	862
9	0 36 16	8659	6325	6,04349	148	992
7,70	1 10 39	8817	5337	6,44287	164	2,04122
1	1 45 02	8965	4348	6,89727	181	252
2	2 19 24	0,99104	3358	7,41900	198	381
3	2 53 47	232	2366	8,02434	214	511
4	3 28 10	351	1373	8,73532	231	640
5	4 02 32	460	0379	9,58240	247	769
6	4 36 55	559	0,09384	10,60903	264	898
7	5 11 18	648	8388	11,87936	280	2,05027
8	5 45 40	726	7391	13,49220	296	156
9	6 20 03	795	6394	15,60815	312	284
7,80	6 54 25	854	5206	18,50682	329	412
1	7 28 48	903	4397	22,72210	345	540
2	8 03 11	942	3398	29,41633	361	668
3	8 37 33	971	2398	41,69058	377	796
4	9 11 56	990	1398	71,51774	393	924
5	9 46 19	0,99999	+0,00398	251,15184	409	2,06051
$\frac{10\pi}{4}=7{,}85\ldots$	450	1	0	$\pm\,\infty$	415	102
6	0 20 41	0,99998	−0,00602	−166,15605	425	179
7	0 55 04	987	1602	− 62,42300	441	306
8	1 29 27	966	2602	− 38,42572	457	433
9	2 03 49	935	3601	− 27,75161	473	560
7,90	2 38 12	894	4600	− 21,71511	488	686
1	3 12 35	843	5599	− 17,83261	504	813
2	3 46 57	782	6597	− 15,12529	520	939
3	4 21 20	711	7595	− 13,12937	536	2,07065
4	4 55 43	630	8591	− 11,59674	551	191
5	5 30 05	539	9587	− 10,38265	567	317
6	6 04 28	439	−0,10582	− 9,39696	582	443
7	6 38 51	328	1576	− 8,58062	598	568
8	7 13 13	207	2569	− 7,89330	613	694
9	7 47 36	076	3560	− 7,30655	629	819

x	e^x	e^{-x}	$\mathfrak{Sin}\ x$	$\mathfrak{Cof}\ x$	$\mathfrak{Tg}\ x$	$\mathfrak{Ar\ Sin}\ x$	$\mathfrak{Ar\ Cof}\ x$
7,50	1808,04241	0,00055	904,02093	… 2148[1])	1,00000	2,71247	2,70358
1	26,21354	5	913,10650	… 0705	,,	379	492
2	44,56729	4	922,28338	… 8392	,,	511	626
3	63,10550	4	931,55248	… 5302	,,	642	760
4	81,83003	3	940,91475	… 1528	,,	774	894
5	1900,74273	3	950,37110	… 7163	,,	905	2,71028
6	19,84551	2	959,92250	… 2302	,,	2,72036	162
7	39,14028	2	969,56988	… 7040	,,	167	295
8	58,62897	1	979,31423	… 1474	,,	298	428
9	78,31351	1	989,15650	… 5701	,,	429	561
7,60	98,19590	0	999,09770	… 9820	,,	560	694
1	2018,27810	0	1009,13880	… 3930	,,	690	827
2	38,56213	0,00049	19,28182	… 8131	,,	820	959
3	59,05002	9	29,52467	… 2525	,,	950	2,72091
4	79,74382	8	39,87167	… 7215	,,	2,73080	233
5	2100,64559	8	50,32256	… 2303	,,	210	355
6	21,75743	7	60,87848	… 7895	,,	339	487
7	43,08145	7	71,54049	… 4096	,,	469	619
8	64,61977	6	82,30965	… 1012	,,	598	750
9	86,37456	6	93,18705	… 8751	,,	727	881
7,70	2208,34799	5	1104,17377	… 7422	,,	856	2,73012
1	30,54226	5	15,27090	… 7135	,,	984	143
2	52,95958	4	26,47957	… 8001	,,	2,74113	274
3	75,60220	4	37,80088	… 0132	,,	241	405
4	98,47238	6	49,23597	… 3641	,,	370	535
5	2321,57241	3	60,48599	… 8642	,,	498	665
6	44,90460	3	72,45209	… 5252	,,	626	795
7	68,47129	2	84,23543	… 3586	,,	753	925
8	92,27482	2	96,13720	… 3762	,,	881	2,74055
9	2416,31758	1	1208,15858	… 5900	,,	2,75008	184
7,80	40,60198	1	20,30078	… 0119	,,	136	314
1	65,13044	1	32,56501	… 6542	,,	263	443
2	89,90541	0	44,95250	… 5290	,,	390	572
3	2514,92937	0	57,46449	… 6489	,,	516	701
4	40,20483	0,00039	70,10222	… 0261	,,	643	829
5	65,73432	9	82,86696	… 6735	,,	769	958
$\frac{10}{4}\pi = 7{,}85\ldots$	75,97050	9	87,98505	… 8544	,,	820	2,75011
6	91,52038	9	95,75999	… 6038	,,	896	086
7	2617,56559	8	1308,78260	… 8299	,,	2,76022	214
8	43,87256	8	21,93609	… 3647	,,	148	342
9	70,44392	7	35,22177	… 2215	,,	274	470
7,90	97,28233	7	48,64098	… 4135	,,	399	598
1	2724,39047	7	62,19505	… 9542	,,	525	726
2	51,77105	6	75,88534	… 8570	,,	650	853
3	79,42680	6	89,71322	… 1358	,,	775	980
4	2807,36051	6	1403,68008	… 8043	,,	900	2,76107
5	35,57495	5	17,78730	… 8765	,,	2,77025	234
6	64,07295	5	32,03630	… 3665	,,	150	361
7	92,85736	5	46,42851	… 2885	,,	274	487
8	2921,93106	4	60,96536	… 6570	,,	399	614
9	51,29696	4	75,64831	… 4865	,,	523	740

[1]) S. die Bemerkung auf S. 25.

x	φ	sin x	cos x	tg x	arc tg x	$\log_e$ x
8,00	458° 21′ 58″	0,98936	—0,14550	—6,79971	1,44644	2,07944
1	8 56 21	785	5539	—6,35805	60	2,08069
2	9 30 44	625	6526	—5,96799	75	194
3	460 05 06	455	7511	—5,62243	90	318
4	0 39 29	275	8495	—5,31366	1,44705	443
5	1 13 52	085	9477	—5,03606	21	567
6	1 48 14	0,97885	—0,20456	—4,78507	36	691
7	2 22 37	676	1434	—4,55700	51	815
8	2 57 00	457	2410	—4,34882	66	939
9	3 31 22	228	3383	—4,15799	81	2,09063
8,10	4 05 45	0,96989	4354	—3,98240	96	186
1	6 40 08	741	5323	—3,82026	1,44811	310
2	5 14 30	483	6289	—3,67004	26	433
3	5 48 53	215	7253	—3,53047	41	556
4	6 23 16	0,95937	8213	—3,40042	56	679
5	6 57 38	651	9171	—3,27891	71	802
6	7 32 01	354	—0,30126	—3,16513	86	924
7	8 06 23	048	1078	—3,05883	1,44900	2,10047
8	8 40 46	0,94733	2027	—3,95786	15	169
9	9 15 09	408	2973	—2,86317	30	291
8,20	9 49 31	073	3915	—2,77375	44	413
1	470 23 54	0,93729	4855	—2,68916	59	535
2	0 57 17	376	5790	—2,60899	74	657
3	1 31 39	013	6722	—2,53291	88	779
4	2 06 02	0,92642	7650	—2,46058	1,45003	900
5	2 40 25	2260	8575	—2,39173	17	2,11021
6	3 14 47	1870	9495	—2,32609	32	142
7	3 49 10	1471	—0,40412	—2,26344	46	263
8	4 23 33	1062	1325	—2,20356	61	384
9	4 57 55	0644	2233	—2,14627	75	505
8,30	5 33 18	0217	3138	—2,09138	89	626
1	6 07 41	0,89781	4038	—2,03874	1,45104	746
2	6 42 03	9336	4933	—1,98820	18	866
3	7 16 26	8883	5824	—1,93964	32	986
4	7 50 48	8420	6711	—1,89292	46	2,12106
5	8 25 11	7948	7593	—1,84794	60	226
6	8 59 34	7468	8470	—1,80459	74	346
7	9 33 56	6979	9342	—1,76278	89	465
8	480 08 19	6481	—0,50209	—1,72241	1,45203	585
9	0 42 42	5975	1072	—1,68342	17	704
8,40	1 17 04	5460	1929	—1,64571	31	823
1	1 51 27	4936	2781	—1,60923	45	942
2	2 25 50	4404	3628	—1,57390	59	2,13061
3	3 00 12	3864	4469	—1,53966	72	180
4	3 34 35	3315	5305	—1,50647	86	298
5	4 08 58	2758	6135	—1,47426	1,45300	417
6	4 43 20	2192	6960	—1,44298	14	535
7	5 17 43	1619	7779	—1,41260	27	653
8	5 52 06	1037	8592	—1,38306	41	771
9	6 26 28	0447	9400	—1,35433	55	889

x	e^x	e^{-x}	Sin x	Cof x	Tg x	Ar Sin x	Ar Cof x
8,00	2980,95799	0,00034	1490,47883	... 7916[1])	1,00000	2,77647	2,76866
1	3010,91711	3	1505,45839	... 5872	,,	771	992
2	3041,17733	3	20,58850	... 8883	,,	895	2,77118
3	3071,74167	3	35,87067	... 7100	,,	2,78019	243
4	3102,61319	2	51,30643	... 0676	,,	142	369
5	3133,79497	2	66,89733	... 9765	,,	266	494
6	3165,29013	2	82,64491	... 4523	,,	389	619
7	3197,10183	1	98,55076	... 5107	,,	512	744
8	3229,23324	1	1614,61646	... 1677	,,	635	869
9	3261,68757	1	30,84363	... 4394	,,	757	993
8,10	3294,46808	0	47,23389	... 3419	,,	880	2,78118
1	3327,57803	0	63,78886	... 8917	,,	2,79002	242
2	3361,02075	0	80,51022	... 1052	,,	125	366
3	3394,79957	0,00029	97,39964	... 9993	,,	247	490
4	3428,91787	9	1714,45879	... 5908	,,	369	614
5	3463,37907	9	31,68939	... 8968	,,	491	738
6	3498,18660	9	49,09316	... 9344	,,	612	862
7	3533,34396	9	66,67184	... 7212	,,	734	985
8	3568,85466	8	89,42719	... 2747	,,	855	2,79108
9	3604,72225	8	1802,36098	... 6126	,,	977	231
8,20	3640,95031	7	20,47502	... 7529	,,	2,80098	354
1	3677,54247	7	38,77110	... 7137	,,	219	477
2	3714,50238	7	57,25106	... 5133	,,	340	600
3	3751,83375	7	75,91674	... 1701	,,	460	722
4	3789,54031	6	94,77002	... 7029	,,	581	845
5	3827,62582	6	1913,84278	... 1304	,,	701	967
6	3866,09410	6	33,04690	... 4918	,,	822	2,80089
7	3904,94899	6	52,47437	... 7462	,,	942	211
8	3944,19438	5	72,09706	... 9732	,,	2,81062	332
9	3983,83419	5	91,91697	... 1722	,,	182	454
8,30	4023,87239	5	2011,93607	... 3632	,,	301	575
1	4064,31299	5	32,15637	... 5661	,,	421	697
2	4105,16001	4	52,57988	... 8013	,,	540	818
3	4146,41755	4	73,20866	... 0890	,,	659	939
4	4188,08974	4	94,04475	... 4499	,,	779	2,81060
5	4230,18074	4	2115,09025	... 9049	,,	898	180
6	4272,69477	3	36,34727	... 4750	,,	2,82016	301
7	4315,63606	3	57,81792	... 1815	,,	135	421
8	4359,00893	3	79,50435	... 0458	,,	254	542
9	4402,81769	3	2201,40873	... 0896	,,	372	662
8,40	4447,06675	2	23,53326	... 3349	,,	490	782
1	4491,76051	2	45,88014	... 8037	,,	608	902
2	4536,90346	2	68,45162	... 5184	,,	726	2,82021
3	4582,50009	2	91,24994	... 5016	,,	844	141
4	4628,55498	2	2314,27738	... 7760	,,	962	261
5	4675,07274	1	37,53626	... 3647	,,	2,83080	379
6	4722,05800	1	61,02889	... 2910	,,	197	498
7	4769,51547	1	84,75763	... 5784	,,	314	617
8	4817,44990	1	2408,72484	... 2505	,,	431	736
9	4865,86607	1	32,93293	... 3314	,,	549	855

[1]) S. die Bemerkung auf S. 25.

x	φ	sin x	cos x	tg x	arc tg x	$\log_e x$
8,50	487° 00′ 51″	0,79849	—0,60201	—1,32636	1,45369	2,14007
1	7 55 14	9243	0997	—1,29913	382	124
2	8 09 36	8629	1786	7260	396	242
3	8 43 59	·8007	2569	4673	410	359
4	9 18 21	7377	3346	2150	423	476
5	9 52 44	6740	4117	—1,19688	437	593
6	490 27 07	6095	4881	7284	450	710
7	1 01 29	5443	5639	4936	464	827
8	1 35 52	4782	6390	2641	477	943
9	2 10 15	4115	7134	0398	490	2,15060
8,60	2 44 37	3440	7872	—1,08203	504	176
1	3 19 00	2757	8603	6056	517	292
2	3 53 23	2078	9327	3953	530	409
3	4 27 45	1371	—0,70044	— 1894	544	524
$\frac{11\,\pi}{4}=8{,}63\ldots$	5	0711	0711	0	556	633
4	5 02 08	0667	0755	—0,99876	557	640
5	5 36 31	0,69956	1458	7898	570	756
6	6 10 53	9238	2154	5959	583	871
7	6 45 16	8513	2842	4056	596	987
8	7 19 39	7781	3524	2189	609	2,16102
9	7 54 01	7042	4198	0356	623	217
8,70	8 28 24	6297	4865	—0,88556	636	332
1	9 02 46	5545	5524	6787	649	447
2	9 37 09	4786	6176	5049	662	562
3	500 11 32	4021	6820	3340	675	677
4	0 45 54	3250	7456	1659	688	791
5	1 20 17	2472	8085	0006	700	905
6	1 54 40	1688	8705	—0,78379	713	2,17020
7	2 29 02	0898	9318	6777	726	134
8	3 03 25	0102	9923	5200	739	248
9	3 37 48	0,59300	—0,80520	3646	752	361
8,80	4 12 10	8492	1109	2115	765	475
1	4 46 33	7678	1690	0605	777	589
2	5 20 56	6858	2263	—0,69117	790	702
3	5 55 18	6032	2827	7650	803	816
4	6 29 41	5201	3383	6202	815	929
5	7 04 04	4365	3931	4773	828	2,18042
6	7 38 26	3523	4470	3363	841	155
7	8 12 49	2675	5002	1970	853	267
8	8 47 11	1823	5524	0594	866	380
9	9 21 34	0965	6038	—0,59235	878	493
8,90	9 55 57	0102	6544	7892	891	605
1	510 30 19	0,49234	7040	6565	903	717
2	1 04 42	8361	7528	5252	915	830
3	1 39 05	7484	8007	3954	928	942
4	2 13 27	6601	8478	2670	940	2,19054
5	2 47 50	5714	8939	1399	953	165
6	3 22 13	4822	9382	0141	965	277
7	3 56 35	3926	9836	—0,48896	977	389
8	4 30 58	3026	—0,90271	7663	989	500
9	5 05 21	2121	0696	6442	1,46002	611

x	e^x	e^{-x}	$\mathfrak{Sin}\ x$	$\mathfrak{Cos}\ x$	$\mathfrak{Tg}\ x$	$\mathfrak{Ar\ Sin}\ x$	$\mathfrak{Ar\ Cos}\ x$
8,50	4914,76884	0,00020	2457,38432	... 452[1]	1,00000	2,83666	2,82974
1	4964,16309	o	2482,08144	... 164	,,	782	2,83092
2	5014,05376	o	2507,02678	... 698	,,	899	210
3	5064,44583	o	2532,22282	... 302	,,	2,84015	328
4	5115,34436	o	2557,67208	... 228	,,	132	446
5	5166,57443	0,00019	2583,37712	... 731	,,	248	564
6	5218,68117	9	2609,34049	... 068	,,	364	682
7	5271,12979	9	2635,56480	... 499	,,	480	799
8	5324,10553	9	2662,05267	... 286	,,	596	917
9	5377,61368	9	2688,80674	... 693	,,	712	2,84034
8,60	5431,65959	8	2715,82970	... 989	,,	827	151
1	5486,24868	8	2743,12425	... 443	,,	943	268
2	5541,38639	8	2770,69311	... 329	,,	2,85056	385
3	5597,07825	8	2798,53904	... 922	,,	173	502
$\frac{11\pi}{4}=8,63...$	5649,82470	8	2824,91226	... 244	,,	281	611
4	5653,32982	8	2826,66482	... 500	,,	288	618
5	5710,14673	8	2855,07328	... 345	,,	403	735
6	5767,53466	7	2883,76724	... 742	,,	518	851
7	5825,49935	7	2912,74959	... 976	,,	633	967
8	5884,04659	7	2942,02321	... 338	,,	747	2,85083
9	5943,18224	7	2976,59104	... 121	,,	861	199
8,70	6002,91222	7	3001,45603	... 619	,,	976	315
1	6063,24249	6	3031,62116	... 133	,,	2,86090	431
2	6124,17909	6	3062,08946	... 963	,,	204	546
3	6185,72811	6	3092,86397	... 414	,,	318	662
4	6247,89571	6	3123,94779	... 794	,,	431	777
5	6310,68811	6	3155,34397	... 413	,,	545	891
6	6347,11158	6	3187,05571	... 587	,,	659	2,86007
7	6438,17246	6	3219,08615	... 631	,,	772	122
8	6502,87717	5	3251,43851	... 866	,,	885	236
9	6568,23218	5	3284,11601	... 616	,,	998	351
8,80	6634,24401	5	3317,12193	... 208	,,	2,87111	465
1	6700,91927	5	3350,45956	... 971	,,	224	580
2	6768,26463	5	3384,13224	... 239	,,	337	694
3	6836,28682	5	3418,14333	... 348	,,	449	808
4	6904,99264	4	3452,49625	... 639	,,	562	922
5	6974,38897	4	3487,19441	... 456	,,	674	2,87036
6	7044,48274	4	3522,24130	... 144	,,	786	149
7	7115,28097	4	3557,64042	... 056	,,	898	263
8	7186,79074	4	3593,39530	... 544	,,	2,88010	376
9	7259,01918	4	3629,50952	... 966	,,	122	490
8,90	7331,97354	4	3665,98670	... 684	,,	234	603
1	7405,66110	4	3702,83048	... 062	,,	346	716
2	7480,08923	3	3740,04455	... 468	,,	457	829
3	7555,26538	3	3777,63262	... 275	,,	568	941
4	7631,19706	3	3815,59846	... 859	,,	680	2,88054
5	7707,89186	3	3853,94587	... 600	,,	791	167
6	7785,35746	3	3892,67867	... 880	,,	902	279
7	7863,60161	3	3931,80074	... 087	,,	2,89013	391
8	7942,63212	3	3971,31599	... 612	,,	123	503
9	8022,45690	2	4011,22839	... 851	,,	234	615

[1] S. die Bemerkung auf S. 25.

x	φ	sin x	cos x	tg x	arc tg x	$\log_e$ x
9,00	515° 39′ 43″	0,41212	—0,91113	—0,45232	1,46014	2,19722
1	6 14 06	0299	1521	4032	26	834
2	6 48 29	0,39381	1919	2844	38	944
3	7 22 51	8460	2308	1665	50	2,20055
4	7 57 14	7535	2688	0496	62	166
5	8 31 37	6607	3059	—0,39337	75	276
6	9 05 59	5674	3420	8187	87	387
7	9 40 22	4738	3772	7045	99	497
8	520 14 44	3799	4115	5912	1,46111	607
9	0 49 07	2856	4448	4787	23	717
9,10	1 23 30	1910	4772	3670	35	827
1	1 57 52	0961	5087	2561	46	937
2	2 32 15	0008	5391	1458	58	2,21047
3	3 06 38	0,29053	5687	0362	70	157
4	3 41 00	8094	5972	—0,29273	82	266
5	4 15 23	7133	6249	8191	94	375
6	4 49 46	6169	6515	7114	1,46206	485
7	5 24 08	5203	6772	6044	17	594
8	5 58 31	4234	7019	4979	29	703
9	6 32 53	3263	7257	3919	41	812
9,20	7 07 16	2289	7484	2864	53	920
1	7 41 39	1313	7702	1814	64	2,22029
2	8 16 02	0335	7911	0769	76	138
3	8 50 24	0,19355	8109	—0,19728	87	246
4	9 24 47	8373	8298	8691	99	354
5	9 59 09	7389	8477	7658	1,46311	462
6	530 33 32	6403	8645	6629	22	570
7	1 07 55	5416	8805	5603	34	678
8	1 42 17	4427	8954	4580	45	786
9	2 16 40	3437	9093	3560	57	894
9,30	2 51 03	2445	9223	2543	68	2,23001
1	3 25 25	1453	9342	1528	80	109
2	3 59 48	0459	9452	0516	91	216
3	4 34 11	0,09464	9551	—0,09506	1,46402	324
4	5 08 33	8468	9641	8498	14	431
5	5 42 56	7471	9721	7492	25	538
6	6 17 19	6473	9790	6487	36	645
7	6 51 41	5475	9850	5483	48	751
8	7 26 04	4476	9900	4481	59	858
9	8 00 27	3477	9940	3479	70	965
9,40	8 34 49	2478	9969	2478	81	2,24071
1	9 09 12	1478	9989	1478	92	177
2	9 43 34	+ 0478	— 9999	— 0478	1,46504	284
$\dfrac{12\pi}{4}=9,42\ldots$	540	0	—1	0	09	334
3	0 17 57	—0,00522	—0,99999	+0,00522	15	390
4	0 52 20	1522	9988	1522	26	496
5	1 26 42	2522	9968	2523	37	601
6	2 01 05	3521	9938	3524	48	707
7	2 35 28	4521	9898	4525	59	813
8	3 09 50	5519	9848	5528	70	918
9	3 44 13	6518	9787	6531	81	2,25024

x	e^x	e^{-x}	Sin x	Cof x	Tg x	Ar Sin x	Ar Cof x
9,00	8103,08393	0,00012	4051,54190	... 203 [1]	1,00000	2,89344	2,88727
1	8184,52127	2	4092,26058	... 070	,,	455	839
2	8266,77708	2	4133,38848	... 860	,,	565	950
3	8349,85957	2	4174,92973	... 985	,,	675	2,89062
4	8433,77706	2	4216,88847	... 859	,,	785	173
5	8518,53792	2	4259,26890	... 902	,,	895	285
6	8604,15065	2	4302,07527	... 539	,,	2,90005	396
7	8690,62382	2	4345,31185	... 197	,,	114	507
8	8777,96603	1	4388,98296	... 307	,,	224	618
9	8866,18605	1	4433,09297	... 308	,,	333	728
9,10	8955,29270	1	4477,64630	... 641	,,	443	839
1	9045,29489	1	4522,64759	... 750	,,	552	949
2	9136,20162	1	4568,10075	... 086	,,	661	2,90060
3	9228,02197	1	4614,01093	... 104	,,	770	170
4	9320,76513	1	4660,38251	... 262	,,	879	280
5	9414,44038	1	4707,22014	... 024	,,	987	390
6	9509,05707	1	4754,52849	... 859	,,	2,91096	500
7	9604,62469	0	4802,31229	... 240	,,	204	610
8	9701,15277	0	4850,57633	... 644	,,	313	719
9	9798,65098	0	4899,32544	... 554	,,	421	829
9,20	9897,12906	0	4948,56448	... 458	,,	529	938
1	9996,59686	0	4998,29838	... 848	,,	637	2,91048
2	10097,06433	0	5048,53211	... 221	,,	745	157
3	198,54151	0	5099,27071	... 080	,,	853	266
4	301,03856	0	5150,51923	... 933	,,	960	375
5	404,56572	0	5202,28281	... 291	,,	2,92068	484
6	509,13334	0	5254,56662	... 672	,,	175	592
7	614,75189	0,00009	5307,37590	... 599	,,	283	701
8	721,43192	9	5360,71591	... 600	,,	390	809
9	829,18410	9	5414,59200	... 210	,,	497	918
9,30	938,01921	9	5469,00956	... 965	,,	604	2,92026
1	11047,94813	9	5523,97402	... 411	,,	711	134
2	158,98185	9	5579,49088	... 097	,,	818	242
3	271,13149	9	5635,56570	... 579	,,	824	350
4	384,40824	9	5692,20408	... 416	,,	2,93031	458
5	498,82345	9	5749,41168	... 177	,,	137	565
6	614,38854	9	5807,19423	... 431	,,	243	673
7	731,11509	9	5860,55750	... 759	,,	350	780
8	849,01475	8	5924,50733	... 742	,,	456	887
9	968,09933	8	5984,04962	... 971	,,	562	995
9,40	12088,38073	8	6044,19032	... 041	,,	667	2,93102
1	209,87098	8	6104,93545	... 553	,,	773	208
2	332,58222	8	6166,29107	... 115	,,	879	315
$\frac{12\pi}{4} = 9{,}42\ldots$	391,64781	8	6195,82386	... 394	,,	929	366
3	456,52673	8	6228,26333	... 341	,,	984	422
4	581,71691	8	6290,85841	... 849	,,	2,94090	529
5	708,16526	8	6354,08259	... 267	,,	195	635
6	835,88445	8	6417,94218	... 226	,,	300	741
7	964,88723	8	6482,44358	... 365	,,	405	848
8	13095,18651	8	6547,59322	... 330	,,	510	954
9	226,79533	8	6613,39763	... 770	,,	615	2,94060

[1] S. die Bemerkung auf S. 25.

x	φ	sin x	cos x	tg x	arc tg x	log_e x
9,50	544° 18′ 36″	−0,07515	−0,99717	0,07536	1,46592	2,25129
1	4 52 58	8512	637	8543	1,46603	234
2	5 27 21	9508	547	9551	14	339
3	5 01 44	−0,10503	447	0,10561	25	444
4	6 36 06	1497	337	1573	36	549
5	7 10 29	2490	217	2588	46	654
6	7 44 52	3481	087	3605	57	759
7	8 19 14	4471	−0,98974	4625	68	863
8	8 53 37	5460	798	5648	79	968
9	9 27 59	6447	638	6674	90	2,26072
9,60	550 02 22	7433	469	7704	1,46700	176
1	0 36 45	8416	290	8737	11	280
2	1 11 07	9398	100	9774	22	384
3	1 45 30	−0,20378	−0,97902	0,20815	33	488
4	2 19 53	1356	693	1861	43	592
5	2 54 15	2332	474	2911	54	696
6	3 28 38	3306	246	3966	64	799
7	4 03 01	4277	008	5026	75	903
8	4 37 23	5246	−0,96761	6091	86	2,27006
9	5 11 46	6212	503	7162	96	109
9,70	5 46 09	7176	236	8239	1,46807	213
1	6 20 31	8137	−0,95960	9322	17	316
2	6 54 54	9095	674	0,30411	28	419
3	7 29 17	−0,30050	378	1507	38	521
4	8 03 39	1003	073	2610	49	624
5	8 38 02	1952	−0,94758	3720	59	727
6	9 12 25	2898	4434	4837	69	829
7	9 46 47	3840	4100	5962	80	932
8	560 21 10	4780	3757	7096	90	2,28084
9	0 55 32	5716	3404	8238	1,46900	136
9,80	1 29 55	6648	3043	9388	11	238
1	2 04 18	7576	2672	0,40548	21	340
2	2 38 40	8501	2291	1717	31	442
3	3 13 03	9422	1901	2896	42	544
4	3 47 26	−0,40339	1503	4085	52	646
5	4 21 48	1252	1095	5285	62	747
6	4 56 11	2161	0678	6496	72	849
7	5 30 34	3066	0252	7718	82	950
8	6 04 56	3966	−0,89816	8951	93	2,29059
9	6 39 19	4862	9372	0,50197	1,47003	152
9,90	7 13 42	5754	8919	1455	13	253
1	7 48 04	6640	8457	2727	23	354
2	8 22 27	7523	7986	4011	33	455
3	8 56 50	8400	7507	5310	43	556
4	9 31 12	9273	7018	6623	53	657
5	570 05 35	−0,50141	6521	7952	63	757
6	0 39 57	1003	6016	9295	73	858
7	1 14 20	1861	5501	0,60655	83	958
8	1 48 43	2713	4878	2031	93	2,30058
9	2 23 05	3560	4447	3425	1,47103	158
10,00	2 57 28	4402	3907	4836	13	259

x	e^x	e^{-x}	$\mathfrak{Sin}\ x$	$\mathfrak{Cof}\ x$	$\mathfrak{Tg}\ x$	$\mathfrak{Ar\ Sin}\ x$	$\mathfrak{Ar\ Cof}\ x$
9,50	13359,72683	0,00007	6679,86338	... 345[1])	1,00000	2,94720	2,94166
1	493,99432	7	6746,99712	... 720	,,	824	272
2	629,61121	7	6814,80557	... 564	,,	929	277
3	766,59108	7	6883,29551	... 558	,,	2,95033	483
4	904,94762	7	6952,47378	... 385	,,	138	588
5	14044,69467	7	7022,34730	... 737	,,	242	694
6	185,84620	7	7092,92306	... 314	,,	346	799
7	328,41632	7	7164,20813	... 820	,,	450	904
8	472,41930	7	7236,20962	... 969	,,	554	2,95009
9	617,86953	7	7308,93473	... 480	,,	658	114
9,60	764,78157	7	7382,39075	... 082	,,	761	219
1	913,17009	7	7456,58501	... 508	,,	865	323
2	15063,04994	7	7531,52494	... 500	,,	968	428
3	214,43611	7	7607,21802	... 809	,,	2,96072	532
4	367,34373	7	7683,67183	... 190	,,	175	637
5	521,78810	6	7760,89402	... 408	,,	278	741
6	677,78467	6	7838,89230	... 237	,,	381	845
7	835,34902	6	7917,67448	... 454	,,	484	949
8	994,49693	6	7997,24843	... 849	,,	587	2,96053
9	16155,24428	6	8077,62211	... 217	,,	689	157
9,70	317,60720	6	8158,80357	... 363	,,	792	261
1	481,60188	6	8240,80091	... 097	,,	894	364
2	647,24473	6	8323,62233	... 239	,,	997	468
3	814,55232	6	8407,27613	... 619	,,	2,97099	571
4	983,54138	6	8491,77066	... 072	,,	201	674
5	17154,22881	6	8577,11438	... 443	,,	303	777
6	326,63168	6	8663,31581	... 587	,,	405	880
7	500,76722	6	8750,38358	... 364	,,	507	983
8	676,65285	6	8838,32640	... 645	,,	609	2,97086
9	854,30617	6	8927,15306	... 311	,,	711	189
9,80	18033,74493	6	9016,87244	... 249	,,	812	292
1	214,98708	5	9107,49351	... 357	,,	914	394
2	398,05074	5	9199,02534	... 540	,,	2,98015	497
3	582,95423	5	9291,47709	... 714	,,	116	599
4	769,71602	5	9384,85798	... 804	,,	214	701
5	958,35480	5	9479,17737	... 743	,,	319	803
6	19148,88944	5	9574,44469	... 474	,,	420	905
7	341,33897	5	9670,66946	... 951	,,	520	2,98007
8	535,72266	5	9767,86131	... 136	,,	621	109
9	732,05994	5	9866,02994	... 999	,,	722	211
9,90	930,37044	5	9965,18519	... 524	,,	822	312
1	20130,67399	5	10065,33697	... 702	,,	923	414
2	332,99063	5	166,49529	... 534	,,	2,99023	515
3	537,34058	5	268,67027	... 032	,,	123	616
4	743,74429	5	371,87212	... 217	,,	224	717
5	952,22238	5	476,11117	... 121	,,	324	818
6	21162,79572	5	581,39784	... 788	,,	423	919
7	375,48535	5	687,74265	... 270	,,	523	2,99020
8	590,31255	5	795,15625	... 630	,,	623	121
9	807,29880	5	903,64938	... 942	,,	723	222
10,00	22026,46579	5	11013,23287	... 292	,,	822	292

[1]) S. die Bemerkung auf S. 25.

VI Tabellen zur Umwandlung von Bogenmaß (x) in Winkelmaß (φ) sowie von Winkelmaß (φ) in Bogenmaß (x).

x	φ	x	φ
10	572°57′28″,06247		
9	515 39 43,25622	0,009	0°30′56″,38326
8	458 21 58,44998	0,008	0 27 30,11845
7	401 04 13,64373	0,007	0 24 03,85364
6	343 46 28,83748	0,006	0 20 37,58884
5	286 28 44,03124	0,005	0 17 11,32403
4	229 10 59,22499	0,004	0 13 45,05922
3	171 53 14,41874	0,003	0 10 18,79442
2	114 35 29,61249	0,002	0 06 52,52961
1	57 17 44,80625	0,001	0 03 26,26481
0,9	51 33 58,32562	0,0009	0 03 05,63833
0,8	45 50 11,84500	0,0008	0 02 45,01184
0,7	40 06 25,36437	0,0007	0 02 24,38536
0,6	34 22 38,88345	0,0006	0 02 03,75888
0,5	28 38 52 40312	0,0005	0 01 43,13240
0,4	22 55 05,92250	0,0004	0 01 22,50592
0,3	17 11 19,44187	0,0003	0 01 01,87944
0,2	11 27 32,96125	0,0002	0 00 41,25296
0,1	5 43 46,48062	0,0001	0 00 20,62648
0,09	5 09 23,83256	0,00009	0 00 18,56383
0,08	4 35 01,18450	0,00008	0 00 16,50118
0,07	4 00 38,53644	0,00007	0 00 14,43854
0,06	3 26 15,88837	0,00006	0 00 12,37589
0,05	2 51 53,24031	0,00005	0 00 10,31324
0,04	2 17 30,59225	0,00004	0 00 08,25059
0,03	1 43 07,94419	0,00003	0 00 06,18794
0,02	1 08 45,29612	0,00002	0 00 04,12530
0,01	0 34 22,64806	0,00001	0 00 02,06265

φ	x	φ	x	φ	x
1′	0,00029	21′	0,00611	41′	0,01193
2	058	22	640	42	222
3	087	23	669	43	251
4	116	24	698	44	280
5	145	25	727	45	309
6	175	26	756	46	338
7	204	27	785	47	367
8	233	28	814	48	396
9	262	29	844	49	425
10	291	30	873	50	454
11	320	31	902	51	484
12	349	32	931	52	513
13	378	33	960	53	542
14	407	34	989	54	571
15	436	35	0,01018	55	600
16	465	36	047	56	629
17	495	37	076	57	658
18	524	38	105	58	687
19	553	39	134	59	716
20	582	40	164	60	745

φ	x	φ	x	φ	x
1″	0,00000	21″	0,00011	41″	0,00020
2	1	22	1	42	0
3	1	23	1	43	1
4	2	24	2	44	1
5	2	25	2	45	2
6	3	26	3	46	2
7	3	27	3	47	3
8	4	28	4	48	3
9	4	29	4	49	4
10	5	30	5	50	4
11	5	31	5	51	5
12	6	32	6	52	5
13	6	33	6	53	6
14	7	34	6	54	6
15	7	35	7	55	7
16	8	36	7	56	7
17	8	37	8	57	8
18	9	38	8	58	8
19	9	39	9	59	9
20	0,00010	40	9	60	9

φ	x	φ	x	φ	x	φ	x	φ	x
1°	0,01745	21°	0,36652	41°	0,71558	61°	1,06465	81°	1,41372
2	3491	22	8397	42	3304	62	8210	82	3117
3	5236	23	0,40413	43	5049	63	9956	83	4862
4	6981	24	1888	44	6794	64	1,11701	84	6608
5	8727	25	3633	45	8540	65	3446	85	8353
6	0,10472	26	5379	46	0,80285	66	5192	86	1,50098
7	2217	27	7124	47	2030	67	6937	87	1844
8	3963	28	8869	48	3776	68	8682	88	3589
9	5708	29	0,50615	49	5521	69	1,20428	89	5334
10	7453	30	2360	50	7266	70	2173	90	7080
11	9199	31	4105	51	9012	71	3918	91	8825
12	0,20944	32	5851	52	0,90757	72	5664	92	1,60570
13	2689	33	7596	53	2502	73	7409	93	2316
14	4435	34	9341	54	4248	74	9154	94	4061
15	6180	35	0,61087	55	5993	75	1,30900	95	5806
16	7925	36	2832	56	7738	76	2645	96	7552
17	9671	37	4577	57	9484	77	4390	97	9297
18	0,31416	38	6323	58	1,01229	78	6136	98	1,71042
19	3161	39	8068	59	2974	79	7881	99	2788
20	4907	40	9813	60	4720	80	9626	100	4533

Einheit des Bogenmaßes
= 57°, 29577 95131
= 3437′, 74677 07849
= 206264″, 80624 70964
= 57° 17′ 44″, 80624 70963 551...

1° = 0,01745 32925 19943 29576 923... Bogenmaß
1′ = 0,00029 08882 08665 72159 615... ,,
1″ = 0,00000 48481 36811 09535 993... ,,

Hilfstafel I — Zehnstellige Werte von
$\sin x,\ \cos x,\ e^{x},\ e^{-x}$

III
Formeln für die Auflösung der Gleichung
$x^{3} + a x^{2} + b x + c = 0$
mit Hilfe der Hyperbel- und Kreisfunktionen

Setzt man $y = x + \dfrac{a}{3}$, so ergibt sich

$$y^{3} - 3\,py - 2q = 0,$$

wobei $\qquad p = \dfrac{1}{9}\,(a^{2} - 36),\qquad q = \dfrac{1}{54}\,(9\,ab - 2a^{3} - 27\,c).$

1. $p,\ q$ positiv und $q^{2} > p^{3}$.

$$y_{1} = 2\,\sqrt{p}\,\operatorname{\mathfrak{Cof}}\frac{u}{3},$$

$$y_{2} = -\frac{y_{1}}{2} + i\,\sqrt{3p}\,\operatorname{\mathfrak{Sin}}\frac{u}{3},\qquad \operatorname{\mathfrak{Cof}} u = \frac{q}{\sqrt{p^{3}}},$$

$$y_{3} = -\frac{y_{1}}{2} - i\,\sqrt{3p}\,\operatorname{\mathfrak{Sin}}\frac{u}{3}.$$

2. p positiv, q negativ und $q^{2} > p^{3}$.

$$y_{1} = -2\,\sqrt{p}\,\operatorname{\mathfrak{Cof}}\frac{u}{3},$$

$$y_{2} = -\frac{y_{1}}{2} + i\,\sqrt{3p}\,\operatorname{\mathfrak{Sin}}\frac{u}{3},\qquad \operatorname{\mathfrak{Cof}} u = -\frac{q}{\sqrt{p^{3}}},$$

$$y_{3} = -\frac{y_{1}}{2} - i\,\sqrt{3p}\,\operatorname{\mathfrak{Sin}}\frac{u}{3}.$$

3. p negativ.

$$y_{1} = 2\,\sqrt{-p}\,\operatorname{\mathfrak{Sin}}\frac{u}{3},$$

$$y_{2} = -\frac{y_{1}}{2} + i\,\sqrt{-3p}\,\operatorname{\mathfrak{Cof}}\frac{u}{3},\qquad \operatorname{\mathfrak{Sin}} u = \frac{q}{\sqrt{-p^{3}}},$$

$$y_{3} = -\frac{y_{1}}{2} - i\,\sqrt{-3p}\,\operatorname{\mathfrak{Cof}}\frac{u}{3}.$$

4. p positiv und $q^{2} < p^{3}$.

$$y_{1} = 2\,\sqrt{p}\,\cos\frac{u}{3},$$

$$y_{2} = -\frac{y_{1}}{2} + \sqrt{3p}\,\sin\frac{u}{3},\qquad \cos u = \frac{q}{\sqrt{p^{3}}}.$$

$$y_{3} = -\frac{y_{1}}{2} - \sqrt{3p}\,\sin\frac{u}{3}.$$

x	e^x	e^{-x}	sin x	cos x
0	1	1	0	1
0,0001	1,00010 00050	0,99990 00050	0,00010 00000	0,99999 99950
2	20 00200	80 00200	20 00000	99800
3	30 00450	70 00450	30 00000	99550
4	40 00800	60 00800	40 00000	99200
5	50 01250	50 01250	50 00000	98750
6	60 01800	40 01800	60 00000	98200
7	70 02451	30 02449	69 99999	97550
8	80 03201	20 03199	79 99999	96800
9	90 04051	10 04049	89 99999	95950
0,0010	1,00100 05002	00 04998	99 99998	95000
1	110 06052	0,99890 06048	0,00109 99998	93950
2	120 07203	80 07197	19 99997	92800
3	130 08454	70 08446	29 99996	91550
4	140 09805	60 09795	39 99995	90200
5	150 11256	50 11244	49 99994	88750
6	160 12807	40 12793	59 99993	87200
7	170 14458	30 14442	69 99992	85500
8	180 16210	20 16190	79 99990	83800
9	190 18061	10 18039	89 99989	81950
0,0020	200 20013	00 19987	99 99987	80000
1	210 22065	0,99790 22035	0,00209 99985	77950
2	220 24218	80 24182	19 99982	75800
3	230 26470	70 26430	29 99980	73550
4	240 28823	60 28777	34 99977	71200
5	250 31276	50 31224	49 99974	68750
6	260 33829	40 33771	59 99971	66200
7	270 36483	30 36417	69 99967	63550
8	280 39237	20 39163	79 99963	60800
9	290 42091	10 42009	89 99959	57950
0,0030	300 45045	00 44955	99 99955	55000
1	310 48100	0,99690 48000	0,00309 99950	51950
2	320 51255	80 51145	19 99945	48800
3	330 54510	70 54390	29 99940	45550
4	340 57866	60 57735	39 99934	42200
5	350 61332	50 61179	49 99929	38750
6	360 64878	40 64722	59 99922	35200
7	370 68535	30 68366	69 99916	31550
8	380 72292	20 72109	79 99909	27800
9	390 76149	10 75951	89 99901	23950
0,0040	400 80107	00 79893	99 99893	20000
1	410 84165	0,99590 83935	0,00409 99885	15950
2	420 88324	80 88077	19 99877	11800
3	430 92583	70 92318	29 99867	07550
4	440 96942	60 96658	39 99858	03200
5	451 01402	51 01098	49 99848	0,99998 98750
6	461 05962	41 05638	59 99838	94200
7	471 10623	31 10277	69 99827	89550
8	481 15385	21 15016	79 99816	84800
9	491 20246	11 19854	89 99804	79950

x	e^x	e^{-x}	sin x	cos x
0,0050	1,00501 25209	0,99501 24792	0,00499 99792	0,99998 75000
1	11 30271	0,99491 29829	0,00509 99779	69950
2	21 35435	81 34966	19 99766	64800
3	31 40698	71 40202	29 99752	59550
4	41 46063	61 45538	39 99738	54200
5	51 51528	51 50973	49 99723	48750
6	61 57093	41 56508	59 99707	43200
7	71 62759	31 62142	69 99691	37550
8	81 68526	21 67875	79 99675	31800
9	91 74393	11 73708	89 99658	25951
0,0060	1,00601 80361	01 79641	99 99640	20001
1	11 86429	0,99391 85672	0,00609 99622	13951
2	21 92598	81 91803	19 99603	07801
3	31 98867	71 98034	29 99583	01551
4	42 05238	62 04364	39 99563	0,99997 95201
5	52 11708	52 10793	49 99542	88751
6	62 18280	42 17322	59 99521	82201
7	72 24952	32 23950	69 99499	75551
8	82 31725	22 30677	79 99476	68801
9	92 38598	12 37503	89 99452	61951
0,0070	1,00702 45573	02 44429	99 99428	55001
1	12 52648	0,99292 41455	0,00709 99403	47951
2	22 59823	82 58579	19 99378	40801
3	32 67100	72 65803	29 99352	33551
4	42 74478	62 73126	39 99325	26261
5	52 81954	52 80548	49 99297	18751
6	62 89533	42 88070	59 99268	11201
7	72 97212	32 95691	69 99239	03551
8	83 04992	23 03411	79 99209	0,99996 95802
9	93 12873	13 11230	89 99178	87952
0,0080	1,00803 20855	03 19148	99 99147	80002
1	13 28938	0,99193 27156	0,00809 99114	71952
2	23 37121	83 35273	19 99081	63802
3	33 45405	73 43489	29 99047	55552
4	43 53790	63 51804	39 99012	47202
5	53 62276	53 60219	49 98976	38752
6	63 70862	43 68732	59 98940	30202
7	73 79550	33 77355	69 98902	21552
8	83 88338	23 86067	79 98864	12802
9	93 97228	13 94878	89 98825	03953
0,0090	1,00904 06218	04 03788	99 98785	0,99995 95003
1	14 15309	0,99094 12797	0,00909 98744	85953
2	24 24501	84 21905	19 98702	76803
3	34 33794	74 31113	29 98659	67553
4	44 43188	64 40419	39 98616	58203
5	54 52682	54 49824	49 98571	48753
6	64 62278	44 59329	59 98525	39204
7	74 71975	34 68933	69 98479	29554
8	84 81773	24 78635	79 98431	19804
9	94 91671	14 88437	89 98383	09954
0,0100	1,01005 01671	04 98337	99 98333	00004

46

x	eˣ			e⁻ˣ
10		22026,46579	48067	0,00004 53999
11		59874,14171	51978	1 67017
12	1	62754,79141	90039	0,00000 61442
13	4	42413,39200	89205	22603
14	12	02604,28416	47768	08315
15	32	69017,37247	21106	03059
16	88	86110,52050	78726	01125
17	241	54952,75357	52982	00414
18	656	59969,13733	05111	00152
19	1784	82300,96318	72608	00056
20	4851	65195,40979	02780	00021
21	13188	15734,48321	46972	00008
22	35849	12846,13159	15617	00003
23	97448	03446,24890	26000	00001
24	2 64891	22129,84347	22941	00000
25	7 20048	99337,38587	25242	,,
26	19 57296	09428,83876	42698	,,
27	53 20482	40601,79861	66837	,,
28	144 62570	64291,47517	36770	,,
29	393 13342	97144,04207	43886	,,
30	1068 64745	81524,46214	69905	,,
31	2904 88496	65247,42523	10857	,,
32	7896 29601	82680,69516	09780	,,
33	21464 35797	85916,06462	42978	,,
34	58346 17425	27454,88140	29027	,,
35	1 58601 34523	13430,72812	96446	,,
36	4 31123 15471	15195,22711	34223	,,
37	11 71914 23728	02611,30877	29398	,,
38	31 85593 17571	13756,22032	86717	,,
39	86 59340 04239	93746,95360	69327	,,
40	235 38526 68370	19985,40789	99107	,,

x	sin x	cos x	x	sin x	cos x
10	−0,54402 11109	−0,83907 15291	25	−0,13235 17501	+0,99120 28119
11	−0,99999 02066	+0,00442 56980	26	+0,76255 84505	+0,64691 93223
12	−0,53657 29180	+0,84385 39587	27	+0,95637 59284	−0,29213 88087
13	+0,42016 70368	+0,90744 67815	28	+0,27090 57883	−0,96260 58663
14	+0,99060 73557	+0,13673 72182	29	−0,66363 38842	−0,74805 75297
15	+0,65028 78402	−0,75968 79129	30	−0,98803 16241	+0,15425 14499
16	−0,28790 33167	−0,95765 94803	31	−0,40403 76453	+0,91474 23578
17	−0,96139 74919	−0,27516 33381	32	+0,55142 66812	+0,83422 33605
18	−0,75098 72468	+0,66031 67082	33	+0,99991 18601	−0,01327 67472
19	+0,14987 72097	+0,98870 46182	34	+0,52908 26861	−0,84857 02748
20	+0,91294 52507	+0,40808 20618	35	−0,42818 26695	−0,90369 22051
21	+0,83665 56385	−0,54772 92602	36	−0,99177 88534	−0,12796 36896
22	−0,00885 13093	−0,99996 08264	37	−0,64353 81334	+0,76541 40519
23	−0,84622 04042	−0,53283 30203	38	+0,29636 85787	+0,95507 36440
24	−0,90557 83620	+0,42417 90073	39	+0,96379 53863	+0,26664 29324
			40	+0,74511 31605	−0,66693 80617

VII

Tafel der Funktionen $\frac{\mathfrak{Sin}\,x}{x}$, $\frac{\mathfrak{Cof}\,x}{x}$

II

x .	tg x	sec x	x	tg x	sec x	x	tg x	sec x
1,560	92,62050	92,62589	**1,570**	1255,76559	1255,76599	**1,580**	−108,64920	−108,65381
			$\frac{\pi}{2}=1{,}570\ldots$	$\pm\infty$	$\pm\infty$			
1	102,07581	102,08071	1,571	−4909,82594	−4909,82604	1	− 98,00052	− 98,00562
2	113,68088	113,68528	2	− 830,78988	− 830,79048	2	− 89,25271	− 89,25831
3	128,26293	128,26683	3	− 453,78706	− 453,78816	3	− 81,93847	− 81,94458
4	147,13604	147,13944	4	− 312,14063	− 312,14223	4	− 75,73210	− 75,73870
5	172,52112	172,52402	5	− 237,88578	− 237,88789	5	− 70,39959	− 70,40669
6	208,49128	208,49368	6	− 192,17021	− 192,17281	6	− 65,76851	− 65,77611
7	263,41125	263,41315	7	− 161,19275	− 161,19586	7	− 61,70900	− 61,71710
8	357,61106	357,61246	8	− 138,81567	− 138,81927	8	− 58,12139	− 58,12999
9	556,69098	556,69188	9	− 121,89388	− 121,89798	9	− 54,92790	− 54,93700
						1,590	− 52,06697	− 52,07657

x	Sin x / x	Cos x / x	x	Sin x / x	Cos x / x	x	Sin x / x	Cos x / x	x	Sin x / x
0	I	∞	0,50	1,04219	2,25525	1,00	1,17520	1,54308	1,50	1,41952
0,01	1,00002	100,00500	1	392	2136	1	7890	3951	1	2577
2	07	50,01000	2	568	2,18899	2	8265	3617	2	3208
3	15	33,34833	3	748	5805	3	8644	3304	3	3844
4	27	25,02000	4	931	2848	4	9027	3013	4	4487
5	42	20,02501	5	1,05118	0018	5	9415	2742	5	5136
6	60	16,69668	6	309	2,07311	6	9807	2492	6	5791
7	82	14,32073	7	504	4719	7	1,20204	2261	7	6452
8	1,00107	12,54002	8	702	2236	8	0606	2050	8	7120
9	135	11,15614	9	903	1,99857	9	1012	1857	9	7793
0,10	167	10,05004	0,60	1,06109	7578	1,10	1422	1684	1,60	8473
1	202	9,14596	1	318	5392	1	1838	1528	1	9159
2	240	8,39341	2	531	3296	2	2258	1390	2	9851
3	282	7,75740	3	748	1286	3	2682	1269	3	1,50550
4	327	7,21297	4	968	1,89357	4	3112	1166	4	1256
5	375	6,74181	5	1,07192	7507	5	3546	1080	5	1968
6	427	6,33017	6	420	5731	6	3985	1009	6	2686
7	482	5,96756	7	651	4026	7	4428	0956	7	3411
8	541	5,64580	8	887	2389	8	4877	0917	8	4142
9	603	5,35844	9	1,08126	0818	9	5330	0895	9	4881
0,20	668	5,10033	0,70	369	1,79310	1,20	5788	0888	1,70	5625
1	737	4,86729	1	616	7862	1	6252	0896	1	6377
2	809	4,65590	2	867	6471	2	6720	0919	2	7136
3	884	4,46333	3	1,09121	5136	3	7193	0956	3	7901
4	963	4,28724	4	380	3855	4	7671	1008	4	8673
5	1,01045	4,12565	5	642	2624	5	8154	1074	5	9452
6	130	3,97689	6	909	1444	6	8642	1154	6	1,60238
7	219	3,83953	7	1,10179	0310	7	9135	1247	7	1032
8	312	3,71234	8	0453	1,69223	8	9633	1355	8	1832
9	408	3,59429	9	0731	8180	9	1,30136	1475	9	2639
0,30	507	3,48446	0,80	1013	7179	1,30	0645	1609	1,80	3454
1	609	3,38205	1	1299	6220	1	1159	1756	1	4276
2	715	3,28637	2	1590	5301	2	1678	1915	2	5105
3	825	3,19681	3	1884	4420	3	2202	2087	3	5942
4	938	3,11282	4	2182	3576	4	2731	2272	4	6786
5	1,02054	3,03393	5	2484	2768	5	3266	2469	5	7637
6	174	2,95973	6	2791	1995	6	3806	2678	6	8496
7	297	2,88982	7	3101	1256	7	4352	2900	7	9363
8	424	2,82388	8	3416	0550	8	4903	3133	8	1,70237
9	554	2,76159	9	3734	1,59876	9	5460	3379	9	1119
0,40	688	2,70268	0,90	4057	9232	1,40	6022	3636	1,90	2009
1	825	2,64691	1	4385	8618	1	6589	3904	1	2906
2	966	2,59406	2	4716	8033	2	7162	4184	2	3811
3	1,03110	2,54391	3	5051	7476	3	7741	4476	3	4724
4	258	2,49630	4	5391	6947	4	8325	4779	4	5646
5	409	2,45104	5	5735	6445	5	8915	5093	5	6575
6	564	2,45800	6	6084	5968	6	9511	5418	6	7512
7	723	2,36702	7	6436	5517	7	1,40113	5754	7	8457
8	884	2,32798	8	6793	5090	8	0720	6101	8	9411
9	1,04050	2,29076	9	7154	4687	9	1333	6459	9	1,80373

$\frac{\mathfrak{Col}\,x}{x}$	x	$\frac{\mathfrak{Sin}\,x}{x}$	$\frac{\mathfrak{Col}\,x}{x}$	x	$\frac{\mathfrak{Sin}\,x}{x}$	$\frac{\mathfrak{Col}\,x}{x}$	x	$\frac{\mathfrak{Sin}\,x}{x}$	$\frac{\mathfrak{Col}\,x}{x}$
1,56827	2,00	1,81343	1,88110	2,50	2,42008	2,45292	3,00	3,33929	3,35589
7207	1	2322	8988	1	3499	6737	1	6181	7819
7597	2	3309	9876	2	5003	8196	2	8452	3,40068
7997	3	4304	1,90774	3	6519	9667	3	3,40741	2336
8408	4	5308	1682	4	8047	2,51152	4	3049	4623
8830	5	6321	2601	5	9589	2651	5	5377	6930
9261	6	7343	3530	6	2,51143	4163	6	7723	9256
9704	7	8373	4469	7	2710	5688	7	3,50089	3,51601
1,60156	8	9412	5418	8	4290	7227	8	2475	3967
0619	9	1,90460	6378	9	5883	8780	9	4880	6352
1092	2,10	1517	7348	2,60	7490	2,60346	3,10	7305	8758
1574	1	2583	8329	1	9110	1927	1	9750	3,61184
2068	2	3658	9320	2	2,60743	3521	2	3,62215	3630
2571	3	4742	2,00322	3	2390	5130	3	4701	6097
3084	4	5836	1334	4	4050	6753	4	7207	8585
3607	5	6939	2357	5	5724	8390	5	9733	3,71094
4140	6	8051	3390	6	7412	2,70042	6	3,72281	3624
4683	7	9173	4435	7	9115	1708	7	4850	6175
5236	8	2,00304	5490	8	2,70831	3389	8	7440	8747
5799	9	1445	6555	9	2561	5085	9	3,80051	3,81342
6371	2,20	2596	7632	2,70	4306	6795	3,20	2684	3958
6954	1	3756	8720	1	6065	8521	1	5338	6596
7546	2	4926	9818	3	7839	2,80260	2	8015	9256
8149	3	6106	2,10928	3	9628	2017	3	3,90714	3,91938
8760	4	7296	2049	4	2,81431	3788	4	3435	4643
9382	5	8496	3181	5	3249	5574	5	6178	7371
1,70014	6	9707	4324	6	5082	7376	6	8944	4,00121
0655	7	2,10927	5478	7	6931	9193	7	4,01733	2895
1306	8	2158	6644	8	8795	2,91026	8	4545	5692
1967	9	3399	7821	9	2,90674	2875	9	7380	8512
2637	2,30	4651	9010	2,80	2569	4740	3,30	4,10239	4,11356
3318	1	5913	2,20210	1	4479	6621	1	3121	4224
4008	2	7185	1421	2	6405	8519	2	6027	7116
4708	3	8469	2645	3	8347	3,00432	3	8957	4,20032
5417	4	9763	3880	4	3,00305	2363	4	4,21911	2973
6137	5	2,21068	5126	5	2280	4309	5	4890	5937
6866	6	2384	6385	6	4270	6273	6	7894	8927
7605	7	3711	7656	7	6277	8253	7	4,30922	4,31942
8354	8	5049	8938	8	8301	3,10250	8	3975	4983
9112	9	6399	2,30233	9	3,10341	2264	9	7054	8048
9881	2,40	7760	1539	2,90	2399	4296	3,40	4,40158	4,41139
1,80659	1	9132	2858	1	4473	6345	1	3287	4256
1447	2	2,30515	4190	2	6564	8411	2	6443	7400
2245	3	1910	5533	3	8673	3,20495	3	9625	4,50569
3053	4	3317	6889	4	3,20799	2597	4	4,52833	3765
3871	5	4736	8258	5	2946	4717	5	6067	6988
4699	6	6166	9639	6	5104	6855	6	9329	4,60237
5536	7	7609	2,41033	7	7283	9010	7	4,62617	3514
6384	8	9063	2440	8	9480	3,31185	8	5933	6818
7242	9	2,40529	3859	9	3,31696	3377	9	9276	4,70150

x	$\dfrac{\mathfrak{Sin}\,x}{x}$	$\dfrac{\mathfrak{Cof}\,x}{x}$	x	$\dfrac{\mathfrak{Sin}\,x}{x}$	$\dfrac{\mathfrak{Cof}\,x}{x}$	x	$\dfrac{\mathfrak{Sin}\,x}{x}$	$\dfrac{\mathfrak{Cof}\,x}{x}$	x	$\dfrac{\mathfrak{Sin}\,x}{x}$
3,50	4,72646	4,73509	4,00	6,82248	6,82706	4,50	10,00067	10,00314	5,00	14,84064
1	6045	6897	1	6,87391	6,87843	1	10,07880	10,08124	1	14,95989
2	9472	4,80313	2	6,92577	6,93023	2	10,15760	10,16001	2	15,08015
3	4,82927	4,83753	3	6,97806	6,98247	3	10,23706	10,23944	3	15,20144
4	6411	4,87231	4	7,03079	7,03514	4	10,31719	10,31955	4	15,32376
5	9924	4,90733	5	7,08395	7,08826	5	10,39800	10,40033	5	15,44713
6	4,93466	4,94265	6	7,13757	7,14182	6	10,47950	10,48179	6	15,57156
7	4,97037	4,97826	7	7,19163	7,19583	7	10,56168	10,56395	7	15,69705
8	5,00638	5,01416	8	7,24615	7,25029	8	10,64456	10,64680	8	15,82361
9	5,04268	5,05037	9	7,30112	7,30521	9	10,72813	10,73035	9	15,95125
3,60	5,07929	5,08688	4,10	7,35655	7,36059	4,60	10,81242	10,81461	5,10	16,07998
1	5,11621	5,12370	1	7,41245	7,41644	1	10,89742	10,89958	1	16,20982
2	5,15342	5,16082	2	7,46881	7,47275	2	10,98314	10,98527	2	16,34076
3	5,19095	5,19826	3	7,52565	7,52954	3	11,06958	11,07169	3	16,47283
4	5,22879	5,23600	4	7,58296	7,58680	4	11,15676	11,15884	4	16,60602
5	5,26694	5,27406	5	7,64075	7,64455	5	11,24467	11,24673	5	16,74039
6	5,30541	5,31244	6	7,69903	7,70278	6	11,33333	11,33536	6	16,87584
7	5,34420	5,35114	7	7,75779	7,76150	7	11,42274	11,42474	7	17,01249
8	5,38331	5,39016	8	7,81705	7,82071	8	11,51291	11,51489	8	17,15031
9	5,42275	5,42951	9	7,87682	7,88042	9	11,60384	11,60580	9	17,28930
3,70	5,46251	5,46919	4,20	7,93706	7,94063	4,70	11,69554	11,69748	5,20	17,42949
1	5,50260	5,50920	1	7,99783	8,00135	1	11,78802	11,78993	1	17,57088
2	5,54303	5,54955	2	8,05910	8,06258	2	11,88129	11,88317	2	17,71348
3	5,58380	5,59023	3	8,12084	8,12432	3	11,97534	11,97721	3	17,85730
4	5,62490	5,63125	4	8,18319	8,18659	4	12,07020	12,07204	4	18,00237
5	5,66634	5,67261	5	8,24602	8,24937	5	12,16586	12,16768	5	18,14867
6	5,70813	5,71432	6	8,30937	8,31269	6	12,26233	12,26413	6	18,29623
7	5,75027	5,75638	7	8,37326	8,37654	7	12,35962	12,36140	7	18,44505
8	5,79275	5,79879	8	8,43769	8,44092	8	12,45774	12,45919	8	18,59515
9	5,83559	5,84156	9	8,50265	8,48595	9	12,55669	12,55842	9	18,74654
3,80	5,87879	5,88468	4,30	8,56817	8,57132	4,80	12,65648	12,65819	5,30	18,89923
1	5,92235	5,92816	1	8,63423	8,63735	1	12,75712	12,75881	1	19,05323
2	5,96627	5,97201	2	8,70085	8,70393	2	12,85861	12,86029	2	19,20855
3	6,01055	6,01622	3	8,76803	8,77107	3	12,96097	12,96262	3	19,36521
4	6,05521	6,06080	4	8,83577	8,83878	4	13,06420	13,06583	4	19,52321
5	6,10023	6,10576	5	8,90409	8,90705	5	13,16831	13,16992	5	19,68257
6	6,14563	6,15109	6	8,97298	8,97591	6	13,27330	13,27489	6	19,84331
7	6,19141	6,19680	7	9,04245	9,04534	7	13,37918	13,38076	7	20,00542
8	6,23757	6,24290	8	9,11250	9,11536	8	13,48597	13,48753	8	20,16893
9	6,28412	6,28937	9	9,18315	9,18597	9	13,59367	13,59520	9	20,33384
3,90	6,33105	6,33624	4,40	9,25439	9,25718	4,90	13,70228	13,70380	5,40	20,50018
1	6,37838	6,38350	1	9,32626	9,32898	1	13,81182	13,81332	1	20,66794
2	6,42610	6,43116	2	9,39867	9,40139	2	13,92229	13,92377	2	20,83715
3	6,47422	6,47921	3	9,47173	9,47442	3	14,03370	14,03517	3	21,00781
4	6,52274	6,52767	4	9,54540	9,54806	4	14,14606	14,14751	4	21,17995
5	6,57166	6,57653	5	9,61969	9,62232	5	14,25938	14,26081	5	21,35357
6	6,62099	6,62581	6	9,69461	9,69721	6	14,37367	14,37508	6	21,52868
7	6,67074	6,67549	7	9,77017	9,77273	7	14,48893	14,49033	7	21,70530
8	6,72090	6,72559	8	9,84635	9,84888	8	14,60517	14,60655	8	21,88344
9	6,77148	6,77611	9	9,92319	9,92569	9	14,72241	14,72377	9	22,06312

$\frac{\text{Coſ } x}{x}$	x	$\frac{\text{Sin } x}{x}$	$\frac{\text{Coſ } x}{x}$	x	$\frac{\text{Sin } x}{x}$	$\frac{\text{Coſ } x}{x}$	x	$\frac{\text{Sin } x}{x}$	$\frac{\text{Coſ } x}{x}$
...¹) 199	5,50	22,24435	...¹)509	6,00	33,61886	...¹) 927	6,50	51,16463	...¹) 486
... 6122	1	22,42714	... 787	1	33,89924	...90065	1	51,59946	... 969
... 146	2	22,61151	... 223	2	34,18407	... 447	2	52,03811	... 833
... 274	3	22,79746	... 818	3	34,47037	... 077	3	52,48061	... 083
... 505	4	22,98502	... 573	4	34,75916	... 955	4	52,92700	... 722
... 840	5	23,17420	... 490	5	35,05047	... 086	5	53,37731	... 753
... 281	6	23,36502	... 571	6	35,34432	... 470	6	53,83158	... 179
... 828	7	23,55748	... 816	7	35,64072	... 110	7	54,28984	... 9005
... 483	8	23,75160	... 227	8	35,93971	... 4009	8	54,75212	... 233
... 246	9	23,94740	... 806	9	36,24131	... 168	9	55,21847	... 868
... 8118	5,60	24,14488	... 555	6,10	36,54554	... 590	6,60	55,68893	... 913
... 1100	1	24,34408	... 473	1	36,85241	... 278	1	56,16352	... 372
... 193	2	24,54500	... 564	2	37,16197	... 233	2	56,64228	... 248
... 398	3	24,74765	... 829	3	37,47422	... 458	3	57,12525	... 545
... 716	4	24,95205	... 268	4	37,78920	... 955	4	57,61248	... 267
... 151	5	25,15823	... 885	5	38,10693	... 728	5	58,10399	... 418
... 696	6	25,36618	... 680	6	38,42743	... 777	6	58,59982	...60002
... 359	7	25,57593	... 654	7	38,75073	... 107	7	59,10003	... 022
... 139	8	25,78750	... 810	8	39,07685	... 719	8	59,60463	... 481
... 9038	9	26,00090	... 149	9	39,40582	... 615	9	60,11368	... 386
... 3055	5,70	26,21615	... 673	6,20	39,73766	... 799	6,70	60,62720	... 739
... 193	1	26,43325	... 383	1	40,07240	... 273	1	61,14526	... 544
... 452	2	26,65224	... 281	2	40,41007	... 039	2	61,66788	... 806
... 833	3	26,87313	... 369	3	40,75068	... 100	3	62,19510	... 528
... 338	4	27,09592	... 648	4	41,09428	... 459	4	62,72697	... 715
... 967	5	27,32065	... 120	5	41,44087	... 118	5	63,26353	... 370
... 721	6	27,54732	... 787	6	41,79050	... 080	6	63,80481	... 498
... 603	7	27,77596	... 650	7	42,14318	... 348	7	64,35087	... 104
... 611	8	28,00658	... 712	8	42,49895	... 925	8	64,90174	... 191
... 749	9	28,23920	... 973	9	42,85783	... 812	9	65,45747	... 764
...90017	5,80	28,47384	... 436	6,30	43,21985	... 2014	6,80	66,01810	... 827
... 416	1	28,71051	... 103	1	43,58503	... 532	1	66,58368	... 384
... 947	2	28,94923	... 974	2	43,95342	... 370	2	67,15425	... 441
... 612	3	29,19003	... 053	3	44,32502	... 531	3	67,72985	... 3001
... 411	4	29,43291	... 341	4	44,69989	...70016	4	68,31053	... 069
... 346	5	29,67791	... 840	5	45,07803	... 830	5	68,89634	... 649
... 418	6	29,92502	... 551	6	45,45948	... 976	6	69,48732	... 747
... 629	7	30,17429	... 477	7	45,84428	... 455	7	70,08352	... 367
... 978	8	30,42572	... 619	8	46,23245	... 271	8	70,68498	... 513
... 469	9	30,67933	... 980	9	46,62401	... 428	9	71,29176	... 190
... 101	5,90	30,93515	... 561	6,40	47,01901	... 927	6,90	71,90389	... 404
... 877	1	31,19318	... 364	1	47,41748	... 773	1	72,52144	... 158
... 797	2	31,45347	... 392	2	47,81943	... 968	2	73,14444	... 458
... 862	3	31,71601	... 646	3	48,22491	... 516	3	73,77294	... 308
... 8075	4	31,98083	... 128	4	48,63394	... 419	4	74,40701	... 715
... 435	5	32,24796	... 840	5	49,04657	... 681	5	75,04667	... 681
... 946	6	32,51741	... 784	6	49,46281	... 305	6	75,69200	... 213
... 607	7	32,78921	... 963	7	49,88270	... 294	7	76,34303	... 316
... 420	8	33,06336	... 379	8	50,30628	... 652	8	76,99982	... 995
... 387	9	33,33991	...4033	9	50,73358	... 381	9	77,66241	...· 255
							7,00	78,33087	... 101

¹) Die anfangs mit „···" bezeichneten Stellen von $\frac{\text{Coſ } x}{x}$ sind den entsprechenden Werten von $\frac{\text{Sin } x}{x}$ zu entnehmen. Z. B. für $x = 6,83$ ist $\frac{\text{Coſ } x}{x} = 67,73001$.

XL Lösungen der transzendenten Gleichungen

1. $\operatorname{tg} x = x$

Nr. der Lösungen n	x_n	n	x_n	n	x_n	n	x_n	n	x_n	n	x_n	n	x_n
1	0	7	20,3713	13	39,2444	19	58,1023	25	76,9560	31	95,8081
2	4,4934	8	23,5195	14	42,3879	20	61,2447	26	80,0981	32	98,9501
3	7,7253	9	26,6661	15	45,5311	21	64,3871	27	83,2402	33	102,0920
4	10,9041	10	29,8116	16	48,6741	22	67,5294	28	86,3822	34	105,2339
5	14,0662	11	32,9564	17	51,8170	23	70,6717	29	89,5242	35	108,3757
6	17,2208	12	36,1006	18	54,9595	24	73,8139	30	92,6662	36	111,5176

2. $\operatorname{tg} x = \dfrac{x}{1 - x^2}$

$x_1 = 0,8731\,\pi$
$x_2 = 0,9735 \cdot 2\,\pi$
$x_3 = 0,9886 \cdot 3\,\pi$
$x_4 = 0,9980 \cdot 4\,\pi$

$\vdots$

3. $\operatorname{tg} x = \dfrac{2\,x}{2 - x^2}$

$x_1 = 119,26\,\dfrac{\pi}{180}$

$x_2 = 340,35\,\dfrac{\pi}{180}$

$\vdots$

4. $\mathfrak{Tg}\,x + \operatorname{tg} x = 0$

$x_1 = 2,365$
$x_2 = 5,497$
$x_3 = 8,639$
$x_4 = 11,781$

$x_n \sim \dfrac{1}{4}\,(4\,n - 1)\,\pi \quad n > 4$

$\vdots$

5. $J_n(x) = 0$ [Besselsche Funktion]

$n = 2$	$n = 3$	$n = 4$	$n = 5$
5,135	6,379	7,586	8,780
8,417	9,760	11,064	12,339
11,620	13,017	14,373	15,700
14,796	16,224	17,616	18,982
17,960	19,410	20,827	22,220
21,117	22,583	24,018	25,431
24,270	25,749	27,200	28,628
27,421	28,909	30,371	31,813
30,571	32,050	33,512	34,983

6. $\mathfrak{Co\mathfrak{f}}\,x \cos x = 1$

$x_1 = 4,7300$
$x_2 = 7,8532$
$x_3 = 10,9956$
$x_4 = 14,1372$
$x_5 = 17,2788$

$x_n \sim \dfrac{1}{2}\,(2\,n + 1)\,\pi \quad n > 5$

$\vdots$

7. $\mathfrak{Cof}\,x \cos x = -1$

$x_1 = 1,8751$
$x_2 = 4,6941$
$x_3 = 7,8548$
$x_4 = 10,9955$
$x_5 = 14,1372$
$x_6 = 17,2788$

$x_n \sim \dfrac{1}{2}\,(2\,n - 1)\,\pi \quad n > 6$

$\vdots$

IX

Werte von $\sin n\vartheta$, $\cos n\vartheta$ $(n=1,2,\ldots 8)$

8. $\dfrac{d\,\Gamma(x)}{d\,x} = 0$ [vgl. S. 155]

$$
\begin{aligned}
x_1 &= 1{,}46163\ 21, & \Gamma(x) &= 0{,}88560\ 32, \\
x_2 &= -\ 0{,}504, & &= -\ 3{,}54464\ 3722, \\
x_3 &= -\ 1{,}573, & &= 2{,}30241\ 0103, \\
x_4 &= -\ 2{,}611, & &= -\ 0{,}88813\ 6734, \\
x_5 &= -\ 3{,}635, & &= 0{,}24512\ 7663, \\
&\ \vdots & &\ \vdots
\end{aligned}
$$

ϑ	$\sin\vartheta$	$\sin 2\vartheta$	$\sin 3\vartheta$	$\sin 4\vartheta$	$\sin 5\vartheta$	$\sin 6\vartheta$	$\sin 7\vartheta$	$\sin 8\vartheta$
0°	0	0	0	0	0	0	0	0
1	0,01745	0,03490	0,05234	0,06976	0,08716	0,10453	0,12187	0,13917
2	3490	0,06976	0,10453	0,13917	0,17365	0,20791	0,24192	0,27564
3	5234	0,10453	0,15643	0,20791	0,25882	0,30902	0,35837	0,40674
4	6976	0,13917	0,20791	0,27564	0,34202	0,40674	0,46947	0,52992
5	8716	0,17365	0,25882	0,34202	0,42262	0,5	0,57358	0,64279
6	0,10453	0,20791	0,30902	0,40674	0,5	0,57358	0,66913	0,74314
7	2187	0,24192	0,35837	0,46947	0,57358	0,66913	0,75471	0,82904
8	3917	0,27564	0,40674	0,52992	0,64279	0,74314	0,82904	0,89879
9	5643	0,30902	0,45399	0,58779	0,70711	0,80902	0,89101	0,95106
10	7365	0,34202	0,5	0,64279	0,76604	0,86603	0,93969	0,98481
11	9081	0,37461	0,54464	0,69466	0,81915	0,91355	7437	9939
12	0,20791	0,40674	0,58779	0,74314	0,86603	0,95106	9452	9452
13	2495	0,43837	0,62932	0,78801	0,90631	0,97815	9985	7030
14	4192	0,46947	0,66913	0,82904	3969	0,99452	9027	2718
15	5882	0,5	0,70711	0,86603	6593	1	6593	0,86603
16	7564	0,52992	0,74314	0,89879	8481	0,99452	2718	0,78801
17	9237	5919	0,77715	0,92718	0,99619	7815	0,87462	0,69466
18	0,30902	8779	0,80902	5106	1	5106	0,80902	0,58779
19	2557	0,61566	3867	7030	0,99619	1355	0,73135	0,46947
20	4202	4279	6603	8481	8481	0,86603	0,64279	0,34202
21	5837	6913	9101	9452	6593	0,80902	0,54464	0,20791
22	7461	9466	0,91355	9939	3969	0,74314	0,43837	+0,06976
23	9073	0,71934	3358	9939	0631	0,66913	0,32557	−0,06976
24	0,40674	4314	5106	9452	0,86603	0,57358	0,20791	−0,20791
25	2262	6604	6593	8481	0,81915	0,5	+0,08716	−0,34202
26	4837	8801	7815	7030	0,76604	0,40674	−0,03490	−0,46947
27	5399	0,80902	8769	5106	0,70711	0,30902	−0,15643	−0,58779
28	6947	2904	9452	2718	0,64279	0,20791	−0,27564	−0,69466
29	8481	4805	9863	0,89879	0,57358	+0,10453	−0,39073	−0,78801
30	0,5	6603	1	0,86603	0,5	0	−0,5	−0,86603
31	0,51504	8295	0,99863	0,82904	0,42262	−0,10453	−0,60182	−0,92718
32	2992	9879	9452	0,78801	0,34202	−0,20791	−0,69466	7030
33	4464	0,91355	8769	0,74314	0,25882	−0,30902	−0,77715	9452
34	5919	2718	7815	0,69466	0,17365	−0,40674	−0,84805	9939
35	7358	3969	6593	0,64279	+0,08716	−0,5	−0,90631	8481
36	8779	5106	5106	0,58779	0	−0,57358	− 5106	5106
37	0,60182	6126	3358	0,52992	−0,08716	−0,66913	− 8163	−0,89879
38	1566	7030	1355	0,46947	−0,17365	−0,74314	− 9756	−0,82904
39	2932	7815	0,89101	0,40674	−0,25882	−0,80902	− 9863	−0,74314

$$\sin 2\vartheta = 2\sin\vartheta\cos\vartheta,$$
$$\sin 3\vartheta = \sin\vartheta\,[3 - 4\sin^2\vartheta]$$
$$= \sin\vartheta\,[4\cos^2\vartheta - 1],$$
$$\sin 4\vartheta = \sin\vartheta\,[8\cos^3\vartheta - 4\cos\vartheta],$$
$$\sin 5\vartheta = \sin\vartheta\,[5 - 20\sin^2\vartheta + 16\sin^4\vartheta)$$
$$= \sin\vartheta\,[16\cos^4\vartheta - 12\cos^2\vartheta + 1],$$
$$\sin 6\vartheta = \sin\vartheta\,[32\cos^5\vartheta - 32\cos^3\vartheta + 6\cos\vartheta].$$

ϑ	$\cos\vartheta$	$\cos 2\vartheta$	$\cos 3\vartheta$	$\cos 4\vartheta$	$\cos 5\vartheta$	$\cos 6\vartheta$	$\cos 7\vartheta$	$\cos 8\vartheta$
0°	1	1	1	1	1	1	1	1
1	0,99985	0,99939	0,99863	0,99756	0,99619	0,99452	0,99255	0,99027
2	9939	9756	9452	9027	8481	7815	0,97030	0,96126
3	⋮[1])	9452	8769	7815	6593	5106	0,93358	0,91355
4		9027	7815	6126	3969	1355	0,88295	0,84805
5		8481	6593	3969	0631	0,86603	0,81915	0,76604
6		7815	5106	1355	0,86603	0,80902	0,74314	0,66913
7		7030	3358	0,88295	0,81915	0,74314	0,65606	0,55919
8		6126	1355	4805	0,76604	0,66913	0,55919	0,43837
9		5106	0,89101	0902	0,70711	0,58779	0,45399	0,30902
10		3969	6603	0,76604	0,64279	0,5	0,34202	0,17365
11		2718	3867	0,71934	0,57358	0,40674	0,22495	+0,03490
12		1355	0902	0,66913	0,5	0,30902	+0,10453	−0,10453
13		0,89879	0,77715	0,61566	0,42262	0,20791	−0,01745	−0,24192
14		8295	0,74314	0,55919	0,34202	+0,10453	−0,13917	−0,37461
15		6603	0,70711	0,5	0,25882	0	−0,25882	−0,5
16		4805	0,66913	0,43837	0,17365	−0,10453	−0,37461	−0,61566
17		2904	0,62932	0,37461	+0,08716	−0,20791	−0,48481	−0,71934
18		0902	0,58779	0,30902	0	−0,30902	−0,58779	−0,80902
19		0,78801	0,54464	0,24192	−0,08716	−0,40674	−0,68200	−0,88295
20		0,76604	0,5	0,17365	−0,17365	−0,5	−0,76604	−0,93969
21		0,74314	0,45399	0,10453	−0,25882	−0,58779	−0,83867	7815
22		0,71934	0,40674	+0,03490	−0,34202	−0,66913	−0,89879	9756
23		0,69466	0,35837	−0,03490	−0,42262	−0,74314	−0,94552	9756
24		6913	0,30902	−0,10453	−0,5	−0,80902	7815	7815
25		4279	0,25882	−0,17365	−0,57358	−0,86603	9619	3969
26		1566	0,20791	−0,24192	−0,64279	−0,91355	9939	−0,88295
27		0,58779	0,15643	−0,30902	−0,70711	−0,95106	8769	−0,80902
28		0,55919	0,10453	−0,37461	−0,76604	−0,97815	6126	−0,71934
29		0,52992	+0,05234	−0,43837	−0,81915	−0,99452	2050	−0,61566
30		0,5	0	−0,5	−0,86603	−1	−0,86603	−0,5
31		0,46947	−0,05234	−0,55919	−0,90631	−0,99452	−0,79864	−0,37461
32		0,43837	−0,10453	−0,61566	3969	7815	−0,71934	−0,24192
33		0,40674	−0,15643	−0,66913	6593	5106	−0,62932	−0,10453
34		0,37461	−0,20791	−0,71934	8481	1355	−0,52992	+0,03490
35		0,34202	−0,25882	−0,76604	−0,99619	−0,86603	−0,42262	0,17365
36		0,30902	−0,30902	−0,80901	−1	−0,80902	−0,30902	0,30902
37		0,27564	−0,35837	−0,84805	−0,99619	−0,74314	−0,19081	0,43837
38		0,24192	−0,40674	−0,88295	−0,98481	−0,66913	−0,06976	0,55919
39		0,20791	−0,45399	−0,91355	−0,96593	−0,58779	+0,05234	0,66913

$$\cos 2\vartheta = \cos^2\vartheta - \sin^2\vartheta$$
$$= 1 - 2\sin^2\vartheta = 2\cos^2\vartheta - 1,$$
$$\cos 3\vartheta = \cos\vartheta\,[4\cos^2\vartheta - 3]$$
$$= \cos\vartheta\,[1 - 4\sin^2\vartheta],$$
$$\cos 4\vartheta = 8\cos^4\vartheta - 8\cos^2\vartheta + 1,$$
$$\cos 5\vartheta = \cos\vartheta\,[16\cos^4\vartheta - 20\cos^2\vartheta + 5]$$
$$= \cos\vartheta\,[16\sin^4\vartheta - 12\sin^2\vartheta + 1],$$
$$\cos 6\vartheta = 32\cos^6\vartheta - 48\cos^4\vartheta + 18\cos^2\vartheta - 1.$$

---

[1] Vgl. $P_1(\cos\vartheta)$, S. 124.

ϑ	$\sin \vartheta$	$\sin 2\vartheta$	$\sin 3\vartheta$	$\sin 4\vartheta$	$\sin 5\vartheta$	$\sin 6\vartheta$	$\sin 7\vartheta$	$\sin 8\vartheta$
40°	0,64279	0,98481	0,86603	0,34202	−0,34202	−0,86603	−0,98481	−0,64279
41	5606	9027	0,83867	0,27564	−0,42262	−0,91355	−0,95630	−0,52992
42	6913	9452	0,80902	0,20791	−0,5	−0,95106	−0,91355	−0,40674
43	8200	9756	0,77715	0,13917	−0,57358	−0,97815	−0,85717	−0,27564
44	9466	0,99939	0,74314	+0,06976	−0,64279	−0,99452	−0,78801	−0,13917
45	0,70711	I	0,70711	0	−0,70711	−I	−0,70711	0
46	1934	0,99939	0,66913	−0,06976	−0,76604	−0,99452	−0,61566	+0,13917
47	3135	9756	0,62932	−0,13917	−0,81915	7815	−0,51504	0,27564
48	4314	9452	0,58779	−0,20791	−0,86603	5106	−0,40674	0,40674
49	5471	9027	0,54464	−0,27564	−0,90631	1355	−0,29237	0,52992
50	6604	8481	0,5	−0,34202	3969	−0,86603	−0,17365	0,64279
51	7715	7815	0,45399	−0,40674	6593	−0,80902	−0,05234	0,74314
52	8801	7030	0,40674	−0,46947	8481	−0,74314	+0,06976	0,82904
53	9864	6126	0,35837	−0,52992	−0,99619	−0,66913	0,19081	0,89879
54	0,80902	5106	0,30902	−0,58779	−I	−0,57358	0,30902	0,95106
55	1915	3969	0,25882	−0,64279	−0,99619	−0,5	0,42262	8481
56	2904	2718	0,20791	−0,69466	8481	−0,40674	0,52992	9939
57	3867	1355	0,15643	−0,74314	6593	−0,30902	0,62932	9452
58	4805	0,89879	0,10453	−0,78801	3969	−0,20791	0,71934	7030
59	5717	8295	+0,05234	−0,82904	0631	−0,10453	0,79864	2718
60	6603	6603	0	−0,86603	−0,86603	0	0,86603	0,86603
61	7462	4805	−0,05234	−0,89879	−0,81915	+0,10453	0,92050	0,78801
62	8295	2904	−0,10453	−0,92718	−0,76604	0,20791	6126	0,69466
63	9101	0902	−0,15643	5106	−0,70711	0,30902	8769	0,58779
64	9879	0,78801	−0,20791	7030	−0,64279	0,40674	9939	0,46947
65	0,90631	6604	−0,25882	8481	−0,57358	0,5	9619	0,34202
66	1355	4314	−0,30902	9452	−0,5	0,57358	7815	0,20791
67	2050	1934	−0,35837	9939	−0,42262	0,66913	4552	+0,06976
68	2718	0,69466	−0,40674	9939	−0,34202	0,74314	0,89879	−0,06976
69	3358	6913	−0,45399	9452	−0,25882	0,80902	0,83867	−0,20791
70	3969	4279	−0,5	8481	−0,17365	0,86603	0,76604	−0,34202
71	4552	1566	−0,54464	7030	−0,08716	0,91355	0,68200	−0,46947
72	5106	0,58779	−0,58779	5106	0	5106	0,58779	−0,58779
73	5630	5919	−0,62932	2718	+0,08716	7815	0,48481	−0,69466
74	6126	2992	−0,66913	−0,89879	0,17365	0,99452	0,37461	−0,78801
75	6593	0,5	−0,70711	−0,86603	0,25882	I	0,25882	−0,86603
76	7030	0,46947	−0,74314	−0,82904	0,34202	0,99452	0,13917	−0,92718
77	7437	0,43837	−0,77715	−0,78801	0,42262	7815	+0,01745	7030
78	7815	0,40674	−0,80902	−0,74314	0,5	5106	−0,10453	9452
79	8163	0,37461	3867	−0,69466	0,57358	1355	−0,22495	9939
80	8481	0,34202	6603	−0,64279	0,64279	0,86603	−0,34202	8471
81	8769	0,30902	9101	−0,58779	0,70711	0,80902	−0,45399	5106
82	9027	0,27564	−0,91355	−0,52992	0,76604	0,74314	−0,55919	−0,89879
83	9255	0,24192	3358	−0,46947	0,81915	0,66913	−0,65606	−0,82904
84	9452	0,20791	5106	−0,40674	0,86603	0,57358	−0,74314	−0,74314
85	9619	0,17365	6593	−0,34202	0,90631	0,5	−0,81915	−0,64279
86	9756	0,13917	7815	−0,27564	3969	0,40674	−0,88295	−0,52992
87	9863	0,10453	8769	−0,20791	6593	0,30902	−0,93358	−0,40674
88	9939	0,06976	9452	−0.13917	8481	0,20791	−0,97030	−0,27564
89	0,99985	0,03490	−0,99863	−0,06976	0,99619	0,10453	−0,99255	−0,13917
90°	I	0	−I	0	I	0	−I	0

ϑ	$\cos\vartheta$	$\cos 2\vartheta$	$\cos 3\vartheta$	$\cos 4\vartheta$	$\cos 5\vartheta$	$\cos 6\vartheta$	$\cos 7\vartheta$	$\cos 8\vartheta$
40°	0,76604	0,17365	—0,5	—0,93969	—0,93969	—0,5	0,17365	0,76604
41	5471	0,13917	—0,54464	6126	—0,90631	—0,40674	0,29237	0,84805
42	:	0,10453	—0,58779	7815	—0,86603	—0,30902	0,40674	0,91355
43	· ¹)	0,06976	—0,62932	9027	—0,81915	—0,20791	0,51504	0,96126
44		+0,03490	—0,66913	—0,99756	—0,76604	—0,10453	0,61566	0,99027
45		0	—0,70711	—1	—0,70711	0	0,70711	1
46		—0,03490	—0,74314	—0,99756	—0,64279	+0,10453	0,78801	0,99027
47		—0,06976	—0,77715	9027	—0,57358	0,20791	0,85717	0,96126
48		—0,10453	—0,80902	7815	—0,5	0,30902	0,91355	0,91355
49		—0,13917	3867	6126	—0,42262	0,40674	5630	0,84805
50		—0,17365	6603	3969	—0,34202	0,5	8481	0,76604
51		—0,20791	9101	1355	—0,25882	0,58779	9863	0,66913
52		—0,24192	—0,91355	—0,88295	—0,17365	0,66913	9756	0,55919
53		—0,27564	3358	—0,84805	—0,08716	0,74314	8163	0,43837
54		—0,30902	5106	—0,80902	0	0,80902	5106	0,30902
55		—0,34202	6593	—0,76604	+0,08716	0,86603	0631	0,17365
56		—0,37461	7815	—0,71954	0,17365	0,91355	0,84805	+0,03490
57		—0,40674	8769	—0,66913	0,25882	0,95106	0,77715	—0,10453
58		—0,43837	9452	—0,61566	0,34202	0,97815	0,69466	—0,24192
59		—0,46947	—0,99863	—0,55919	0,42262	0,99452	0,60182	—0,37461
60		—0,5	—1	—0,5	0,5	1	0,5	—0,5
61		2992	—0,99863	—0,43837	0,57358	0,99452	0,39073	—0,61566
62		5919	9452	—0,37461	0,64279	7815	0,27564	—0,71934
63		8779	8769	—0,30902	0,70711	5106	0,15643	—0,80902
64		—0,61566	7815	—0,24192	0,76604	1355	+0,03490	—0,88295
65		4279	6593	—0,17365	0,81915	0,86603	—0,08716	—0,93969
66		6913	5106	—0,10453	0,86603	0,80902	—0,20791	7815
67		9466	3358	—0,03490	0,90631	0,74314	—0,32557	9756
68		—0,71934	1355	+0,03490	3969	0,66913	—0,43837	9756
69		4314	—0,89101	0,10453	6593	0,58779	—0,54464	7815
70		6604	6603	0,17365	8481	0,5	—0,64279	3969
71		8801	3867	0,24192	0,99619	0,40674	—0,73135	—0,88295
72		—0,80902	0902	0,30902	1	0,30902	—0,80902	—0,80902
73		2904	—0,77715	0,37461	0,99619	0,20791	—0,87462	—0,71934
74		4805	—0,74314	0,43837	8481	0,10453	—0,92718	—0,61566
75		6603	—0,70711	0,5	6593	0	6593	—0,5
76		8295	—0,66913	0,55919	3969	+0,10453	9027	—0,37461
77		9879	—0,62932	0,61566	0631	—0,20791	9985	—0,24192
78		—0,91355	—0,58779	0,66913	0,86603	—0,30902	9452	—0,10453
79		2718	—0,54464	0,71934	0,81915	—0,40674	7437	+0,03490
80		3969	—0,5	0,76604	0,76604	—0,5	3969	0,17365
81		5106	—0,45399	0,80902	0,70711	—0,58779	—0,89101	0,30902
82		6126	—0,40674	0,84805	0,64279	—0,66913	—0,82904	0,43837
83		7030	—0,35837	0,88295	0,57358	—0,74314	—0,75471	0,55919
84		7815	—0,30902	0,91355	0,5	—0,80902	—0,66913	0,66913
85		8481	—0,25882	3969	0,42262	—0,86603	—0,57358	0,76604
86		9027	—0,20791	6126	0,34202	—0,91355	—0,46947	0,84805
87		9452	—0,15643	7815	0,25882	—0,95106	—0,35837	0,91355
88		9756	—0,10453	9027	0,17365	—0,97815	—0,24192	0,96126
89		—0,99939	—0,05234	0,99756	0,08716	—0,99452	—0,12187	0,99027
90°		—1	0	1	0	—1	0	1

¹) Vgl. $P_1(\cos\vartheta)$, S. 124.

XLIII

n	$\dfrac{1}{n!}$ [1]	$\left[\dfrac{1}{n!}\right]^2$ [2]	n!
1	1	1	1
2	0,5	0,25	2
3	0,16666 66666 66666 66666 666	0,02777 77777 77777 77777 777	6
4	0,04166 66666 66666 66666 666	0,00173 61111 11111 11111 111	24
5	0,00833 33333 33333 33333 333	0,00006 94444 44444 44444 444	120
6	0,00138 88888 88888 88888 888	0,00000 19290 12345 67901 234	720
7	0,00019 84126 98412 69841 269	00393 67598 89140 841	5040
8	0,00002 48015 87301 58730 158	00006 15118 73267 825	40320
9	0,00000 27557 31922 39858 906	07594 05842 812	3 62880
10	02755 73192 23985 890	00075 94058 428	36 28800
11	00250 52108 38544 171	62760 813	399 16800
12	00020 87675 69878 690	00435 838	4790 01600
13	00001 60590 43836 821	00002 578	62270 20800
14	11470 74559 772	013	8 71782 91200
15	00764 71637 318	000	130 76743 68000
16	00047 79477 332		2092 27898 88000
17	00002 81145 725		35568 74280 96000
18	15619 206		6 40237 37057 28000
19	00822 063		121 64510 04088 32000
20	00041 103		2432 90200 81766 40000
21	00001 957		51090 94217 17094 40000
22	088		11 24000 72777 76076 80000
23	003		258 52016 73888 49766 40000
24	000		6204 48401 73323 94393 60000
25			1 55112 10043 33098 59840 00000

X

	0°	18°	30°	36°	45°	60°	90°	120°	135°	150°	180°
sin	0	$\frac{1}{4}\left[\sqrt{5}-1\right]$	$\frac{1}{2}$	$\frac{1}{4}\sqrt{10-2\sqrt{5}}$	$\frac{1}{\sqrt{2}}$	$\frac{\sqrt{3}}{2}$	1	$\frac{\sqrt{3}}{2}$	$\frac{1}{\sqrt{2}}$	$\frac{1}{2}$	0
cos	1	$\frac{1}{4}\sqrt{10+2\sqrt{5}}$	$\frac{\sqrt{3}}{2}$	$\frac{1}{4}\left[\sqrt{5}+1\right]$	$\frac{1}{\sqrt{2}}$	$\frac{1}{2}$	0	$-\frac{1}{2}$	$-\frac{1}{\sqrt{2}}$	$-\frac{\sqrt{3}}{2}$	-1
tg	0	$\frac{1}{5}\sqrt{25-10\sqrt{5}}$	$\frac{1}{\sqrt{3}}$	$\sqrt{5-2\sqrt{5}}$	1	$\sqrt{3}$	∞	$-\sqrt{3}$	-1	$-\frac{1}{\sqrt{3}}$	0
ctg	∞	$\sqrt{5+2\sqrt{5}}$	$\sqrt{3}$	$\frac{1}{5}\sqrt{25+10\sqrt{5}}$	1	$\frac{1}{\sqrt{3}}$	0	$-\frac{1}{\sqrt{3}}$	-1	$-\sqrt{3}$	$-\infty$
sec	1	$\dfrac{4}{\sqrt{10+2\sqrt{5}}}$	$\frac{2}{\sqrt{3}}$	$\dfrac{4}{\sqrt{5}+1}$	$\sqrt{2}$	2	∞	-2	$-\sqrt{2}$	$-\frac{2}{\sqrt{3}}$	-1
cosec	∞	$\dfrac{4}{\sqrt{5}-1}$	2	$\dfrac{4}{\sqrt{10-2\sqrt{5}}}$	$\sqrt{2}$	$\frac{2}{\sqrt{3}}$	1	$\frac{2}{\sqrt{3}}$	$\sqrt{2}$	2	∞

[1] Wegen weiterer Werte siehe: C. E. Van Orstrand, Tables of the Exponential Function. Washington 1921, S. 12.

[2] Vgl. K. Hayashi, Tafeln der Besselschen u. a. Funktionen. Berlin: Julius Springer 1930, S. 50.

n	$2 \cdot 4 \cdot 6 \cdots (2n)$	$1 \cdot 3 \cdot 5 \cdots (2n-1)$	$\log_{10}\left[\dfrac{1 \cdot 3 \cdot 5 \cdots (2n-1)}{2 \cdot 4 \cdot 6 \cdots (2n)}\right]$
1	2	1	$\overline{1},69897\ 000$
2	8	3	$\overline{1},57403\ 127$
3	48	15	$\overline{1},49485\ 002$
4	384	105	$\overline{1},43685\ 807$
5	3840	945	$\overline{1},39110\ 058$
6	46080	10395	$\overline{1},35331\ 202$
7	6 45120	1 35135	$\overline{1},32112\ 734$
8	103 21920	20 27025	$\overline{1},29309\ 862$
9	1857 94560	344 59425	$\overline{1},26827\ 503$
10	37158 91200	6547 29075	$\overline{1},24599\ 864$
11	8 17496 06400	1 37493 10575	$\overline{1},22579\ 525$
12	196 19905 53600	31 62341 43225	$\overline{1},20731\ 185$
13	5101 17543 93600	790 58535 80625	$\overline{1},19027\ 851$
14	1 42832 91230 20800	21345 80466 76875	$\overline{1},17448\ 424$
15	42 84987 36906 24000	6 19028 33536 29375	$\overline{1},15976\ 098$
16	1371 19595 80999 68000	191 89878 39625 10625	$\overline{1},14597\ 270$
17	46620 66257 53989 12000	6332 65987 07628 50625	$\overline{1},13300\ 772$
18	16 78343 85271 43608 32000	2 21643 09547 66997 71875	$\overline{1},12077\ 326$
19	637 77066 40314 57116 16000	82 00794 53263 78915 59375	$\overline{1},10919\ 139$
20	25510 82656 12582 84646 40000	3198 30986 77287 77708 15625	$\overline{1},09819\ 601$
21	10 71454 71557 28479 55148 80000	1 31130 70457 68798 86034 40625	$\overline{1},08773\ 057$
22	471 44007 48520 53100 26547 20000	56 38620 29680 58350 99479 46875	$\overline{1},07774\ 635$
23	21686 24344 31944 42612 21171 20000	2537 39713 35626 25794 76576 09375	$\overline{1},06820\ 104$
24	10 40939 68527 33332 45386 16217 60000	1 19256 81927 74434 12353 99076 40625	$\overline{1},05905\ 766$
25	520 46984 26366 66622 69308 10880 00000	58 43584 14459 47272 05345 54743 90625	$\overline{1},05028\ 373$

XI

	0	$0 - \dfrac{\pi}{2}$ $0°-90°$	$\dfrac{\pi}{2}$ $90°$	$\dfrac{\pi}{2} - \pi$ $90°-180°$	π $180°$	$\pi - \dfrac{3}{2}\pi$ $180°-270°$	$\dfrac{3}{2}\pi$ $270°$	$\dfrac{3}{2}\pi - 2\pi$ $270°-360°$	2π $360°$
sin	0	$+$	1	$+$	0	$-$	-1	$-$	0
cos	1	$+$	0	$-$	-1	$-$	0	$+$	1
tg	0	$+$	$\pm\infty$	$-$	0	$+$	$\pm\infty$	$-$	0
ctg	$\mp\infty$	$+$	0	$-$	$\mp\infty$	$+$	0	$-$	$\mp\infty$
sec	1	$+$	$\pm\infty$	$-$	-1	$-$	$\pm\infty$	$+$	1
cosec	$\mp\infty$	$+$	1	$+$	$\pm\infty$	$-$	-1	$-$	$\mp\infty$

XXXIV

Werte von $\log_{10} \Gamma(1 + x)$

x	0	1	2	3	4	5	6	7	8	9
0,0	_0	*9753	*9513	*9280	*9053	*8834	*8621	*8415	*8215	*8102
1	1,97834	7653	7478	7310	7147	6990	6839	6694	6554	6421
2	6292	6169	6052	5940	5833	5732	5636	5545	5459	5378
3	5302	5231	5165	5104	5047	4995	4948	4905	4868	4834
4	4805	4781	4761	4745	4734	4727	4724	4725	4731	4741
5	4754	4772	4794	4820	4850	4884	4921	4963	5008	5057
6	5110	5167	5227	5291	5359	5430	5505	5583	5665	5750
7	5839	5931	6027	6126	6229	6335	6444	6556	6672	6791
8	6913	7038	7167	7298	7433	7571	7712	7856	8004	8154
9	8307	8463	8622	8784	8949	9117	9288	9462	9638	9818

XIII

x	$e^{x\pi}$	$e^{-x\pi}$	$\mathfrak{Sin}\, x\,\pi$	$\mathfrak{Cof}\, x\,\pi$
$\frac{7}{6}$	39,06361	0,02560	19,51901	19,54461
$\frac{13}{6}$	903,95961	0,00111	451,97898	451,98009
$\frac{19}{6}$	20918,23899	0,00005	10459,11947	10459,11952
$\frac{5}{4}$	50,75402	0,01970	25,36716	25,38686
$\frac{9}{4}$	1174,48317	0,00085	587,24116	587,24201
$\frac{13}{4}$	27178,35393	0,00004	13589,17695	13589,17698
$\frac{4}{3}$	65,94297	0,01516	32,96390	32,97906
$\frac{7}{3}$	1525,96589	0,00066	762,98262	762,98327
$\frac{10}{3}$	35311,90761	0,00003	17655,95379	17655,95382
$\frac{3}{2}$	111,31778	0,00898	55,65440	55,66338
$\frac{5}{2}$	2575,97050	0,00039	1287,98505	1287,98544
$\frac{7}{2}$	59609,74149	0,00002	29804,87074	29804,87075
$\frac{5}{3}$	187,91463	0,00532	93,95465	93,95998
$\frac{8}{3}$	4348,47466	0,00023	2174,23721	2174,23744
$\frac{11}{3}$	1 00626,71551	0,00001	50313,35775	50313,35776
$\frac{7}{4}$	244,15106	0,00410	122,07348	122,07758
$\frac{11}{4}$	5649,82470	0,00018	2824,91226	2824,91244
$\frac{15}{4}$	1 30740,85685	0,00001	65370,42842	65370,42843
$\frac{11}{6}$	317,21714	0,00315	158,60700	158,61015
$\frac{17}{6}$	7340,62439	0,00014	3670,31213	3670,31226
$\frac{23}{6}$	1 69867,13281	0,00001	84933,56640	84933,56641

XII

Tafel der Hyperbelfunktionen $\mathfrak{Sin}\, x\,\pi$, $\mathfrak{Cos}\, x\,\pi$, $\mathfrak{Tg}\, x\,\pi$ mit den Werten von $e^{x\pi}$, $e^{-x\pi}$

x	$e^{x\pi}$	$e^{-x\pi}$	$\mathfrak{Sin}\, x\pi$	$\mathfrak{Cof}\, x\pi$	$\mathfrak{Tg}\, x\pi$
0	1	1	0	1	0
0,01	1,03191	0,96907	0,03142	1,00049	0,03141
2	1,06485	0,93910	0,06287	1,00197	0,06275
3	1,09883	0,91006	0,09439	1,00444	0,09397
4	1,13390	0,88191	0,12599	1,00791	0,12501
5	1,17009	0,85464	0,15773	1,01236	0,15580
6	1,20743	0,82820	0,18961	1,01782	0,18629
7	1,24597	0,80259	0,22169	1,02428	0,21643
8	1,28573	0,77777	0,25398	1,03175	0,24617
9	1,32676	0,75371	0,28653	1,04024	0,27544
0,1	1,36911	0,73040	0,31935	1,04976	0,30422
2	1,87446	0,53349	0,67048	1,20397	0,55689
3	2,56633	0,38966	1,08834	1,47800	0,73636
4	3,51359	0,28461	1,61449	1,89910	0,85013
5	4,81048	0,20788	2,30130	2,50918	0,91715
6	6,58606	0,15184	3,21711	3,36895	5493
7	9,01703	0,11090	4.45306	4,56396	7570
8	12,34528	0,08100	6,13214	6,21314	8696
9	16,90202	5916	8,42143	8,48059	0,99302
1,0	23,14069	4321	11,54874	11,59195	627
1	31,68210	3156	15,82527	15,85683	801
2	43,37621	2305	21,67658	21,69963	894
3	59,38671	1684	29,68494	29,70177	943
4	81,30680	1230	40,64725	40,65955	970
5	111,31778	0,00898	55,65440	55,66338	984
6	152,40604	656	76,19974	76,20630	991
7	208,66029	479	104,32775	⋯ 33254[1]	995
8	285,67842	350	142,83746	⋯ 84096	998
9	391,12455	256	195,56099	⋯ 56355	999
2,0	535,49166	186	267,74489	⋯ 74676	999
1	733,14579	136	366,57221	⋯ 57358	1,00000
2	1003,75559	100	501,87730	⋯ 87829	,,
3	1374,24958	0,00073	687,12443	⋯ 12516	,,
4	1881,49578	53	940,74763	⋯ 74816	,,
5	2575,97050	39	1287,98505	⋯ 98544	,,
6	3526,78122	28	1763,39047	⋯ 39075	,,
7	4828,54358	21	2414,27169	⋯ 27189	,,
8	6610,79653	15	3305,39819	⋯ 39834	,,
9	9050,89291	11	4525,44640	⋯ 44651	,,
3,0	12391,64781	0,00008	6195,82386	⋯ 82394	,,
1	16965,50130	6	8482,75062	⋯ 75068	,,
2	23227,59967	4	11613,79981	⋯ 79986	,,
3	31801,08720	3	13900,54358	⋯ 54362	,,
4	43539,11560	2	21769,55779	⋯ 55781	,,
5	59609,74149	2	29804,87074	⋯ 87075	,,
6	81612,16028	1	40806,08014	⋯ 08015	,,
7	1 11735,84282	1	55867,92141	⋯ 92141	,,
8	1 52978,41066	1	76489,20533	⋯ 20533	,,
9	2 09443,93078	0	1 04721,96539	⋯ 96539	,,

[1]) S. die Bemerkung auf S. 25.

x	$e^{x\pi}$	$e^{-x\pi}$	$\mathfrak{Sin}\ x\pi$	$\mathfrak{Cos}\ x\pi$	$\mathfrak{Tg}\ x\pi$
4,0	2 86751,31314	0,00000	1 43375,65657	... 66657[1])	1,00000
1	3 92593,45105	,,	1 96296,72552	... 72553	,,
2	5 37502,74453	,,	2 68751,37227	... 37227	,,
3	7 35899,18427	,,	3 67949,59213	... 59214	,,
4	10 07525,29158	,,	5 03762,64579	... 64579	,,
5	13 79410,70581	,,	6 89705,35290	...	,,
6	18 88561,91620	,,	9 44280,95810	...	,,
7	25 85644,79478	,,	12 92822,39739	...	,,
8	35 40026,38061	,,	17 70013,19030	...	,,
9	48 46677,62591	,,	24 23338,81295	...	,,
5,0	66 86751,31314	,,	33 17811,99967	...	,,
1	90 92593,45105	,,	45 42442,19022	...	,,
2	124 37502,74453	,,	62 19092,90025	...	,,
3	170 35899,18427	,,	85 14608,41596	...	,,
4	233 07525,29158	,,	116 57416,54613	...	,,
5	319 79410,70581	,,	159 60259,57871	...	,,
6	437 88561,91620	,,	218 51315,41040	...	,,
7	598 85644,79478	,,	299 16805,72676	...	,,
8	819 40026,38061	,,	409 59331,19278	...	,,
9	1121 46677,62591	,,	560 77738,61563	...	,,
6,0	1535 35623,99934	,,	767 76467,69772	...	,,
1	2102 84884,38044	,,	1051 15258,52608	...	,,
2	2878 38185,80049	,,	1439 14117,25930	...	,,
3	3940 29216,83193	,,	1970 33936,24232	...	,,
4	5395 14833,09225	,,	2697 60693,18616	...	,,
5	7386 20519,15742	,,	3693 31461,25032	...	,,
6	10113 02630,82080	,,	5056 54573,53404	...	,,
7	13845 33611,45351	,,	6922 95605,87744	...	,,
8	18956 18662,38555	,,	9478 27293,57624	...	,,
9	25953 55477,23125	,,	12976 77712,84555	...	,,
7,0	35533 21280,84704	,,	17766 60640,42352	...	,,
1	48648 79777,13432	,,	24324 39888,56716	...	,,
2	66605 44706,03027	,,	33302 72353,01514	...	,,
3	91190 03513,62023	,,	45595 01756,81012	...	,,
4	1 24848 98570,85275	,,	62424 49285,42637	...	,,
5	1 70931 71648,81754	,,	85465 85824,40877	...	,,
6	2 34023 94129,02042	,,	1 17011 97064,51021	...	,,
7	3 20403 99653,26715	,,	1 60201 99826,63358	...	,,
8	4 38667 60139,21371	,,	2 19333 80069,60685	...	,,
9	6 00583 22178,73377	,,	3 00291 61089,36689	...	,,
8,0	8 22263 15585,59500	,,	4 11131 57792,79750	...	,,
1	11 25766 87618,08907	,,	5 62883 43809,04453	...	,,
2	15 41296 17809,13172	,,	7 70648 08904,56586	...	,,
3	21 10200 57425,92003	,,	10 55100 28712,96002	...	,,
4	28 89092 00379,52854	,,	14 44546 00189,76427	...	,,
5	39 55478 31244,62349	,,	19 77739 15622,31174	...	,,
6	54 15476 09410,81962	,,	27 07738 04705,40981	...	,,
7	74 14370 40207,66260	,,	37 07185 20103,83130	...	,,
8	101 51072 13177,39790	,,	50 75536 06588,69895	...	,,
9	138 97911 73578,50844	,,	69 48955 86789,25422	...	,,

[1]) S. die Bemerkung auf S. 25. Falls die Werte vollständig nicht angegeben sind, sind sie den entsprechenden von $\mathfrak{Sin}\ x\pi$ gleich zu setzen.

x	$e^{x\pi}$	$e^{-x\pi}$	$\mathfrak{Sin}\ x\pi$	$\mathfrak{Cof}\ x\pi$	$\mathfrak{Tg}\ x\pi$
9,0	190 27738 95292,16129	0,00000	95 13869 47646,08065	...[1]	1,00000
1	260 51025 25786,60679	,,	130 25512 62893,30339	...	,,
2	356 66661 11328,85891	,,	178 33330 55664,42945	...	,,
3	488 31502 88244,64597	,,	244 15751 44122,32298	...	,,
4	668 55590 04764,70570	,,	334 27795 02382,35285	...	,,
5	915 32507 84394,27631	,,	457 66253 92197,13816	...	,,
6	1253 17867 75392,17868	,,	626 58933 87696,08934	...	,,
7	1715 73666 54003,12456	,,	857 86833 27001,56228	...	,,
8	2349 02840 09455,30654	,,	1174 51420 04727,65327	...	,,
9	3216 07303 71529,84445	,,	1608 03651 85764,92223	...	,,
10,0	4403 15058 60632,02901	,,	2201 15058 30316,01451·	...	,,

XLVII

n	π^n	$\dfrac{\pi^n}{n!}$	n	π^n	$\dfrac{\pi^n}{n!}$
1	3,14159	3,14159	9	29809,09933	0,08215
2	9,86960	4,93480	10	93648,04748	0,02581
3	31,00628	5,16771	11	2 94204,01797	0,00737
4	97,40909	4,05871	12	9 24269,18152	0,00193
5	306,01968	2,55016	13	29 03677,27061	0,00047
6	961,38919	1,33526	14	91 22171,18175	0,00010
7	3020,29323	0,59926	15	286 58145,96939	0,00002
8	9488,53102	0,23533	16	900 32220,84293	0,00000

XLIV Binomial-Koeffizienten[2]

n	0	1	2	3	4	5	6	7	8	9	10	11	12	13	14	15
1	1	1														
2	1	2	1													
3	1	3	3	1												
4	1	4	6	4	1											
5	1	5	10	10	5	1										
6	1	6	15	20	15	6	1									
7	1	7	21	35	35	21	7	1								
8	1	8	28	56	70	56	28	8	1							
9	1	9	36	84	126	126	84	36	9	1						
10	1	10	45	120	210	252	210	120	45	10	1					
11	1	11	55	165	330	462	462	330	165	55	11	1				
12	1	12	66	220	495	792	924	792	495	220	66	12	1			
13	1	13	78	286	715	1287	1716	1716	1287	715	286	78	13	1		
14	1	14	91	364	1001	2002	3003	3432	3003	2002	1001	364	91	14	1	
15	1	15	105	455	1365	3003	5005	6435	6435	5005	3003	1365	455	105	15	1

[1]) S. die Bemerkung auf S. 63.
[2]) Wegen weiterer Werte siehe: Potin, Tables numériques. Paris 1925, S. 852.

XIV

Tafel der Produkte[1]

$\mathfrak{Sin}\,x \sin x, \quad \mathfrak{Sin}\,x \cos x, \quad \mathfrak{Cof}\,x \sin x, \quad \mathfrak{Cof}\,x \cos x$

$$\mathfrak{Sin}\,x\,\sin x = \frac{1}{2}\,[e^x - e^{-x}]\,\sin x = 2\,\frac{x^2}{2!} - 2^3\,\frac{x^6}{6!} + 2^5\,\frac{x^{10}}{10!} - 2^7\,\frac{x^{14}}{14!} + \cdots,$$

$$\mathfrak{Sin}\,x\,\cos x = \frac{1}{2}\,[e^x - e^{-x}]\,\cos x = x - 2\,\frac{x^3}{3!} - 2^2\,\frac{x^5}{5!} + 2^3\,\frac{x^7}{7!} + \cdots,$$

$$\mathfrak{Cof}\,x\,\sin x = \frac{1}{2}\,[e^x + e^{-x}]\,\sin x = x + 2\,\frac{x^3}{3!} - 2^2\,\frac{x^5}{5!} - 2^3\,\frac{x^7}{7!} + \cdots,$$

$$\mathfrak{Cof}\,x\,\cos x = \frac{1}{2}\,[e^x + e^{-x}]\,\cos x = 1 - 2^2\,\frac{x^4}{4!} + 2^4\,\frac{x^8}{8!} - 2^6\,\frac{x^{12}}{12!} + \cdots,$$

$$e^{\pm x}\,\sin x = \mathfrak{Cof}\,x\,\sin x \pm \mathfrak{Sin}\,x\,\sin x,$$

$$e^{\pm x}\,\cos x = \mathfrak{Cof}\,x\,\cos x \pm \mathfrak{Sin}\,x\,\cos x.$$

---

[1] Wegen weiterer Berechnungsformeln siehe: Hayashi, Sieben- und mehrstellige Tafeln S. 281. Berlin: Julius Springer 1926.

x	Sin x sin x	Sin x cos x	Cof x sin x	Cof x cos x	x	Sin x sin x	Sin x cos x
0	0	0	0	1	0,50	0,24983	0,45730
0,01	0,00010	0,01000	0,01000	1,00000	1	5990	6465
2	0040	2000	2000	,,	2	7118	7188
3	0090	2999	3001	,,	3	8065	7900
4	0160	3998	4002	,,	4	9132	8600
5	0250	4996	5004	,,	5	0,30219	9289
6	0360	5993	6007	,,	6	1326	9965
7	0490	6989	7011	,,	7	2452	0,50629
8	0640	7983	8017	0,99999	8	3598	1281
9	0810	8976	9024	9	9	4763	1920
0,10	1000	9967	0,10033	8	0,60	5948	2545
1	1210	0,10956	1044	8	1	7153	3157
2	1440	1942	2058	7	2	8377	3756
3	1690	2927	3073	5	3	9621	4341
4	1960	3908	4091	4	4	0,40884	4911
5	2250	4887	5112	2	5	2166	5467
6	2560	5863	6136	0,99989	6	3468	6008
7	2890	6836	7163	86	7	4790	6534
8	3240	7805	8194	83	8	6130	7045
9	3610	8771	9228	78	9	7490	7540
0,20	4000	9732	0,20266	73	0,70	8869	8020
1	4410	0,20690	1307	68	1	0,50268	8483
2	4840	1643	2353	61	2	1685	8930
3	5290	2592	3403	53	3	3122	9360
4	5760	3537	4458	45	4	3578	9772
5	6250	4476	5518	35	5	6052	0,60168
6	6760	5410	6582	24	6	7546	0546
7	7290	6339	7651	11	7	9058	0906
8	7839	7263	8726	0,99898	8	0,60590	1248
9	8409	8180	9806	82	9	2140	1571
0,30	8999	9092	0,30892	65	0,80	3709	1875
1	9609	9997	1983	46	1	5296	2160
2	0,10239	0,30897	3081	25	2	6902	2426
3	0889	1789	4185	02	3	8527	2671
4	1558	2675	5295	0,99777	4	0,70170	2897
5	2248	3553	6412	750	5	1831	3102
6	2958	4425	7535	720	6	3511	3286
7	3687	5289	8665	688	7	5208	3450
8	4437	6145	9802	652	8	6924	3591
9	5206	6993	0,40947	614	9	8658	3711
0,40	5995	7833	2099	573	0,90	0,80410	3809
1	6805	8664	3258	529	1	2179	3885
2	7634	9487	4426	481	2	3967	3937
3	8483	0,40301	5601	430	3	5772	3967
4	9352	1106	6784	375	4	7594	3973
5	0,20241	1902	7975	317	5	9434	3955
6	1149	2688	9175	254	6	0,91291	3913
7	2078	3464	0,50384	187	7	3165	3847
8	3026	4230	1601	115	8	5056	3755
9	3995	4985	2826	0,98039	9	6965	3639

Coſ x sin x	Coſ x cos x	x	Sin x sin x	Sin x cos x	Coſ x sin x	Coſ x cos x
0,54061	0,98958	**1,00**	0,98890	0,63496	1,29846	0,83373
5303	873	1	1,00832	3328	1,31675	2700
6559	782	2	2790	3134	3516	2006
7821	685	3	4764	2912	5371	1292
9094	583	4	6753	2664	7237	0557
0,60376	475	5	8762	2388	9117	0,79800
1668	361	6	1,10785	2085	1,41009	9022
2969	241	7	2824	1753	2913	8222
4281	114	8	4879	1393	4830	7399
5604	0,97981	9	6949	1003	6759	6553
6936	841	**1,10**	9034	0584	8700	5683
8280	693	1	1,21134	0136	1,50653	4790
9633	538	2	3250	0,59657	2618	3873
0,70998	375	3	5379	9148	4595	2931
2373	205	4	7524	8608	6584	1964
3760	026	5	9683	8037	8585	0971
5157	0,96839	6	1,31857	7434	1,60597	0,69953
6566	6643	7	4044	6799	2621	8908
7986	6438	8	6245	6131	4656	7836
9417	6224	9	8460	5430	6703	6737
0,80860	6000	**1,20**	1,40688	4697	8760	5611
2315	5767	1	2929	3929	1,70829	4456
3781	5524	2	5183	3127	2908	3272
5259	5270	3	7449	2290	4998	2060
6749	5006	4	9728	1419	7098	0818
8251	4731	5	1,52020	0512	9209	0,59546
9764	4444	6	4323	0,49569	1,81329	8244
0,91290	4146	7	6637	8590	3460	6911
2829	3836	8	8964	7575	5600	5546
4379	3514	9	1,61301	6522	7750	4150
5942	3180	**1,30**	3649	5432	9909	2722
7517	2833	1	6008	4303	1,92077	1261
9104	2473	2	8377	3136	4254	0,49766
1,00704	2099	3	1,70755	1931	6440	8238
2317	1712	4	3144	0686	8634	6676
3942	1311	5	5542	0,39401	2,00836	5079
5580	0895	6	7949	8077	3046	3447
7230	0465	7	1,80364	6711	5264	1779
8893	0019	8	2788	5305	7489	0076
1,10569	0,89559	9	5220	3857	9721	0,39335
2258	9082	**1,40**	7659	2367	2,11960	6558
3959	8589	1	1,90106	0835	4206	4743
5673	8080	2	2560	0,29259	6457	2891
7400	7555	3	5020	7641	8714	0999
9139	7012	4	7487	5979	2,20977	0,29069
1,20892	6451	5	9959	4273	3246	7099
2657	5873	6	2,02437	2522	5518	5089
4435	5276	7	4920	0725	7796	3039
6226	4661	8	7408	0,18884	2,30078	0948
8029	4027	9	9899	6996	2363	0,18815

x	Sin x sin x	Sin x cos x	Cos x sin x	Cos x cos x	x	Sin x sin x	Sin x cos x
1,50	2,12395	0,15062	2,34652	0,16640	**2,00**	3,29789	—1,50931
1	4893	3081	6943	4423	1	3,31685	—1,55828
2	7395	1052	9238	2163	2	3549	—1,60795
3	9899	0,08976	2,41534	0,09859	3	5379	—1,65831
4	2,22405	6851	3833	7512	4	7175	—1,70936
5	4912	4678	6133	5119	5	8935	—1,76111
6	7421	2455	8433	2682	6	3,40660	—1,81355
7	9930	+ 0183	2,50734	+ 0200	7	2346	—1,86671
8	2,32439	—0,02139	3036	—0,02329	8	3994	—1,92057
9	4948	4512	5337	4904	9	5603	—1,97514
1,60	7456	6937	7637	7526	**2,10**	7170	—2,03042
1	9962	9412	9935	—0,10196	1	8696	—2,08642
2	2,42466	—0,11940	2,62232	2913	2	3,50179	—2,14313
3	4967	4520	4526	5679	3	1618	—2,20057
4	7466	7153	6817	8494	4	3012	—2,25873
5	9960	9839	9105	—0,21359	5	4359	—2,31761
6	2,52451	—0,22579	2,71389	4273	6	5658	—2,37723
7	4936	5374	3669	7238	7	6909	—2,43757
8	7417	8223	5943	—0,30254	8	8109	—2,49865
9	9891	—0,31127	8212	3322	9	9259	—2,56046
1,70	2,62358	4088	2,80474	6441	**2,20**	3,60355	—2,62301
1	4818	7104	2730	9613	1	1398	—2,68630
2	7270	—0,40176	4978	—0,42838	2	2386	—2,75033
3	9714	3306	7218	6116	3	3318	—2,81510
4	2,72148	6493	9450	9449	4	4192	—2,88061
5	4573	9738	2,91672	—0,52835	5	5007	—2,94687
6	6988	—0,53041	3884	6277	6	5762	—3,01387
7	9389	6403	6086	9774	7	6455	—3,08163
8	2,81780	9825	8276	—0,63327	8	7086	—3,15013
9	4158	—0,63306	3,00455	—0,66936	9	7652	—3,21938
1,80	6523	—0,66847	2621	—0,70602	**2,30**	8152	—3,28938
1	8873	—0,70448	4773	—0,74326	1	8585	—3,36013
2	2,91209	—0,74111	6911	—0,78107	2	8949	—3,43164
3	3529	—0,77835	9035	—0,81946	3	9244	—3,50389
4	5833	—0,81621	3,11143	—0,85845	4	9467	—3,57690
5	8119	—0,85469	3234	—0,89802	5	9618	—3,65066
6	3,00388	—0,89379	5309	—0,93819	6	9693	—3,72518
7	2638	—0,93353	7365	—0,97896	7	9694	—3,80045
8	4868	—0,97390	9403	—1,02033	8	9616	—3,87647
9	7078	—1,01491	3,21422	—1,06232	9	9460	—3,95324
1,90	9266	—1,05656	3420	—1,10492	**2,40**	9224	—4,03076
1	3,11433	—1,09886	5397	—1,14813	1	8905	—4,10904
2	3576	—1,14181	7352	—1,19198	2	8503	—4,18806
3	5696	—1,18542	9284	—1,23644	3	8016	—4,26783
4	7791	—1,22968	3,31193	—1,28154	4	7442	—4,34835
5	9860	—1,27461	3077	—1,32728	5	6780	—4,42962
6	3,21903	—1,32020	4935	—1,37365	6	6028	—4,51163
7	3918	—1,36646	6767	—1,42067	7	5185	—4,59438
8	5905	—1,41340	8572	—1,46833	8	4248	—4,67788
9	7862	—1,46101	3,40348	—1,51665	9	3216	—4,76211

Coſ x sin x	Coſ x cos x	x	Sin x sin x	Sin x cos x	Coſ x sin x	Coſ x cos x
3,42095	—1,56563	**2,50**	3,62088	—4,84708	3,67000	—4,91284
3812	—1,61526	1	3,60861	—4,93278	3,65660	—4,99838
5498	—1,66556	2	3,59535	—5,01922	3,64220	—5,08463
7152	—1,71652	3	3,58107	—5,10639	3,62681	—5,17160
8773	—1,76815	4	3,56575	—5,19427	3,61039	—5,25929
3,50359	—1,82046	5	3,54938	—5,28288	3,59293	—5,34770
1910	—1,87345	6	3,53195	—5,37221	3,57441	—5,43681
3425	—1,92712	7	3,51342	—5,46226	3,55483	—5,52663
4902	—1,98147	8	3,49379	—5,55301	3,53414	—5,61715
6341	—2,03651	9	3,47304	—5,64448	3,51235	—5,70837
7741	—2,09224	**2,60**	3,45114	—5,73664	3,48943	—5,80028
9100	—2,14867	1	3,42809	—5,82950	3,46536	—5,89289
3,60417	—2,20579	2	3,40385	—5,92306	3,44013	—5,98618
1692	—2,26361	3	3,37842	—6,01730	3,41371	—5,08015
2922	—2,32214	4	3,35178	—6,11223	3,38609	—6,17480
4107	—2,38137	5	3,32389	—6,20783	3,35724	—6,27012
5246	—2,44131	6	3,29476	—6,30411	3,32716	—6,36610
6337	—2,50197	7	3,26435	—6,40105	3,29581	—6,46274
7380	—2,56333	8	3,23264	—6,49865	3,26318	—6,56003
8372	—2,62542	9	3,19963	—6,59690	3,22926	—6,65797
9314	—2,68822	**2,70**	3,16529	—6,69580	3,19401	—6,75655
3,70203	—2,75174	1	3,12959	—6,79533	3,15742	—6,85577
1038	—2,81599	2	3,09252	—6,89550	3,11948	—6,95561
1818	—2,88096	3	3,05406	—6,99629	3,08016	—7,05607
2542	—2,94665	4	3,01419	—7,09770	3,03943	—7,15713
3208	—3,01308	5	2,97289	—7,19972	2,99729	—7,25881
3815	—3,08023	6	2,93014	—7,30233	2,95371	—7,36107
4362	—3,14812	7	2,88591	—7,40554	2,90867	—7,46392
4848	—3,21674	8	2,84019	—7,50933	2,86214	—7,56735
5270	—3,28609	9	2,79296	—7,61369	2,81411	—7,67135
5628	—3,35618	**2,80**	2,74420	—7,71861	2,76457	—7,77591
5920	—3,42700	1	2,69387	—7,82408	2,71347	—7,88101
6145	—3,49857	2	2,64198	—7,93010	2,66082	—7,98665
6302	—3,57087	3	2,58848	—8,03665	2,60657	—8,09282
6388	—3,64390	4	2,53337	—8,14373	2,55072	—8,19951
6403	—3,71768	5	2,47661	—8,25131	2,49324	—8,30671
6345	—3,79220	6	2,41820	—8,35939	2,43411	—8,41440
6212	—3,86745	7	2,35810	—8,46796	2,37331	—8,52258
6003	—3,94345	8	2,29630	—8,57700	2,31082	—8,63122
5717	—4,02018	9	2,23277	—8,68650	2,24661	—8,74033
5351	—4,09766	**2,90**	2,16749	—8,79645	2,18066	—8,84988
4905	—4,17587	1	2,10045	—8,90684	2,11295	—8,95987
4377	—4,25482	2	2,03161	—9,01766	2,04346	—9,07027
3765	—4,33451	3	1,96096	—9,12888	1,97217	—9,18108
3068	—4,41493	4	1,88847	—9,24049	1,89905	—9,29229
2284	—4,49609	5	1,81412	—9,35249	1,82409	—9,40387
1411	—4,57798	6	1,73789	—9,46485	1,74725	—9,51581
0448	—4,66060	7	1,65976	—9,57756	1,66852	—9,62811
3,69393	—4,74395	8	1,57970	—9,69060	1,58788	—9,74073
8244	—4,82804	9	1,49770	—9,80396	1,50529	—9,85367

x	$\mathfrak{Sin}\,x\,\sin x$	$\mathfrak{Sin}\,x\,\cos x$	$\mathfrak{Cof}\,x\,\sin x$	$\mathfrak{Cof}\,x\,\cos x$	x	$\mathfrak{Sin}\,x\,\sin x$	$\mathfrak{Sin}\,x\,\cos x$
3,00	1,41372	— 9,91762	1,42075	— 9,96691	**3,50**	— 5,80288	—15,49145
1	1,32775	—10,03157	1,33422	—10,08043	1	— 6,01748	—15,58803
2	1,23977	—10,14578	1,24569	—10,19422	2	— 6,23521	—15,68341
3	1,14998	—10,26021	1,15488	—10,30828	3	— 6,45608	—15,77753
4	1,05766	—10,37493	1,06251	—10,42252	4	— 6,68011	—15,87037
5	0,96349	—10,48984	0,96782	—10,53700	5	— 6,90732	—15,96186
6	0,86721	—10,60494	0,87103	—10,65167	6	— 7,13773	—16,05197
7	0,76880	—10,72021	0,77212	—10,76651	7	— 7,37135	—16,14065
8	0,66824	—10,83564	0,67107	—10,88151	8	— 7,60821	—16,22785
9	0,56550	—10,95120	0,56785	—10,99664	9	— 7,84831	—16,31353
3,10	0,46057	—11,06687	0,46244	—11,11188	**3,60**	— 8,09169	—16,39764
1	0,35341	—11,18264	0,35482	—11,22722	1	— 8,33835	—16,48012
2	0,24400	—11,29848	0,24496	—11,34262	2	— 8,58831	—16,56094
3	0,13233	—11,41436	0,13284	—11,45808	3	— 8,84158	—16,64003
4	+0,01836	—11,53028	+0,01843	—11,57356	4	— 9,09819	—16,71736
5	—0,09791	—11,64619	—0,09828	—11,68905	5	— 9,35815	—16,79286
6	—0,21653	—11,76209	—0,21731	—11,80451	6	— 9,62147	—16,86649
7	—0,33751	—11,87795	—0,33870	—11,91993	7	— 9,88817	—16,93819
8	—0,46087	—11,99373	—0,46247	—12,03529	8	—10,15826	—17,00791
9	—0,58664	—12,10943	—0,58864	—12,15055	9	—10,43176	—17,07560
3,20	—0,71484	—12,22500	—0,71722	—12,26569	**3,70**	—10,70867	—17,14120
1	—0,84550	—12,34043	—0,84825	—12,38070	1	—10,98902	—17,20465
2	—0,97862	—12,45570	—0,98175	—12,49553	2	—11,27281	—17,26590
3	—1,11425	—12,57076	—1,11774	—12,61017	3	—11,56006	—17,32490
4	—1,25240	—12,68561	—1,25625	—12,72458	4	—11,85078	—17,38158
5	—1,39310	—12,80020	—1,39729	—12,83874	5	—12,14498	—17,43589
6	—1,53636	—12,91451	—1,54089	—12,95263	6	—12,44267	—17,48776
7	—1,68221	—13,02851	—1,68708	—13,06621	7	—12,74386	—17,53715
8	—1,83068	—13,14219	—1,83587	—13,17946	8	—13,04857	—17,58398
9	—1,98178	—13,25548	—1,98729	—13,29232	9	—13,35679	—17,62820
2,30	—2,13554	—13,36838	—2,14136	—13,40480	**3,80**	—13,66854	—17,66975
1	—2,29198	—13,48085	—2,29810	—13,51685	1	—13,98383	—17,70856
2	—2,45113	—13,59287	—2,45754	—13,62845	2	—14,30267	—17,74457
3	—2,61300	—13,70439	—2,61970	—13,73955	3	—14,62505	—17,77772
4	—2,77762	—13,81539	—2,78460	—13,85013	4	—14,95150	—17,80794
5	—2,94501	—13,92583	—2,95226	—13,96015	5	—15,28051	— 3516
6	—3,11519	—14,03568	—3,12271	—14,06959	6	—15,61359	— 5933
7	—3,28819	—14,14491	—3,29597	—14,17840	7	—15,95025	— 8037
8	—3,46401	—14,25347	—3,47205	—14,28656	8	—16,29048	— 9822
9	—3,64270	—14,36134	—3,65099	—14,39402	9	—16,63430	—17,91281
3,40	—3,82427	—14,46849	—3,83279	—14,50075	**3,90**	—16,98171	— 2407
1	—4,00873	—14,57486	—4,01749	—14,60672	1	—17,33270	— 3193
2	—4,19612	—14,68043	—4,20511	—14,71189	2	—17,68728	— 3632
3	—4,38645	—14,78516	—4,39566	—14,81621	3	—18,04545	— 3717
4	—4,57974	—14,88902	—4,58917	—14,91966	4	—18,40721	— 3441
5	—4,77602	—14,99195	—4,78566	—15,02220	5	—18,77256	— 2796
6	—4,97530	—15,09393	—4,98514	—15,12378	6	—19,14150	— 1776
7	—5,17768	—15,19491	—4,18764	—15,22436	7	—19,51402	— 0372
8	—5,38296	—15,29485	—5,39319	—15,32391	8	—19,89013	—17,88578
9	—5,59138	—15,39371	—5,60179	—15,42238	9	—20,26982	—17,86386

$\mathfrak{Cof}\ x\ \sin x$	$\mathfrak{Cof}\ x\ \cos x$	x	$\mathfrak{Sin}\ x\ \sin x$	$\mathfrak{Sin}\ x\ \cos x$	$\mathfrak{Cof}\ x\ \sin x$	$\mathfrak{Cof}\ x\ \cos x$
— 5,81347	—15,51973	4,00	—20,65308	—17,83788	—20,66694	—17,84985
— 6,02825	—15,61592	1	—21,03991	—17,80777	—21,05375	—17,81948
— 6,24614	—15,71091	2	—21,43031	—17,77345	—21,44412	—17,78491
— 6,46718	—15,80466	3	—21,82426	—17,73483	—21,83805	—17,74604
— 6,69136	—15,89711	4	—22,22176	—17,69186	—22,23553	—17,70282
— 6,91873	—15,98822	5	—22,62280	—17,64443	—22,63654	—17,65514
— 7,14928	—16,07795	6	—23,02738	—17,59248	—23,04108	—17,60295
— 7,38305	—16,16626	7	—23,43547	—17,53591	—23,44914	—17,54614
— 7,62004	—16,25309	8	—23,84707	—17,47466	—23,86071	—17,48465
— 7,86028	—16,33840	9	—24,26217	—17,40864	—24,27577	—17,41840
— 8,10378	—16,42214	4,10	—24,68046	—17,33776	—24,69402	—17,34728
— 8,35056	—16,50426	1	—25,10281	—17,26194	—25,11633	—17,27124
— 8,60064	—16,58471	2	—25,52832	—17,18110	—25,54179	—17,19017
— 8,85403	—16,66345	3	—25,95726	—17,09515	—25,97069	—17,10399
— 9,11074	—16,74042	4	—26,38963	—17,00400	—26,40301	—17,01263
— 9,37080	—16,81556	5	—26,82540	—16,90758	—26,83873	—16,91599
— 9,63422	—16,88884	6	—27,26455	—16,80579	—27,27783	—16,81398
— 9,90101	—16,96019	7	—27,70706	—16,69854	—27,72030	—16,70651
—10,17119	—17,02957	8	—28,15292	—16,58575	—28,16610	—16,59351
—10,44478	—17,09691	9	—28,60209	—16,46732	—28,61522	—16,47488
—10,72177	—17,16216	4,20	—29,05456	—16,34317	—29,06763	—16,35052
—11,00220	—17,22528	1	—29,51030	—16,21321	—29,52331	—16,22036
—11,28606	—17,28619	2	—29,96928	—16,07734	—29,98223	—16,08429
—11,57338	—17,34486	3	—30,43148	—15,93548	—30,44437	—15,94223
—11,86416	—17,40121	4	—30,89687	—15,78753	—30,90970	—15,79408
—12,15842	—17,45518	5	—31,36542	—15,63339	—31,37818	—15,63976
—12,45617	—17,50673	6	—31,83709	—15,47298	—31,84979	—15,47916
—12,75742	—17,55580	7	—32,31186	—15,30621	—32,32450	—15,31219
—13,06217	—17,60231	8	—32,78969	—15,13296	—32,80226	—15,13876
—13,37044	—17,64621	9	—33,27056	—14,95315	—33,28305	—14,95877
—13,68223	—17,68744	4,30	—33,75440	—14,76669	—33,76684	—14,77213
—13,99756	—17,72594	1	—34,24121	—14,57347	—34,25357	—14,57873
—14,31643	—17,76164	2	—34,73093	—14,37341	—34,74322	—14,37849
—14,63885	—17,79448	3	—35,22353	—14,16639	—35,23575	—14,17131
—14,96432	—17,82440	4	—35,71896	—13,95233	—35,73110	—13,95707
—15,29436	—17,85132	5	—36,21718	—13,73112	—36,22925	—13,73570
—15,62746	—17,87519	6	—13,71815	—13,50267	—36,73015	—13,50708
—15,96413	—17,89594	7	—37,22182	—13,26687	—37,23374	—13,27111
—16,30438	—17,91350	8	—37,72815	—13,02362	—37,73999	—13,02771
—16,64821	—17,92779	9	—38,23708	—12,77282	—38,24884	—12,77675
—16,99563	—17,93876	4,40	—38,74857	—12,51438	—38,76025	—12,51815
—17,34662	—17,94634	1	—39,26256	—12,29818	—39,27416	—12,30180
—17,70121	—17,95045	2	—39,77899	—11,97413	—39,79052	—11,97760
—18,05938	—17,95102	3	—40,29783	—11,69212	—40,30927	—11,69544
—18,42114	—17,94798	4	—40,81900	—11,40205	—40,83036	—11,40522
—18,78648	—17,94126	5	—41,34246	—11,10381	—41,35374	—11,10684
—19,15541	—17,93078	6	—41,86813	—10,79730	—41,87933	—10,80019
—19,52793	—17,91648	7	—42,39597	—10,48241	—42,40708	—10,48516
—19,90402	—17,89827	8	—42,92590	—10,15905	—42,93693	—10,16166
—20,28369	—17,87609	9	—43,45787	— 9,82709	—43,46881	— 9,82957

x	$\mathfrak{Sin}$ x sin x	$\mathfrak{Sin}$ x cos x	$\mathfrak{Cof}$ x sin x	$\mathfrak{Cof}$ x cos x	x	$\mathfrak{Sin}$ x sin x	$\mathfrak{Sin}$ x cos x
4,50	−43,99180	− 9,48645	−44,00266	− 9,48879	**5,00**	−71,15526	21,04864
1	−44,52763	− 9,13700	−44,53840	− 9,13921	1	−71,65425	21,97734
2	−45,06528	− 8,77864	−45,07597	− 8,78072	2	−72,14885	22,92136
3	−45,60469	− 8,41127	−45,61530	− 8,41323	3	−72,63887	23,87931
4	−46,14579	− 8,03478	−46,15630	− 8,03661	4	−73,12410	24,85180
5	−46,68849	− 7,64905	−46,69892	− 7,65076	5	−73,60437	25,83890
6	−47,23272	− 7,25399	−47,24306	− 7,25557	6	−74,07947	26,84074
7	−47,77841	− 6,84947	−47,78866	− 6,85094	7	−74,54920	27,85738
8	−48,32546	− 6,43540	−48,33562	− 6,43675	8	−75,01335	28,88894
9	−48,87380	− 6,01166	−48,88388	− 6,01290	9	−75,47173	29,93550
4,60	−49,42334	− 5,57815	−49,43333	− 5,57927	**5,10**	−75,92372	31,49716
1	−49,97400	− 5,13474	−49,98390	− 5,13576	1	−76,37031	32,07401
2	−50,52568	− 4,68134	−50,53549	− 4,68225	2	−76,81009	33,16613
3	−51,07830	− 4,21784	−51,08803	− 4,21864	3	−77,24323	34,27361
4	−51,63177	− 3,74411	−51,64140	− 3,74481	4	−77,66951	35,39654
5	−52,18598	− 3,26006	−52,19553	− 3,26066	5	−78,08872	36,53501
6	−52,74085	− 2,76557	−52,75030	− 2,76606	6	−78,50062	37,68909
7	−53,29627	− 2,26053	−53,30563	− 2,26093	7	−78,90498	38,85888
8	−53,85214	− 1,74483	−53,86141	− 1,74513	8	−79,30156	40,04444
9	−54,40836	− 1,21835	−54,41754	− 1,21856	9	−79,69014	41,24587
4,70	−54,96482	− 0,68099	−54,97391	− 0,68111	**5,20**	−80,07047	42,46324
1	−55,52142	− 0,13264	−55,53042	− 0,13266	1	−80,44230	43,69662
2	−56,07804	+ 0,42682	−56,08696	+ 0,42689	2	−80,80539	44,94610
3	−56,63458	0,99750	−56,64341	0,99765	3	−81,15950	46,21173
4	−57,19092	1,57950	−57,19966	1,57974	4	−81,50436	47,49360
5	−57,74695	2,17295	−57,75559	2,17327	5	−81,83972	48,79177
6	−58,30254	2,77794	−58,31109	2,77835	6	−82,16532	50,10630
7	−58,85757	3,39460	−58,86604	3,39509	7	−82,48090	51,43727
8	−59,41192	4,02303	−59,42030	4,02360	8	−82,78619	52,78474
9	−59,96547	4,66335	−59,97376	4,66399	9	−83,08092	54,14877
4,80	−60,51809	5,31566	−60,52629	5,31638	**5,30**	−83,36483	55,52941
1	−61,06964	5,98007	−61,07775	5,98087	1	−83,63762	56,92673
2	−61,62000	6,65671	−61,62802	6,65757	2	−83,89903	58,34077
3	−62,16902	7,34566	−62,17695	7,34660	3	−84,14877	59,77159
4	−62,71658	8,04705	−62,72442	8,04806	4	−84,38656	61,21925
5	−63,26252	8,76099	−63,27028	8,76207	5	−84,61210	62,68388
6	−63,80672	9,48758	−63,81438	9,48872	6	−84,82510	64,16524
7	−64,34901	10,22694	−64,35659	10,22814	7	−85,02527	65,66366
8	−64,88926	10,97916	−64,89675	10,98043	8	−85,21231	67,17909
9	−65,42731	11,74437	−65,43471	11,74570	9	−85,38591	68,71156
4,90	−65,96302	12,52266	−65,97034	12,52405	**5,40**	−85,54576	70,26110
1	−66,49621	12,31414	−66,50344	13,31559	1	−85,69157	71,82776
2	−67,02675	14,11893	−67,03389	14,12043	2	−85,82300	73,41156
3	−67,55446	14,93712	−67,56151	14,93868	3	−85,93976	75,01252
4	−68,07918	15,76883	−68,08615	15,77044	4	−86,04151	76,63067
5	−68,60075	16,61415	−68,60763	16,61582	5	−86,12793	78,26603
6	−69,11899	17,47319	−69,12579	17,47491	6	−86,19870	79,91861
7	−69,63374	18,34606	−69,64046	18,34783	7	−86,25348	81,58843
8	−70,14482	19,23286	−70,15145	19,23468	8	−86,29195	83,27551
9	−70,65205	20,13369	−70,65860	20,13555	9	−86,31376	84,97984

Coſ x sin x	Coſ x cos x	x	Sin x sin x	Sin x cos x	Coſ x sin x	Coſ x cos x
−71,16172	21,05056	5,50	−86,31857	86,70144	−86,32145	86,70434
−71,66063	21,97979	1	−86,30604	88,44030	−86,30887	88,44320
−72,15515	22,92336	2	−86,27583	90,19642	−86,27859	90,19932
−72,64508	23,88135	3	−86,22757	91,96980	−86,23028	91,97269
−73,13023	24,85588	4	−86,16092	93,76042	−86,16357	93,76332
−73,61042	25,84103	5	−86,07551	95,56828	−86,07811	95,57117
−74,08543	26,84290	6	−85,97099	97,39335	−85,97354	97,39624
−74,55508	27,85958	7	−85,84699	99,23562	−85,84949	99,23850
−75,01916	28,89118	8	−85,70315	101,09505	−85,70559	101,09793
−75,47746	29,93778	9	−85,53588	102,96778	−85,53827	102,97066
−75,92936	31,49947	5,60	−85,35442	104,86531	−85,35675	104,86818
−76,37588	32,07634	1	−85,14878	106,77607	−85,15106	106,77893
−76,81557	33,16849	2	−84,92179	108,70385	−84,92402	108,70671
−77,24864	34,27601	3	−84,67306	110,64862	−84,67524	110,65147
−77,67484	35,39897	4	−84,40219	112,61033	−84,40432	112,61317
−78,09397	36,53746	5	−84,10880	114,58891	−84,11089	114,59175
−78,50579	37,69158	6	−83,79250	116,58437	−83,79453	116,58714
−78,91008	38,86139	7	−83,45287	118,59648	−83,45486	118,59930
−79,30659	40,04698	8	−83,08953	120,62534	−83,09147	120,62815
−79,69509	41,24843	9	−82,70206	122,67081	−82,70395	122,67361
−80,07534	42,46583	5,70	−82,29006	124,73282	−82,29190	124,73562
−80,44710	43,69923	1	−81,85311	126,81130	−81,85490	126,81408
−80,81012	44,94872	2	−81,39079	128,90614	−81,39254	128,90891
−81,16415	46,21438	3	−80,90269	131,01726	−80,90440	131,02002
−81,50894	47,49627	4	−80,38839	133,14456	−80,39005	133,14731
−81,84422	48,79445	5	−79,84746	135,28794	−79,84908	135,29068
−82,16975	50,10901	6	−79,27947	137,44728	−79,28105	137,45001
−82,48526	51,44000	7	−78,68399	139,62249	−78,68552	139,62521
−82,79048	52,78748	8	−78,06059	141,81343	−78,06208	141,81613
−83,08515	54,15152	9	−77,40882	144,01998	−77,41027	144,02267
−83,36898	55,53218	5,80	−76,72824	146,24201	−76,72965	146,24469
−83,64171	56,92951	1	−76,01842	148,47939	−76,01979	148,48206
−83,90305	58,34356	2	−75,27890	150,73197	−75,28023	150,73463
−84,15272	59,77440	3	−74,50924	152,99961	−74,51052	153,00225
−84,39044	61,22207	4	−73,70897	155,28215	−73,71022	155,28478
−84,61591	62,68661	5	−72,87764	157,57943	−72,87885	157,58205
−84,82885	64,16807	6	−72,01480	159,89129	−72,01597	159,89389
−85,02896	65,66650	7	−71,11998	162,21755	−71,12112	162,22013
−85,21593	67,18194	8	−70,19272	164,55803	−70,19382	164,56060
−85,38946	68,71442	9	−69,23254	166,91255	−69,23360	166,91511
−85,54925	70,26397	5,90	−68,23898	169,28092	−68,24001	169,28346
−85,69499	71,83063	1	−67,21157	171,66293	−67,21256	171,66546
−85,82637	73,41443	2	−66,14982	174,05839	−66,15077	174,06090
−85,94306	75,01540	3	−65,05325	176,46708	−65,05417	176,46957
−86,04475	76,63355	4	−63,92140	178,88877	−63,92228	178,89125
−86,13111	78,26892	5	−62,75376	181,32325	−62,75461	181,32571
−86,20182	79,92150	6	−61,54986	183,77028	−61,55068	183,77273
−86,25654	81,59133	7	−60,30921	186,22962	−60,30999	186,23205
−86,29495	83,27840	8	−59,03131	188,70102	−59,03206	188,70344
−86,31670	84,98274	9	−57,71566	191,18423	−57,71639	191,18663

x	Sin x sin x	Sin x cos x	Cos x sin x	Cos x cos x	x	Sin x sin x	Sin x cos x
6,00	−56,36178	193,67898	−56,34247	193,68136	**6,50**	71,54247	324,78381
1	−54,96917	196,18500	−54,96983	196,18736	1	75,53830	327,30895
2	−53,53731	198,70202	−53,53794	198,70436	2	79,59959	329,81898
3	−52,06572	201,22974	−52,06632	201,23207	3	83,72684	332,31309
4	−50,55387	203,76787	−50,55445	203,77018	4	87,92056	334,79046
5	−49,00128	206,31612	−49,00182	206,31841	5	92,18123	337,25024
6	−47,40742	208,87416	−47,40793	208,87644	6	96,50936	339,69158
7	−45,77178	211,44169	−45,77227	211,44395	7	100,90542	342,11362
8	−44,09386	214,01837	−44,09432	214,02061	8	105,36991	344,51548
9	−42,37313	216,60386	−42,37356	216,60609	9	109,90330	446,89626
6,10	−40,60908	219,19783	−40,60949	219,20004	**6,60**	114,50607	349,25506
1	−38,80119	221,79993	−38,80157	221,80211	1	119,17869	351,59095
2	−36,94892	224,40968	−36,94928	224,41185	2	123,92162	353,90301
3	−35,05181	227,02702	−35,05214	227,02917	3	128,73534	356,19029
4	−33,10927	229,65127	−33,10957	229,65340	4	133,58204	358,45181
5	−31,12080	232,28214	−31,12108	232,28426	5	138,57694	360,68662
6	−29,08587	234,91924	−29,08613	234,92133	6	143,60573	362,89370
7	−27,00396	237,56215	−27,00419	237,56423	7	148,70709	365,07206
8	−24,87453	240,21046	−24,87475	240,21252	8	153,88146	367,22068
9	−22,69707	242,86375	−22,69726	242,86579	9	159,12928	369,33852
6,20	−20,47103	245,52157	−20,47120	245,52359	**6,70**	164,45097	371,42454
1	−18,19588	248,18349	−18,19603	248,18549	1	169,84694	373,47766
2	−15,87110	250,84904	−15,87123	250,85103	2	175,31761	375,49681
3	−13,49615	253,51777	−13,49625	253,51974	3	180,86337	377,48090
4	−11,07049	256,18920	−11,07058	256,19115	4	186,48463	379,42881
5	− 8,59360	258,86284	− 8,59366	258,86477	5	192,18178	381,33942
6	− 6,06493	261,53818	− 6,06497	261,54010	6	197,95519	383,21160
7	− 3,48395	264,21477	− 3,48398	264,21667	7	203,80525	385,04419
8	− 0,85014	266,89204	− 0,85014	266,89391	8	209,73231	386,83601
9	+ 1,83706	269,56948	+ 1,83707	269,57133	9	215,73674	388,58588
6,30	4,57817	272,24655	4,57820	272,24838	**6,80**	221,81889	390,29261
1	7,37374	274,92270	7,37378	274,92451	1	227,97910	391,95497
2	10,50207	277,59737	10,50213	277,59917	2	234,21769	393,57173
3	13,13035	280,27003	13,13043	280,27178	3	240,53500	395,14165
4	16,09247	282,94001	16,09257	282,94177	4	246,93134	396,66346
5	19,11118	285,60679	19,11129	285,60853	5	253,40701	398,13588
6	22,18701	288,26975	22,18714	288,27147	6	259,96231	399,55762
7	25,32049	290,92827	25,32064	290,92998	7	266,59751	400,92736
8	28,51216	293,58173	28,51233	293,58342	8	273,31290	402,24379
9	31,76255	296,22948	31,76263	296,23115	9	280,10874	403,50555
6,40	35,07218	298,87088	35,07238	298,87253	**6,90**	286,98528	404,71128
1	38,44159	301,50527	38,44180	301,50690	1	293,94277	405,85962
2	41,87130	304,13196	41,87152	304,13358	2	300,98142	406,94917
3	45,36184	306,75028	45,36207	306,75188	3	308,10146	407,97852
4	48,91372	309,35953	48,91397	309,36110	4	315,30310	408,94625
5	52,52748	311,95899	52,52774	311,96055	5	322,58652	409,85092
6	56,20363	314,54795	56,20390	314,54949	6	329,95192	410,69107
7	59,94269	317,12566	59,94298	317,12718	7	337,39945	411,46522
8	63,74517	319,69139	63,74547	319,69289	8	344,92927	412,17190
9	67,61160	322,24436	67,61191	322,24585	9	352,54153	412,80958

Coſ x sin x	Coſ x cos x	x	Sin x sin x	Sin x cos x	Coſ x sin x	Coſ x cos x
71,54279	324,78578	7,00	360,23634	413,37676	360,23694	413,37745
75,33863	327,31040	1	368,01384	413,87189	368,01444	413,87256
79,59993	329,82042	2	375,87410	414,26841	375,87470	414,26908
83,72720	332,31451	3	383,81722	414,43976	383,81783	414,64041
87,92093	334,79186	4	391,84327	414,90935	391,84388	414,90998
92,18161	337,25162	5	399,95230	415,10057	399,95291	415,10117
96,50975	339,69294	6	408,14435	415,21178	408,14496	415,21239
100,90582	342,11496	7	416,41944	415,24137	416,42005	415,24197
105,37032	344,51680	8	424,77758	415,18768	424,77818	415,18826
109,90371	346,89757	9	433,21276	415,04902	433,21336	415,04960
114,50649	349,25635	7,10	441,74294	414,82373	441,74354	414,82429
119,17912	351,59223	1	450,35008	414,51008	450,35068	414,51063
123,92206	353,90427	2	459,04013	414,10636	459,04073	414,10690
128,73579	356,19153	3	467,81299	413,61083	467,81359	413,61136
133,58250	358,45304	4	476,66858	413,02174	476,66918	413,02226
138,57741	360,68782	5	485,60677	412,33731	485,60737	412,33782
143,60620	362,89489	6	494,62743	411,55576	494,62802	411,55626
148,70756	365,07324	7	503,73039	410,67529	503,73099	410,67577
143,88195	367,22184	8	512,91549	409,69406	512,91608	409,69454
159,12977	369,33966	9	522,18252	408,61025	522,18312	408,61071
164,45146	371,42566	7,20	531,53128	407,42201	531,53187	407,42246
169,84744	373,47877	1	540,96152	406,12745	540,96211	406,12789
175,31812	375,49790	2	550,47298	404,72470	550,47357	404,72514
180,86389	377,48197	3	560,06539	403,21186	560,06598	403,21228
186,48515	379,42987	4	569,73843	401,58700	569,73902	401,58741
192,18231	381,34047	5	579,49480	399,84819	579,49238	399,84859
197,95573	383,21263	6	589,32511	397,99388	589,32569	397,99387
203,80579	385,04520	7	599,23805	396,02091	599,23863	396,02129
209,73285	386,83701	8	609,23018	393,92848	609,23076	393,92886
215,73729	388,58687	9	619,30109	391,71421	619,30167	391,71458
221,81944	390,29358	7,30	629,45035	389,37608	629,45092	389,37643
227,97965	391,95592	1	639,67747	386,91205	639,67805	386,91240
234,21825	393,57267	2	649,98198	384,32009	649,98255	384,32043
240,53557	395,14257	3	667,99026	381,59813	667,99083	381,59846
246,93191	396,66437	4	670,82104	378,74410	670,82160	378,74442
253,40758	398,13677	5	681,35447	375,75590	681,35503	375,75621
259,96288	399,55850	6	691,96305	372,63143	691,96361	372,63173
266,59809	400,92823	7	702,64616	369,36856	702,64671	369,36886
273,31348	402,24464	8	713,40313	365,96517	713,40369	365,96545
280,10933	403,50638	9	724,23330	362,41909	724,23385	362,41937
286,98587	404,71211	7,40	735,13595	358,72817	735,13650	358,72843
293,94335	405,86043	1	746,11034	354,89021	746,11089	354,89047
300,98201	406,94997	2	757,15571	350,90303	757,15626	350,90329
308,10205	407,97930	3	768,27126	346,76444	768,27180	346,76467
315,30369	408,94702	4	779,45616	342,47216	779,45669	342,47240
322,58711	409,85167	5	790,70954	338,02400	790,71007	338,02423
329,95251	410,69181	6	802,03054	333,41770	802,03107	333,41792
337,40004	411,46595	7	813,41721	328,65099	813,41874	328,65121
344,92987	412,17261	8	824,87161	323,72160	824,87213	323,72181
352,54213	412,81028	9	836,38975	318,62723	836,39027	318,62743

x	Sin x sin x	Sin x cos x	Cof x sin x	Cof x cos x	x	Sin x sin x	Sin x cos x
7,50	847,97161	313,36558	847,97213	313,36577	**8,00**	1474,61752	— 216,86472
1	859,61515	307,93434	859,61666	307,93452	1	1487,17280	— 233,92742
2	871,32226	302,33117	871,32278	302,33134	2	1499,68128	— 251,28756
3	883,08885	296,55374	883,08935	296,55391	3	1512,13951	— 268,94763
4	894,91474	290,59969	894,91524	290,59985	4	1524,54394	— 286,91013
5	906,79874	284,46665	906,79924	284,46681	5	1536,89098	— 305,17754
6	918,73973	278,15225	918,74023	278,15240	6	1549,17699	— 323,75233
7	930,73616	271,65411	930,73666	271,65425	7	1561,39824	— 342,63695
8	942,78701	264,96981	942,78751	264,96995	8	1573,55095	— 361,83384
9	954,89086	258,09696	954,89134	258,09709	9	1585,63129	— 381,34545
7,60	967,04632	251,03313	967,04680	251,03326	**8,10**	1597,63536	— 401,17418
1	979,25198	243,77589	979,25246	243,77601	1	1609,05919	— 421,32244
2	991,50639	236,32280	991,50687	236,32291	2	1621,39875	— 441,79261
3	1003,80807	228,67140	1003,80854	228,67151	3	1633,14994	— 462,58706
4	1016,15547	220,81924	1016,15594	220,81934	4	1644,80862	— 483,70813
5	1028,54704	212,76385	1028,54751	212,76395	5	1656,37054	— 505,15817
6	1040,98116	204,50275	1040,98171	204,50284	6	1667,83143	— 526,93947
7	1053,45617	196,03346	1053,45663	196,03354	7	1679,18692	— 549,05435
8	1065,97049	187,35347	1065,97084	187,35355	8	1690,43260	— 571,50505
9	1078,52207	178,46028	1078,52252	178,46036	9	1701,56397	— 594,29385
7,70	1091,10944	169,35140	1091,10989	169,35146	**8,20**	1712,57648	— 617,42295
1	1103,73068	160,02428	1103,73113	160,02435	1	1723,46549	— 640,89457
2	1116,38392	150,47643	1116,38436	150,47649	2	1734,22632	— 664,71088
3	1129,06725	140,70529	1129,06769	140,70535	3	1744,85421	— 688,87403
4	1141,77872	130,70834	1141,77916	130,70839	4	1755,34431	— 694,43844
5	1154,51633	120,48304	1154,51676	120,48308	5	1765,69173	— 738,24933·
6	1167,27803	110,02683	1167,27845	110,02687	6	1775,89149	— 763,46565
7	1180,06173	99,33716	1180,06215	99,33720	7	1785,93856	— 789,03715
8	1192,86530	88,41148	1192,86571	88,41151	8	1795,82781	— 814,96584
9	1205,68654	77,24723	1205,68695	77,24726	9	1805,55406	— 841,25368
7,80	1218,52323	65,84184	1218,52364	65,84186	**8,30**	1815,11206	— 867,90264
1	1231,37308	54,19275	1231,37349	54,19277	1	1824,49646	— 894,91461
2	1244,23377	42,29738	1244,23417	42,29739	2	1833,70188	— 922,29148
3	1257,10291	30,15316	1257,10331	30,15317	3	1842,72284	— 950,03509
4	1269,97808	17,75753	1269,97847	17,75753	4	1851,55378	— 978,14723
5	1282,85679	+ 5,10789	1282,85718	+ 5,10789	5	1860,18909	—1006,62969
6	1295,73653	— 7,79831	1295,73691	— 7,79831	6	1868,62306	—1035,48418
7	1308,61470	— 20,96366	1308,61508	— 20,96367	7	1876,84993	—1064,71239
8	1321,48867	— 34,39074	1321,48905	— 34,39075	8	1884,86386	—1094,31597
9	1334,35576	— 48,08211	1334,35613	— 48,08212	9	1892,65891	—1124,29652
7,90	1347,21323	— 62,04035	1347,21360	— 62,04037	**8,40**	1900,27909	—1154,65559
1	1360,05829	— 76,26804	1360,05865	— 76,26806	1	1907,56835	—1185,39471
2	1372,88808	— 90,76773	1372,88845	— 90,76776	2	1914,67051	—1216,51534
3	1385,69972	—105,54201	1385,70008	—105,54204	3	1921,52937	—1248,01890
4	1398,49025	—120,59342	1398,49061	—120,59345	4	1928,13861	—1279,90676
5	1411,25665	—135,92453	1411,25701	—135,92457	5	1934,49187	—1312,18023
6	1423,99587	—151,53790	1423,99622	—151,53793	6	1940,58268	—1344,84062
7	1436,70477	—167,43606	1436,70511	—167,43610	7	1946,40452	—1377,88910
8	1449,38018	—183,62156	1449,38052	—183,62160	8	1951,95078	—1411,32687
9	1462,01886	—200,09694	1462,01920	—200,09698	9	1957,21476	—1445,15502

$\mathfrak{Cof}\ x\ \sin x$	$\mathfrak{Cof}\ x\ \cos x$	x	$\mathfrak{Sin}\ x\ \sin x$	$\mathfrak{Sin}\ x\ \cos x$	$\mathfrak{Cof}\ x\ \sin x$	$\mathfrak{Cof}\ x\ \cos x$
1474,61785	— 216,86477	8,50	1962,18971	—1479,37461	1962,18987	—1479,37473
1487,17312	— 233,92747	1	1966,86877	—1513,98663	1966,86893	—1513,98675
1499,68161	— 251,28761	2	1971,24503	—1548,99202	1971,24519	—1548,99214
1512,13983	— 268,94769	3	1975,31149	—1584,39166	1975,31164	—1584,39178
1524,54426	— 286,91019	4	1979,06106	—1620,18635	1979,06121	—1620,18647
1536,89130	— 305,17760	5	1982,48659	—1656,37649	1982,48674	—1656,37697
1549,17730	— 323,75239	6	1985,58083	—1692,96384	1985,58098	—1692,96396
1561,39854	— 342,63701	7	1988,33648	—1729,94794	1988,33662	—1729,94806
1573,55125	— 362,83391	8	1990,74613	—1767,32970	1990,74627	—1767,32982
1585,63159	— 381,34552	9	1992,80230	—1805,10960	1992,80244	—1805,10973
1597,63566	— 401,17426	8,60	1994,49745	—1843,28806	1994,49759	—1843,28819
1609,05948	— 421,32252	1	1995,82394	—1881,86542	1995,82407	—1881,86554
1621,39904	— 441,79269	2	1996,77044	—1920,84193	1996,77417	—1920,84206
1633,15023	— 426,58714	3	1997,34497	—1960,21779	1997,34010	—1960,21792
1644,80889	— 483,70821	4	1997,51385	—1999,99311	1997,51397	—1999,99324
1656,37082	— 505,15825	5	1997,28772	—2040,16793	1997,28784	—2040,16806
1667,83170	— 526,93956	6	1996,65335	—2080,74220	1996,65367	—2080,74232
1679,18719	— 549,05443	7	1995,60323	—2121,71579	1995,60335	—2121,71592
1690,43286	— 571,50514	8	1994,12856	—2163,08850	1994,12868	—2163,08862
1701,56423	— 594,29394	9	1992,22127	—2204,86002	1992,22138	—2204,86015
1712,57673	— 617,42304	8,70	1989,87299	—2247,02999	1989,87310	—2247,03011
1723,46575	— 640,89466	1	1987,07530	—2289,59791	1987,07541	—2289,59804
1734,22657	— 664,71097	2	1983,81969	—2332,56325	1983,81979	—2332,56337
1744,85445	— 688,87412	3	1980,09756	—2375,92534	1980,09766	—2375,92547
1755,34455	— 694,43854	4	1975,90023	—2419,68345	1975,90033	—2419,68357
1765,69197	— 738,24943	5	1971,21896	—2463,83672	1971,21906	—2463,83685
1775,89173	— 763,46576	6	1966,04482	—2508,38423	1966,04502	—2508,38436
1785,93879	— 789,03726	7	1960,36920	—2553,32495	1960,36929	—2553,32507
1795,82804	— 814,96594	8	1954,18280	—2598,65772	1954,18289	—2598,65785
1805,55429	— 841,25379	9	1947,47666	—2644,38133	1947,47675	—2644,38145
1815,11228	— 867,90274	8,80	1940,24165	—2690,49442	1940,24173	—2690,49454
1824,49669	— 894,91472	1	1932,46852	—2736,99555	1932,46861	—2736,99568
1833,70210	— 922,29159	2	1924,14799	—2783,88317	1924,14808	—2783,88329
1842,72305	— 950,03520	3	1915,27068	—2831,15561	1915,27076	—2831,15573
1851,55399	— 978,14735	4	1905,82713	—2878,81109	1905,82721	—2878,81121
1860,18930	—1006,62980	5	1895,80782	—2926,84772	1895,80789	—2926,84784
1868,62327	—1035,48429	6	1885,20312	—2975,26351	1885,20320	—2975,26363
1876,85014	—1064,71251	7	1874,00337	—3024,05633	1874,00344	—3024,05645
1884,86406	—1094,31609	8	1862,19880	—3073,22394	1862,19887	—3073,22406
1892,65911	—1124,29664	9	1849,77958	—3122,76398	1849,77965	—3122,76410
1900,27928	—1154,65571	8,90	1836,73580	—3172,67397	1836,73587	—3172,67409
1907,56854	—1185,39483	1	1823,05748	—3222,95129	1823,05754	—3222,95141
1914,67070	—1216,51546	2	1808,73456	—3273,59321	1808,73462	—3273,59333
1921,52955	—1248,01902	3	1793,75692	—3324,59687	1793,75598	—3324,59699
1928,13879	—1279,90688	4	1778,11435	—3375,95927	1778,11441	—3375,95939
1934,49205	—1312,18036	5	1761,79658	—3427,67728	1761,79664	—3427,67740
1940,58286	—1344,84074	6	1744,79328	—3479,74764	1744,79333	—3479,74775
1946,40469	—1377,88923	7	1727,09401	—3532,16694	1727,09407	—3532,16706
1951,95095	—1411,32699	8	1708,68831	—3584,93166	1708,68837	—3584,93177
1957,21493	—1445,15514	9	1689,56562	—3638,03810	1689,56567	—3638,03821

x	$\mathfrak{Sin}\,x \sin x$	$\mathfrak{Sin}\,x \cos x$	$\mathfrak{Cof}\,x \sin x$	$\mathfrak{Cof}\,x \cos x$	x	$\mathfrak{Sin}\,x \sin x$
9,00	1669,71531	−3691,48243	1669,71536	−3691,48255	**9,50**	− 501,99922
1	1649,12670	−3745,26070	1649,12675	−3745,26082	1	− 574,29710
2	1627,78904	−3799,36879	1627,78908	−3799,36890	2	− 647,93948
3	1605,69149	−3853,80242	1605,69154	−3853,80253	3	− 722,93864
4	1582,82318	−3908,55717	1582,82322	−3908,55728	4	− 799,30685
5	1559,17315	−3963,62847	1559,17319	−3963,62858	5	− 877,05633
6	1534,73039	−4019,01160	1534,73043	−4019,01171	6	− 956,19928
7	1509,48383	−4074,70166	1509,48387	−4074,70177	7	−1036,74786
8	1483,42231	−4130,69360	1483,42235	−4130,69371	8	−1118,71419
9	1456,53466	−4186,98222	1456,53469	−4186,98232	9	−1202,11036
9,10	1428,80960	−4243,56212	1428,80964	−4243,56223	**9,60**	−1286,94842
1	1400,23583	−4300,42778	1400,23586	−4300,42788	1	−1373,24033
2	1370,80196	−4357,57346	1370,80199	−4357,57357	2	−1460,99805
3	1340,49658	−4414,99329	1340,49661	−4414,99340	3	−1550,23346
4	1309,30819	−4472,68121	1309,30822	−4472,68131	4	−1640,95838
5	1277,22526	−4530,63098	1277,22529	−4530,63108	5	−1733,18458
6	1244,23621	−4588,83617	1244,23623	−4588,83627	6	−1826,92374
7	1210,32938	−4647,29020	1210,32940	−4647,29030	7	−1922,18751
8	1175,49308	−4705,98627	1175,49311	−4705,98637	8	−2018,98743
9	1139,71559	−4764,91743	1139,71562	−4764,91753	9	−2117,33498
9,20	1102,98511	−4824,07616	1102,98513	−4824,07662	**9,70**	−2217,24157
1	1065,28981	−4883,45618	1065,28983	−4883,45628	1	−2318,71849
2	1026,61782	−4943,04889	1026,61784	−4943,04899	2	−2421,77698
3	986,95721	−5002,84691	986,95723	−5002,84701	3	−2526,42817
4	946,29603	−5062,84230	946,29605	−5062,84240	4	−2632,68309
5	904,62228	−5123,02693	904,62230	−5123,02703	5	−2740,55267
6	861,92392	−5183,39247	861,92394	−5183,39257	6	−2850,04774
7	818,18888	−5243,93038	818,18889	−5243,93048	7	−2961,17902
8	773,40505	−5304,63191	773,40506	−5304,63200	8	−3073,95711
9	727,56029	−5365,48810	727,56030	−5365,48819	9	−3188,39251
9,30	680,64243	−5426,48979	680,64244	−5426,48988	**9,80**	−3304,49556
1	632,63927	−5487,62759	632,63928	−5487,62768	1	−3422,27651
2	583,53859	−5548,89189	583,53859	−5548,89198	2	−3541,74546
3	533,32812	−5610,27289	533,32813	−5610,27297	3	−3662,91237
4	481,99559	−5671,76053	481,99560	−5671,76062	4	−3785,78707
5	429,52872	−5733,34455	429,52872	−5733,34464	5	−3910,37924
6	375,91517	−5795,01446	375,91518	−5795,01455	6	−4036,69840
7	321,14262	−5856,75953	321,14262	−5856,75962	7	−4164,75392
8	265,19871	−5918,56881	265,19872	−5918,56890	8	−4294,55502
9	208,07109	−5980,43112	208,07110	−5980,43120	9	−4426,11072
9,40	149,74739	−6042,33501	149,74739	−6042,33509	**9,90**	−4559,42991
1	90,21521	−6104,26884	90,21521	−6104,26892	1	−4694,52128
2	+ 29,46218	−6166,22068	+ 29,46219	−6166,22077	2	−4831,39333
3	− 32,52409	−6228,17840	− 32,52409	−6228,17848	3	−4970,05439
4	− 95,75600	−6290,12960	− 95,75600	−6290,12968	4	−5110,51259
5	−160,24593	−6352,06162	−160,24593	−6352,06170	5	−5252,77586
6	−226,00627	−6413,96157	−226,00628	−6413,96165	6	−5396,85193
7	−293,04941	−6475,81630	−293,04941	−6475,81638	7	−5542,74830
8	−361,38771	−6537,61240	−361,38771	−6537,61248	8	−5690,47229
9	−431,03353	−6599,33620	−431,03354	−6599,33627	9	−5840,03097
					10,00	−5991,43118

XXXV

$\mathfrak{Sin}\ x\ \cos x$	$\mathfrak{Cof}\ x\ \sin x$	$\mathfrak{Cof}\ x\ \cos x$
—6660,97377	— 501,99922	—6660,97384
—6722,51091	— 574,29710	—6722,51099
—6783,93319	— 647,93948	—6783,93326
—6845,22584	— 722,93865	—6845,22591
—6906,37388	— 799,30685	—6906,37395
—6967,36204	— 877,05634	—6967,36211
—7028,17477	— 956,19928	—7028,17484
—7088,79624	—1036,74787	—7088,79631
—7149,21032	—1118,71420	—7149,21039
—7209,40064	—1202,11037	—7209,40071
—7269,35052	—1286,94843	—7269,35058
—7329,04298	—1373,24035	—7329,04305
—7388,46077	—1460,99807	—7388,46084
—7447,58634	—1550,23348	—7447,58640
—7506,40183	—1640,95840	—7506,40189
—7564,88911	—1733,18459	—7564,88917
—7623,02972	—1826,92376	—7623,02979
—7680,80493	—1922,18753	—7680,80499
—7738,19567	—2018,98745	—7738,19573
—7795,18258	—2117,33500	—7795,18264
—7851,74602	—2217,24159	—7851,74607
—7907,86597	—2318,71851	—7907,86603
—7963,52215	—2421,77700	—7963,52221
—8018,69395	—2526,42819	—8018,69400
—8073,36044	—2632,68311	—8073,36049
—8127,50036	—2740,55269	—8127,50041
—8181,09214	—2850,04776	—8181,09220
—8234,11389	—2961,17904	—8234,11395
—8286,54338	—3073,95713	—8286,54343
—8338,35805	—3188,39253	—8338,35810
—8389,53501	—3304,49558	—8389,53506
—8440,05104	—3422,27653	—8440,05109
—8489,88259	—3541,74548	—8489,88264
—8539,00576	—3662,91239	—8539,00581
—8587,39632	—3785,78709	—8587,39637
—8635,02970	—3910,37926	—8635,02975
—8681,88097	—4036,69842	—8681,88102
—8727,92487	—4164,75394	—8727,92492
—8773,13580	—4294,55504	—8773,13584
—8817,48778	—4426,11075	—8817,48782
—8860,95451	—4559,42994	—8860,95455
—8903,50932	—4694,52130	—8903,50937
—8945,12521	—4831,39336	—8945,12525
—8985,77478	—4970,05442	—8985,77482
—9025,43031	—5110,51262	—9025,43035
—9064,06371	—5252,77589	—9064,06375
—9101,64652	—5396,85195	—9101,64656
—9138,14994	—5542,74833	—9138,14998
—9173,54477	—5690,47231	—9173,54481
—9207,80148	—5840,03099	—9207,80152
—9240,89015	—5991,43121	—9240,89019

n	$\log_{10} n!$	n	$\log_{10} n!$
		50	64,48307
1	0	51	66,19065
2	0,30103	52	67,90665
3	0,77815	53	69,63092
4	1,38021	54	71,36322
5	2,07918	55	73,10368
6	2,85733	56	74,85187
7	3,70243	57	76,60774
8	4,60552	58	78,37117
9	5,55976	59	80,14202
10	6,55976	60	81,92017
11	7,60156	61	83,70550
12	8,68034	62	85,49790
13	9,79428	63	87,29724
14	10,94041	64	89,10342
15	12,11650	65	90,91633
16	13,32062	66	92,73587
17	14,55107	67	94,56195
18	15,80634	68	96,39446
19	17,08509	69	98,23331
20	18,38612	70	100,07841
21	19,70834	71	101,92966
22	21,05077	72	103,78700
23	22,41249	73	105,65032
24	23,79271	74	107,51955
25	25,19065	75	109,39461
26	26,60562	76	111,27543
27	28,03698	77	113,16192
28	29,48414	78	115,05401
29	30,94654	79	116,95164
30	32,42366	80	118,85473
31	33,91502	81	120,76321
32	35,42017	82	122,67703
33	36,93869	83	124,59610
34	38,47016	84	126,52038
35	40,01423	85	128,44980
36	41,57054	86	130,38430
37	43,13874	87	132,32382
38	44,71852	88	134,26830
39	46,30959	89	136,21769
40	47,91165	90	138,17194
41	49,52443	91	140,13098
42	51,14768	92	142,09477
43	52,78115	93	144,06325
44	54,42460	94	146,03638
45	56,07781	95	148,01410
46	57,74057	96	149,99637
47	59,41267	97	151,98314
48	61,09391	98	153,97437
49	62,78410	99	155,97000
		100	157,97000

Die Berechnungsformeln sind:

$$J_0(x) = 1 - \frac{1}{1^2}\left(\frac{x}{2}\right)^2 + \frac{1}{2!^2}\left(\frac{x}{2}\right)^4 - \frac{1}{3!^2}\left(\frac{x}{2}\right)^6 + \cdots,$$

$$J_1(x) = \frac{x}{2}\left[1 - \frac{1}{1!\,2!}\left(\frac{x}{2}\right)^2 + \frac{1}{2!\,3!}\left(\frac{x}{2}\right)^4 - \frac{1}{3!\,4!}\left(\frac{x}{2}\right)^6 + \cdots\right],$$

$$Y_0(x) = \frac{2}{\pi}\left[\left\{\gamma + \log_e\left(\frac{x}{2}\right)\right\}J_0(x) + \left(\frac{x}{2}\right)^2 - \frac{1}{2!^2}\left(1 + \frac{1}{2}\right)\left(\frac{x}{2}\right)^4\right.$$
$$\left. + \frac{1}{3!^2}\left(1 + \frac{1}{2} + \frac{1}{3}\right)\left(\frac{x}{2}\right)^6 - \cdots\right], \quad \gamma = 0{,}57721\cdots,$$

$$Y_1(x) = -\frac{2}{\pi}\left[\frac{J_0(x)}{2} - \left\{\gamma + \log_e\left(\frac{x}{2}\right)\right\}J_1(x) + \frac{2x}{2^2} - \frac{4x^3}{(2\cdot 4)^2}\left(1 + \frac{1}{2}\right)\right.$$
$$\left. + \frac{6x^5}{(2\cdot 4\cdot 6)^2}\left(1 + \frac{1}{2} + \frac{1}{3}\right) - \cdots\right].$$

Die **asymptotischen Werte** für zunehmendes x sind:

$$J_0(x) = \frac{1}{\sqrt{\pi x}}[\sin x + \cos x], \qquad Y_0(x) = \frac{1}{\sqrt{\pi x}}[\sin x - \cos x],$$

$$J_1(x) = \frac{1}{\sqrt{\pi x}}[\sin x - \cos x], \qquad Y_1(x) = \frac{-1}{\sqrt{\pi x}}[\sin x + \cos x].$$

Die Additionsformeln lauten:

$$J_0(x \pm h) = J_0(x)\,J_0(h) + 2\left[J_2(x)\,J_2(h) + J_4(x)\,J_4(h) + \cdots\right]$$
$$\mp 2\left[J_1(x)\,J_1(h) + J_3(x)\,J_3(h) + \cdots\right],$$

$$J_0(2x) = J_0^2(x) + 2\left[J_2^2(x) + J_4^2(x) + \cdots\right] - 2\left[J_1^2(x) + J_3^2(x) + \cdots\right]$$
$$= 2\left[J_0^2(x) + 2\left\{J_2^2(x) + J_4^2(x) + \cdots\right\}\right] - 1,$$

$$J_1(x \pm h) = J_1(x)\left[J_0(h) - J_2(h)\right] + J_3(x)\left[J_2(h) - J_4(h)\right] + \cdots$$
$$\pm \left[J_0(x)\,J_1(h) - J_2(x)\left\{J_1(h) - J_3(h)\right\} - J_4(x)\left\{J_3(h) - J_5(h)\right\} - \cdots\right],$$

$$J_1(2x) = J_1(x)\left[J_0(x) - J_2(x)\right] + J_3(x)\left[J_2(x) - J_4(x)\right] + \cdots$$
$$+ \left[J_0(x)\,J_1(x) - J_2(x)\left\{J_1(x) - J_3(x)\right\} - J_4(x)\left\{J_3(x) - J_5(x)\right\} - \cdots\right].$$

Die **Rekursionsformeln** sind:

$$2\,J_v'(x) = J_{v-1}(x) - J_{v+1}(x),$$
$$J_0'(x) = -J_1(x),$$
$$\frac{2v}{x}J_v(x) = J_{v-1}(x) + J_{v+1}(x),$$
$$J_{-n}(x) = (-1)^n\,J_n(x).$$

XV

Tafel für $J_0(x)$, $J_1(x)$, $Y_0(x)$, $Y_1(x)$

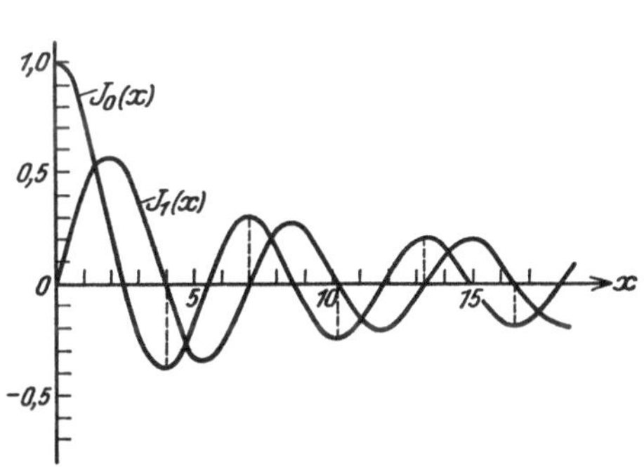

Abb. 3

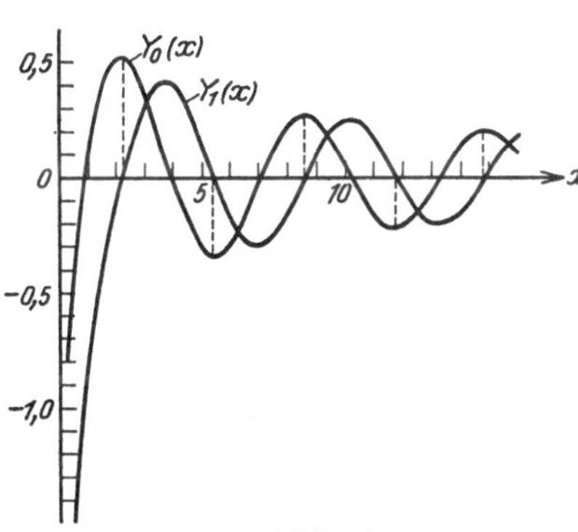

Abb. 4

Die Ableitungen[1]) sind:

$$J_0' = -J_1,$$

$$J_0'' = \frac{1}{2}[J_2 - J_0],$$

$$J_0''' = \frac{1}{4}[3J_1 - J_3],$$

$$J_0^{IV} = \frac{1}{8}[J_4 - 4J_2 + 3J_0],$$

$$J_0^{V} = \frac{1}{16}[-J_5 + 5J_3 - 10J_1],$$

$$J_0^{VI} = \frac{1}{32}[J_6 - 6J_4 + 15J_2 - 10J_0],$$

$$J_1 = -J_0',$$

$$J_1' = -J_0'',$$

$$J_1'' = -J_0''',$$

$$J_1''' = -J_0^{IV},$$

Die Grundformel ist:

$$2^s J_n^{(s)} = J_{n-s} - s J_{n-s+2} + \frac{s(s-1)}{2!} J_{n-s+4} - \cdots + (-1)^s J_{n+s},$$

wobei die Koeffizienten die der binomischen Reihe sind.

---

[1]) In Bezug auf weitere Formeln siehe Hayashi, Tafeln der Besselschen Funktionen. S. 120. Berlin: Julius Springer 1930.

x	$J_0(x)$	$J_1(x)$	$Y_0(x)$	$Y_1(x)$	x	$J_0(x)$	$J_1(x)$	$Y_0(x)$	$Y_1(x)$
0	1	0	$-\infty$	$-\infty$	0,50	0,93847	0,24227	—0,44452	—1,47147
0,01	0,99998	0,00500	—3,00546	—63,67860	1	3602	4680	2993	4695
2	990	1000	—2,12190	—31,85981	2	3353	5131	1558	2331
3	978	1500	—2,30549	—21,26002	3	3100	5580	0146	0050
4	960	2000	—2,12190	—15,96431	4	2842	6028	—0,38756	—1,37847
5	938	2500	—1,97931	—12,78986	5	2579	6473	7389	5718
6	910	2999	—1,86263	—10,67580	6	2312	6917	6042	3659
7	878	3498	—1,76380	— 9,16749	7	2041	7358	4715	1664
8	840	3997	—1,67803	— 8,03767	8	1765	7798	3408	—1,29732
9	798	4495	—1,60221	— 7,16007	9	1485	8235	2120	7858
0,10	750	4994	—1,53424	— 6,45895	0,60	1200	8670	0851	6039
1	698	5492	—1,47260	— 5,88612	1	0912	9103	—0,29599	4273
2	640	5989	—1,41620	— 5,40944	2	0618	9534	8365	2556
3	578	6486	—1,36417	— 5,00669	3	0321	9963	7148	0886
4	511	6983	—1,31587	— 4,66199	4	0019	0,30389	5948	—1,19260
5	438	7479	—1,27078	— 4,36368	5	0,89713	0814	4763	7677
6	361	7974	—1,22847	— 4,10305	6	9403	1235	3594	6134
7	279	8469	—1,18861	— 3,87342	7	9088	1655	2440	4428
8	192	8964	—1,15092	— 3,66960	8	8770	2072	1301	3160
9	100	9457	—1,11515	— 3,48750	9	8447	2487	0177	1726
0,20	002	9950	—1,08111	— 3,32383	0,70	8120	2900	—0,19066	0325
1	0,98901	0,10442	—1,04862	— 3,17594	1	7789	3310	7970	—1,08955
2	794	0934	—1,01754	— 3,04167	2	7454	3717	6887	7615
3	682	1424	—0,98775	— 2,91923	3	7115	4122	5818	6303
4	565	1914	5912	— 2,80713	4	6771	4524	4761	5018
5	444	2403	3157	— 2,70411	5	6424	4924	3717	3759
6	317	2890	0501	— 2,60911	6	6073	5322	2686	2525
7	186	3377	—0,87937	— 2,52123	7	5718	5716	1667	1321
8	050	3863	5457	— 2,43970	8	5359	6108	0660	0127
9	0,97909	4348	3056	— 2,36385	9	4996	6498	—0,09664	—0,98960
0,30	763	4832	0727	— 2,29311	0,80	4629	6884	8680	7814
1	612	5315	—0,78468	— 2,22696	1	4258	7268	7708	6688
2	456	5796	6272	— 2,16499	2	3883	7649	6746	5581
3	296	6276	4134	— 2,10679	3	3505	8027	5796	4492
4	131	6756	2057	— 2,05202	4	3123	8403	4857	3420
5	0,96961	7233	0031	— 2,00040	5	2737	8776	3928	2364
6	786	7710	—0,68056	— 1,95164	6	2347	9145	3009	1325
7	607	8185	6127	— 1,90551	7	1954	9512	2101	0300
8	422	8659	4244	— 1,86179	8	1557	9876	1203	—0,89291
9	233	9132	2403	— 1,82031	9	1157	0,40237	0315	8295
0,40	040	9603	0602	— 1,78087	0,90	0752	0595	— 0563	7313
1	0,95841	0,20072	—0,58841	— 1,74333	1	0345	0950	+0,01431	6343
2	638	0540	7115	— 1,70755	2	0,79933	1302	2290	5386
3	431	1007	5425	— 1,67341	3	9519	1651	3139	4441
4	218	1472	3768	— 1,64077	4	9100	1996	3979	3507
5	001	1935	2143	— 1,60956	5	8679	2339	4809	2585
6	0,94780	2397	0548	— 1,57963	6	8254	2679	5630	1672
7	553	2857	—0,48983	— 1,55095	7	7825	3015	6443	0770
8	322	3315	7446	— 1,52341	8	7393	3348	7246	—0,79878
9	087	3772	5936	— 1,49694	9	6958	3678	8040	8995

x	$J_0(x)$	$J_1(x)$	$Y_0(x)$	$Y_1(x)$	x	$J_0(x)$	$J_1(x)$	$Y_0(x)$	$Y_1(x)$
1,00	0,76520	0,44005	0,08826	—0,78121	**1,50**	0,51183	0,55794	0,38245	—0,41231
1	6078	329	9603	7256	1	0624	932	8654	0575
2	.5633	649	0,10371	6399	2	0064	0,56065	9056	—0,39920
3	5185	966	1131	5551	3	0,49503	195	9452	9268
4	4734	0,45279	1882	4710	4	8940	321	9842	8618
5	4280	590	2625	3876	5	8376	442	0,40225	7970
6	3822	897	3359	3050	6	7811	560	0601	7324
7	3362	0,46200	4086	2231	7	7245	674	0971	6679
8	2898	500	4804	1418	8	6678	783	1335	6037
9	2432	797	5514	0612	9	6110	888	1692	5396
1,10	1962	0,47090	6216	—0,69812	**1,60**	5540	990	2043	4758
1	1490	380	6910	9018	1	4970	0,57087	2387	4121
2	1015	666	7597	8230	2	4398	180	2725	3486
3	0537	949	8275	7448	3	3826	269	3057	2853
4	0056	0,48228	8946	6671	4	3253	354	3382	2222
5	0,69572	504	9608	5899	5	2679	434	3701	1593
6	9086	776	0,20264	5132	6	2104	511	4014	0965
7	8596	0,49045	0911	4371	7	1529	584	4321	0339
8	8105	310	1551	3614	8	0953	652	4621	—0,29715
9	7610	571	2183	2862	9	0376	716	4915	9093
1,20	7113	829	2808	2114	**1,70**	0,39798	777	5203	8473
1	6614	0,50083	3426	1370	1	9220	833	5484	7854
2	6112	333	4036	0631	2	8642	885	5760	7237
3	5607	580	4638	—0,59895	3	8063	932	6029	6622
4	5100	823	5234	9164	4	7483	976	6292	6009
5	4591	0,51062	5822	8436	5	6903	0,58016	6549	5397
6	4079	298	6402	7713	6	6323	051	6800	4788
7	3565	530	6976	6992	7	5742	082	0,47045	4180
8	3048	758	7542	6275	8	5161	110	284	3573
9	2530	982	8101	5562	9	4580	133	517	2969
1,30	2009	0,52202	8654	4852	**1,80**	3999	152	743	2366
1	1485	419	9199	4145	1	3417	167	964	1766
2	0960	632	9736	3441	2	2835	177	0,48178	1167
3	0433	841	0,30267	2741	3	2254	184	387	0570
4	0,59903	0,53046	0791	2043	4	1672	186	590	—0,19974
5	9372	247	1308	1348	5	1090	185	787	9381
6	8839	444	1818	0656	6	0508	179	978	8789
7	8303	638	2321	—0,49967	7	0,29926	170	0,49162	8199
8	7766	827	2818	9280	8	9345	156	341	7611
9	7227	0,54013	3307	8596	9	8763	138	515	7025
1,40	6686	195	3790	7915	**1,90**	8182	116	682	6441
1	6143	373	4265	7236	1	7601	090	843	5858
2	5598	546	4734	6559	2	7020	059	999	5278
3	5052	716	5196	5885	3	6440	025	0,50149	4699
4	4504	882	5652	5214	4	5860	0,57987	293	4122
5	3954	0,55044	6101	4544	5	5280	945	431	3548
6	3403	202	6543	3877	6	4701	898	564	2975
7	2850	356	6978	3212	7	4122	848	691	2404
8	2296	506	7407	2550	8	3544	793	812	1835
9	1740	652	7829	1889	9	2966	735	928	1268

x	$J_0(x)$	$J_1(x)$	$Y_0(x)$	$Y_1(x)$	x	$J_0(x)$	$J_1(x)$	$Y_0(x)$	$Y_1(x)$
2,00	0,22389	0,57672	0,51038	—0,10703	**2,50**	—0,04838	0,49709	0,49807	0,14592
1	1813	606	142	0140	1	5334	9461	659	5030
2	1237	536	240	—0,09580	2	5828	9209	506	5465
3	0662	461	333	9021	3	6318	8954	350	5897
4	0088	383	421	8464	4	6807	8695	189	6327
5	0,19514	300	504	7909	5	7292	8434	023	6753
6	8942	214	579	7357	6	7775	8170	0,48853	7176
7	8370	124	650	6806	7	8256	7902	680	7595
8	7799	029	715	6258	8	8733	7632	502	8012
9	7230	0,56931	775	5712	9	9208	7358	319	8426
2,10	6661	829	829	5168	**2,60**	9680	7082	133	8836
1	6093	723	878	4626	1	—0,10150	6802	0,47943	9244
2	5526	613	922	4086	2	0617	6520	748	9648
3	4961	500	960	3549	3	1080	6235	550	0,20049
4	4396	382	993	3014	4	1541	5947	347	0446
5	3833	261	0,52020	2481	5	1999	5656	141	0841
6	3271	135	043	1950	6	2450	5362	0,46930	1232
7	2710	006	059	1422	7	2906	5066	716	1620
8	2151	0,55873	071	0896	8	3356	4767	498	2004
9	1593	737	077	— 0373	9	3802	4465	276	2385
2,20	1036	596	078	+0,00149	**2,70**	4245	4160	050	2763
1	0481	452	074	0668	1	4685	3853	0,45821	3138
2	0,09927	304	065	1184	2	5122	3543	588	3509
3	9375	152	050	1698	3	5556	3230	351	3877
4	8824	0,54997	031	2210	4	5987	2915	110	4241
5	8275	838	006	2719	5	6414	2597	0,44866	4602
6	7727	675	0,51977	3226	6	6839	2277	4618	4959
7	7181	509	942	3730	7	7260	1954	4367	5313
8	6637	338	902	4232	8	7678	1629	4112	5664
9	6095	165	857	4731	9	8092	1301	3853	6011
2,30	5554	0,53987	808	5228	**2,80**	8504	0971	3592	6355
1	5015	806	753	5722	1	8912	0638	3326	6695
2	4478	622	693	6213	2	9316'	0303	3058	7031
3	3943	434	629	6702	3	9718	0,39966	2786	7364
4	3409	242	559	7188	4	—0,20116	9627	2510	7693
5	2878	047	485	7672	5	0510	9285	2232	8019
6	2348	0,52848	406	8153	6	0901	8941	1950	8341
7	1821	646	322	8631	7	1289	8595	1665	8660
8	1295	440	233	9106	8	1673	8246	1377	8975
9	0772	231	140	9580	9	2054	7895	1086	9286
2,40	+ 0251	019	041	0,10049	**2,90**	2431	7543	0791	9594
1	—0,00268	0,51803	0,50939	0516	1	2805	7188	0494	9898
2	0785	583	831	0980	2	3175	6831	0193	0,30198
3	1300	361	719	1442	3	3541	6472	0,39890	0495
4	1812	135	602	1901	4	3904	6111	9583	0788
5	2323	0,50905	481	2356	5	4264	5748	9274	1077
6	2831	673	355	2809	6	4619	5384	8962	1363
7	3336	437	225	3259	7	4971	5017	8647	1645
8	3839	197	090	3706	8	5320	4648	8329	1923
9	4340	0,49955	0,49951	4151	9	5664	4278	8008	2197

x	$J_0(x)$	$J_1(x)$	$Y_0(x)$	$Y_1(x)$	x	$J_0(x)$	$J_1(x)$	$Y_0(x)$	$Y_1(x)$
3,00	−0,26005	0,33906	0,37685	0,32467	**3,50**	−0,38013	0,13738	0,18902	0,41019
1	6342	3532	7359	2734	1	148	3318	8492	089
2	6676	3156	7030	2997	2	279	2899	8080	155
3	7006	2779	6699	3256	3	406	2479	7669	216
4	7331	2400	6365	3512	4	529	2060	7256	274
5	7653	2019	6029	3763	5	647	1641	6843	328
6	7972	1637	5690	4011	6	762	1222	6430	378
7	8286	1253	5349	4255	7	872	0803	6016	425
8	8597	0867	5005	4495	8	978	0384	5601	467
9	8904	0481	4659	4731	9	−0,39079	0,09965	5186	505
3,10	9206	0092	4310	4963	**3,60**	177	9547	4771	539
1	9505	0,29702	3960	5191	1	270	9128	4355	560
2	9800	9311	3606	5416	2	359	8711	3940	596
3	−0,30092	8918	3251	5636	3	444	8293	3524	619
4	0379	8524	2894	5853	4	525	7876	3107	637
5	0662	8129	2534	0,36066	5	602	7459	2691	652
6	0941	7733	2172	275	6	675	7043	2274	663
7	1217	7335	1809	480	7	743	6627	1858	670
8	1488	6936	1443	681	8	807	6212	1441	673
9	1755	6536	1075	880	9	867	5797	1024	672
3,20	2019	6134	0705	0,37071	**3,70**	923	5383	0607	667
1	2278	5732	0334	260	1	975	4970	0191	659
2	2533	5328	0,29960	446	2	−0,40022	4557	0,09774	647
3	2785	4924	9585	627	3	066	4145	9358	631
4	3032	4518	9208	804	4	105	3734	8942	611
5	3275	4112	8830	978	5	141	3323	8526	587
6	3514	3705	8448	0,38147	6	172	2913	8110	559
7	3749	3296	8066	313	7	199	2504	7695	528
8	3980	2887	7682	474	8	222	2096	7279	493
9	4207	2477	7296	632	9	241	1688	6865	454
3,30	4430	2066	6909	785	**3,80**	256	1282	6450	411
1	4648	1655	6521	935	1	266	0877	6036	365
2	4863	1243	6131	0,39080	2	273	0472	5623	315
3	5073	0830	5739	222	3	276	+ 0069	5210	261
4	5279	0416	5346	360	4	275	−0,00334	4798	204
5	5481	0002	4952	493	5	269	0735	4386	143
6	5679	0,19587	4556	623	6	260	1135	3975	078
7	5873	9172	4159	749	7	247	1534	3565	009
8	6063	8756	3761	870	8	229	1932	3155	0,40937
9	6248	8339	3362	988	9	208	2329	2746	861
3,40	6430	7923	2962	0,40102	**3,90**	183	2724	2338	782
1	6607	7505	2560	211	1	153	3119	1930	699
2	6780	7088	2157	317	2	120	3512	1524	612
3	6948	6670	1754	419	3	083	3903	1118	522
4	7113	6252	1349	516	4	042	4293	+ 0713	429
5	7273	5833	0943	610	5	−0,39997	4682	−0,00309	331
6	7430	5414	0537	700	6	949	5070	0093	231
7	7582	4995	0129	785	7	896	5455	0495	126
8	7730	4576	0,19721	867	8	839	5840	0896	019
9	7873	4157	9312	945	9	779	6223	1296	0,39907

x	$J_0(x)$	$J_1(x)$	$Y_0(x)$	$Y_1(x)$	x	$J_0(x)$	$J_1(x)$	$Y_0(x)$	$Y_1(x)$
4,00	−0,39715	−0,06604	−0,01694	0,39793	4,50	−0,32054	−0,23106	−0,19471	0,30100
1	647	6984	2091	674	1	1822	3374	9770	0,29837
2	575	7362	2488	553	2	1587	3639	−0,20067	9572
3	500	7739	2882	428	3	1349	3901	0362	9305
4	421	8114	3276	300	4	1109	4160	0653	9035
5	338	8487	3668	168	5	0866	4417	0942	8764
6	251	8859	4059	033	6	0620	4670	1229	8490
7	160	9229	4449	0,38894	7	0372	4921	1512	8214
8	066	9597	4837	753	8	0122	5169	1793	7936
9	−0,38968	9963	5224	608	9	−0,29869	5413	2071	7656
4,10	867	−0,10327	5609	459	4,60	9614	5655	2346	7375
1	762	0690	5993	308	1	9356	5894	2618	7079
2	653	1051	6376	153	2	9096	6130	2888	6805
3	541	1409	6756	0,37995	3	8833	6363	3154	6517
4	425	1766	7136	834	4	8569	6593	3418	6227
5	306	2121	7513	670	5	8302	6820	3679	5935
6	183	2474	7889	502	6	8032	7044	3937	5642
7	056	2825	8263	332	7	7761	7264	4192	5347
8	−0,37926	3173	8636	158	8	7487	7482	4444	5050
9	793	3520	9006	0,36981	9	7211	7697	4693	4751
4,20	656	3865	9375	801	4,70	6933	7908	4939	4450
1	515	4207	9742	618	1	6653	8116	5182	4148
2	372	4548	−0,10107	432	2	6371	8322	5422	3844
3	224	4886	0471	244	3	6087	8524	5659	3538
4	074	5222	0832	052	4	5800	8723	5892	3231
5	−0,36920	5555	1192	0,35857	5	5512	8919	6123	2923
6	763	5887	1549	659	6	5222	9111	6351	2612
7	602	6216	1905	459	7	4930	9301	6575	2301
8	438	6543	2259	255	8	4636	9487	6797	1987
9	271	6867	2610	049	9	4340	9670	−0,27015	1673
4,30	101	7190	2960	0,34839	4,80	4043	9850	230	1357
1	−0,35928	7510	3307	627	1	3743	−0,30027	442	1039
2	751	7827	3652	413	2	3442	0200	651	0720
3	571	8142	3995	195	3	3139	0370	857	0400
4	388	8455	4336	0,33975	4	2835	0537	−0,28059	0079
5	202	8765	4675	752	5	2528	0701	258	0,19756
6	013	9072	5011	526	6	2221	0861	454	9432
7	−0,34821	9377	5345	298	7	1911	1018	647	9107
8	625	9680	5677	067	8	1600	1172	836	8781
9	427	9980	6006	0,32833	9	1288	1322	−0,29023	8453
4,40	226	−0,20278	6334	597	4,90	0974	1469	205	8125
1	021	0572	6658	358	1	0658	1613	385	7795
2	−0,33814	0865	6981	117	2	0342	1754	561	7464
3	604	1154	7301	0,31873	3	0023	1891	734	7133
4	391	1441	7618	627	4	−0,19704	2025	904	6800
5	175	1726	7933	379	5	9383	2155	−0,30070	6467
6	−0,32957	2007	8246	128	6	9061	2283	549	6132
7	735	2286	8556	0,30874	7	8737	2407	393	5797
8	511	2562	8863	618	8	8413	2527	852	5461
9	284	2835	9168	360	9	8087	2644	702	5124

x	$J_0(x)$	$J_1(x)$	$Y_0(x)$	$Y_1(x)$	x	$J_0(x)$	$J_1(x)$	$Y_0(x)$	$Y_1(x)$
5,00	−0,17760	−0,32758	−0,30852	0,14786	**5,50**	−0,00684	−0,34144	−0,33948	−0,02376
1	7432	868	998	4448	1	0343	087	923	2711
2	7102	975	−0,31141	4109	2	− 0003	027	894	3044
3	6772	−0,33079	280	3769	3	+0,00337	−0,33964	862	3377
4	6441	179	416	3428	4	0677	897	826	3709
5	6108	276	549	3087	5	1015	828	748	4041
6	5775	370	678	2746	6	1353	755	746	4371
7	5441	460	804	2403	7	1690	679	700	4700
8	5106	546	926	2061	8	2027	600	652	5028
9	4770	630	−0,32045	1717	9	2362	518	600	5355
5,10	4433	710	160	1374	**5,60**	2697	433	544	5681
1	4096	786	272	1030	1	3031	345	486	6005
2	3758	859	381	0685	2	3364	254	424	6329
3	3419	929	486	0340	3	3696	159	359	6651
4	3079	996	588	0,09995	4	4027	062	291	6972
5	2739	−0,34058	686	9650	5	4357	−0,32962	220	7292
6	2398	118	781	9304	6	4686	858	145	7611
7	2057	174	872	8958	7	5014	752	068	7928
8	1715	227	960	8612	8	5341	642	−0,32987	8244
9	1372	276	−0,33044	8265	9	5667	530	903	8559
5,20	1029	322	125	7919	**5,70**	5992	415	816	8872
1	0686	364	303	7573	1	6316	297	725	9184
2	0342	404	277	7226	2	6638	175	632	9495
3	−0,09998	440	347	6879	3	6959	051	536	9804
4	9653	472	414	6533	4	7279	−0,31924	436	−0,10111
5	9308	501	478	6186	5	7598	794	333	0417
6	8963	527	538	5840	6	7915	662	228	0722
7	8618	549	595	5493	7	8231	526	119	1024
8	8272	568	648	5147	8	8545	388	007	1326
9	7926	584	697	4801	9	8859	247	−0,31892	1625
5,30	7580	596	744	4455	**5,80**	9170	103	775	1923
1	7234	605	787	4109	1	9481	−0,30956	654	2220
2	6888	610	826	3764	2	9789	807	530	2514
3	6542	613	862	3418	3	0,10097	654	404	2807
4	6196	611	894	3074	4	0402	500	274	3099
5	5850	607	923	2729	5	0707	342	142	3388
6	5504	599	949	2385	6	1009	182	006	3676
7	5158	588	971	2041	7	1310	019	−0,30868	3961
8	4812	573	990	1698	8	1610	−0,29853	727	4245
9	4466	556	−0,34005	1355	9	1907	685	583	4527
5,40	4121	534	017	1013	**5,90**	2203	514	437	4808
1	3776	510	025	0671	1	2498	341	287	5086
2	3431	482	030	+ 0330	2	2790	165	135	5362
3	3086	451	032	−0,00011	3	3081	−0,28987	−0,29980	5637
4	2742	417	030	0351	4	3370	806	822	5909
5	2398	380	025	0690	5	3657	622	662	6180
6	2054	339	016	1029	6	3942	436	499	6448
7	1711	295	004	1367	7	4226	248	333	6714
8	1368	248	−0,33989	1704	8	4507	057	164	6979
9	1026	197	970	2040	9	4787	−0,27864	−0,28993	7241

x	$J_0(x)$	$J_1(x)$	$Y_0(x)$	$Y_1(x)$	x	$J_0(x)$	$J_1(x)$	$Y_0(x)$	$Y_1(x)$
6,00	0,15065	—0,27668	—0,28819	—0,17501	**6,50**	0,26009	—0,15384	—0,17324	—0,27409
1	5340	7470	8643	7760	1	162	5100	7050	539
2	5614	7270	8464	8015	2	311	4815	6773	666
3	5886	7068	8283	8268	3	458	4528	6496	789
4	6155	6863	8099	8520	4	602	4241	6218	910
5	6423	6656	7912	8769	5	743	3953	5938	—0,28028
6	6688	6446	7724	9016	6	881	3663	5657	143
7	6952	6234	7532	9261	7	0,27016	3373	5375	256
8	7213	6021	7338	9503	8	149	3082	5092	365
9	7472	5805	7142	9743	9	278	2791	4808	471
6,10	7729	5586	6943	9981	**6,60**	404	2498	4523	575
1	7984	5366	6743	—0,20217	1	528	2205	4236	675
2	8236	5144	6539	0450	2	648	1911	3949	773
3	8487	4919	6334	0681	3	766	1616	3661	867
4	8735	4693	6126	0909	4	881	1320	3372	959
5	8981	4464	5915	1135	5	992	1024	3082	—0,29047
6	9224	4234	5703	1359	6	0,28101	0727	2791	133
7	9465	4001	5488	1580	7	207	0430	2499	216
8	9704	3766	5271	1798	8	310	0132	2207	295
9	9941	3530	5052	—0,22015	9	410	—0,09833	1913	372
6,20	0,20175	3292	4831	228	**6,70**	506	9534	1619	446
1	0406	3051	4608	440	1	600	9235	1324	517
2	0636	2809	4382	648	2	691	8935	1029	584
3	0863	2565	4155	854	3	779	8634	0733	649
4	1087	2320	3925	—0,23058	4	864	8333	0436	711
5	1309	2072	3694	259	5	946	8032	0138	770
6	1528	1823	3460	457	6	0,29024	7731	—0,09840	826
7	1745	1572	3224	653	7	100	7429	9542	878
8	1960	1319	2987	846	8	173	7127	9243	928
9	2172	1065	2747	—0,24037	9	243	6824	8943	975
6,30	2381	0809	2506	225	**6,80**	310	6522	8643	—0,30019
1	2588	0551	2263	410	1	373	6219	8343	059
2	2792	0292	2018	593	2	434	5916	8042	097
3	2994	0031	1771	773	3	492	5613	7741	132
4	3193	—0,19769	1523	950	4	546	5310	7440	164
5	3389	9505	1272	—0,25124	5	598	5007	7138	193
6	3583	9239	1020	296	6	646	4703	6836	218
7	3774	8973	0766	465	7	692	4400	6533	241
8	3962	8704	0511	632	8	734	4097	6231	261
9	4148	8435	0254	795	9	774	3793	5928	278
6,40	4331	8164	—0,19995	956	**6,90**	810	3490	5625	292
1	4511	7891	9735	—0,26114	1	844	3187	5322	303
2	4689	7618	9473	269	2	874	2884	5019	311
3	4864	7343	9209	422	3	901	2581	4716	315
4	5036	7067	8944	571	4	926	2279	4413	317
5	5205	6789	8678	718	5	947	1976	4110	316
6	5372	6510	8410	862	6	965	1674	3807	312
7	5535	6230	8141	—0,27003	7	980	1372	3504	305
8	5696	5949	7870	141	8	993	1071	3201	295
9	5854	5667	7598	277	9	0,30002	0769	2898	283

x	$J_0(x)$	$J_1(x)$	$Y_0(x)$	$Y_1(x)$	x	$J_0(x)$	$J_1(x)$	$Y_0(x)$	$Y_1(x)$
7,00	0,30008	—0,00468	—0,02595	—0,30267	**7,50**	0,26634	0,13525	0,11731	—0,25913
1	011	— 168	2290	248	1	497	772	990	760
2	011	+0,00132	1990	226	2	359	0,14018	0,12247	604
3	008	432	1688	202	3	217	262	502	447
4	003	731	1386	174	4	073	505	755	287
5	0,29994	0,01030	1084	144	5	0,25927	745	0,13008	125
6	982	328	0783	110	6	778	984	258	—0,24960
7	967	626	0482	074	7	627	0,15221	507	793
8	950	923	— 0182	035	8	474	456	754	625
9	929	0,02219	+0,00118	—0,29993	9	318	690	999	453
7,10	905	515	0418	948	**7,60**	160	921	0,14243	280
1	879	811	0717	900	1	000	0,16151	485	105
2	849	0,03105	1016	849	2	0,24837	379	725	—0,23927
3	816	399	1314	796	3	672	605	963	747
4	781	692	1612	740	4	505	829	0,15200	566
5	743	984	1909	680	5	336	0,17051	435	382
6	701	0,04275	2206	618	6	164	271	668	196
7	657	566	2502	554	7	0,23990	489	899	008
8	610	856	2797	486	8	814	705	0,16128	—0,22818
9	560	0,05145	3091	415	9	636	919	355	626
7,20	507	433	3385	342	**7,70**	456	0,18131	580	432
1	451	720	3678	266	1	274	341	804	236
2	393	0,06006	3970	188	2	089	549	0,17025	038
3	331	291	4262	106	3	0,22903	755	244	—0,21838
4	267	575	4552	022	4	714	959	462	637
5	200	858	4842	—0,28935	5	523	0,19160	677	433
6	130	0,07140	5131	845	6	331	360	890	228
7	057	421	5419	753	7	136	557	0,18102	021
8	0,28981	701	5706	658	8	0,21940	752	311	—0,20812
9	903	980	5992	560	9	741	945	518	601
7,30	822	0,08257	6277	459	**7,80**	541	0,20136	723	389
1	738	533	6561	356	1	338	324	926	174
2	651	808	6845	251	2	134	510	0,19126	—0,19958
3	562	0,09082	7126	142	3	0,20928	694	325	741
4	469	355	7407	031	4	720	876	521	521
5	374	626	7687	—0,27918	5	511	0,21056	715	301
6	277	896	7966	802	6	299	233	907	080
7	177	0,10165	8243	683	7	086	401	0,20097	—0,18854
8	074	432	8519	562	8	0,19871	580	284	628
9	0,27968	698	8794	438	9	655	750	469	401
7,40	860	963	9068	311	**7,90**	436	918	652	172
1	749	0,11226	9341	183	1	216	0,22083	833	—0,17942
2	635	487	9612	051	2	0,18995	246	0,21011	710
3	519	747	9882	—0,26918	3	771	407	187	477
4	400	0,12006	0,10150	781	4	546	565	360	242
5	279	263	0417	643	5	320	721	532	006
6	155	519	0683	501	6	092	875	701	—0,16769
7	028	773	0947	358	7	0,17862	0,23026	867	530
8	0,26899	0,13025	1210	212	8	631	174	0,22031	290
9	768	276	1471	064	9	399	320	193	049

x	$J_0(x)$	$J_1(x)$	$Y_0(x)$	$Y_1(x)$	x	$J_0(x)$	$J_1(x)$	$Y_0(x)$	$Y_1(x)$
8,00	0,17165	0,23464	0,22352	−0,15806	8,50	0,04194	0,27312	0,27021	−0,02617
1	6930	605	509	5562	1	3921	321	045	2344
2	6693	743	663	5317	2	3648	326	067	2070
3	6455	879	815	5071	3	3374	329	087	1797
4	6215	0,24013	965	4823	4	3101	330	103	1525
5	5975	144	0,23112	4575	5	2828	327	117	1252
6	5733	272	256	4328	6	2554	322	128	0979
7	5489	398	398	4074	7	2281	315	137	0707
8	5245	522	538	3822	8	2008	304	143	0435
9	4999	643	675	3569	9	1735	291	146	− 0163
8,10	4752	761	809	3315	8,60	1462	275	146	+0,00108
1	4504	876	941	3060	1	1190	257	143	0380
2	4254	989	0,24070	2804	2	0917	236	138	0650
3	4004	0,25100	197	2547	3	0645	212	130	0921
4	3752	208	321	2289	4	0373	186	120	1191
5	3500	313	443	2030	5	+ 0101	157	107	1460
6	3246	416	562	1771	6	−0,00170	125	091	1730
7	2991	516	678	1510	7	0441	091	072	1998
8	2736	613	792	1249	8	0712	054	051	2266
9	2479	708	903	0987	9	0982	014	027	2534
8,20	2222	800	0,25012	0724	8,70	1252	0,26972	000	2801
1	1963	889	118	0461	1	1522	927	0,26971	3068
2	1704	976	221	0196	2	1791	880	939	3333
3	1444	0,26060	322	−0,09931	3	2059	830	904	3599
4	1183	142	420	9666	4	2327	777	867	3863
5	0921	220	515	9399	5	2595	722	827	4127
6	0658	296	608	9133	6	2862	664	784	4390
7	0395	370	698	8865	7	3128	604	739	4653
8	0131	441	785	8597	8	3394	541	691	4915
9	0,09866	509	870	8329	9	3659	475	641	5175
8,30	9601	574	952	8060	8,80	3923	407	587	5436
1	9335	637	0,26031	7790	1	4187	337	532	5695
2	9068	697	107	7520	2	4450	264	474	5953
3	8801	754	181	7250	3	4712	188	413	6211
4	8533	808	252	6979	4	4974	110	349	6467
5	8264	860	321	6708	5	5235	030	283	6723
6	7996	909	386	6437	6	5494	0,25947	215	6978
7	7726	956	449	6165	7	5753	861	144	7232
8	7457	999	510	5893	8	6012	773	070	7484
9	7186	0,27040	567	5621	9	6269	683	0,25994	7736
8,40	6916	079	622	5348	8,90	6525	590	916	7987
1	6645	114	674	5076	1	6781	495	834	8237
2	6373	147	724	4803	2	7035	397	751	8485
3	6102	177	770	4530	3	7289	297	665	8733
4	5830	205	814	4257	4	7541	195	576	8979
5	5558	229	855	3984	5	7793	090	485	9224
6	5285	251	894	3710	6	8043	0,24983	392	9468
7	5013	271	930	3437	7	8292	874	296	9711
8	4740	287	963	3164	8	8540	762	198	9952
9	4467	301	993	2890	9	8787	648	097	0,10192

x	$J_0(x)$	$J_1(x)$	$Y_0(x)$	$Y_1(x)$	x	$J_0(x)$	$J_1(x)$	$Y_0(x)$	$Y_1(x)$
9,00	−0,09033	0,24531	0,24994	0,10431	9,50	−0,19393	0,16126	0,17121	0,20318
1	278	412	888	669	1	553	0,15915	0,16917	467
2	522	291	780	906	2	711	702	712	613
3	764	168	670	0,11141	3	867	488	505	758
4	−0,10005	043	557	374	4	−0,20021	272	297	900
5	245	0,23915	443	607	5	173	055	087	0,21040
6	483	785	325	837	6	322	0,14837	0,15876	177
7	720	653	206	0,12067	7	469	618	663	313
8	956	518	084	295	8	614	397	450	446
9	−0,11191	382	0,23960	522	9	757	175	234	577
9,10	424	243	834	747	9,60	898	0,13952	018	706
1	656	102	705	970	1	−0,21036	728	0,14800	832
2	886	0,22959	574	0,13192	2	172	503	581	956
3	−0,12115	814	441	413	3	306	277	361	0,22078
4	342	667	306	632	4	438	049	140	198
5	568	518	169	849	5	567	0,12821	0,13917	315
6	793	366	029	0,14065	6	694	592	694	430
7	−0,13015	213	0,22887	279	7	819	361	469	542
8	237	058	743	491	8	942	130	243	653
9	457	0,21900	597	702	9	−0,22062	0,11897	016	761
9,20	675	741	449	911	9,70	180	664	0,12787	866
1	891	580	299	0,15119	1	295	430	558	969
2	−0,14106	416	147	324	2	408	197	328	0,23070
3	320	251	0,21993	528	3	519	0,10958	097	168
4	531	084	836	731	4	627	722	0,11865	264
5	741	0,20915	678	931	5	733	484	632	358
6	950	744	518	0,16130	6	837	245	398	449
7	−0,15156	571	356	327	7	938	006	163	538
8	361	396	191	522	8	−0,23037	0,09766	0,10927	624
9	564	220	025	715	9	134	525	690	708
9,30	766	041	0,20857	906	9,80	228	284	453	789
1	965	0,19861	687	0,17096	1	319	042	214	868
2	−0,16163	679	515	283	2	408	0,08799	0,09975	945
3	359	496	341	469	3	495	556	736	0,24019
4	553	310	166	653	4	580	312	495	091
5	745	123	0,19988	834	5	661	067	254	160
6	935	0,18935	809	0,18014	6	741	0,07822	012	227
7	−0,17124	744	628	192	7	818	577	0,08769	291
8	310	552	445	368	8	892	331	526	353
9	495	359	261	542	9	965	084	282	412
9,40	677	163	074	714	9,90	−0,24034	0,06837	038	469
1	858	0,17966	0,18886	883	1	101	590	0,07793	524
2	−0,18036	768	697	0,19051	2	166	342	573	576
3	213	568	505	217	3	228	093	301	625
4	388	366	312	381	4	288	0,05845	055	672
5	560	163	118	542	5	345	596	0,06808	717
6	731	0,16959	0,17922	702	6	400	347	560	759
7	900	753	724	859	7	452	097	313	798
8	−0,19066	545	524	0,20014	8	502	0,04847	065	835
9	231	337	323	167	9	549	597	0,05816	870

x	$J_0(x)$	$J_1(x)$	$Y_0(x)$	$Y_1(x)$	x	$J_0(x)$	$J_1(x)$	$Y_0(x)$	$Y_1(x)$
10,00	−0,24594	0,04347	0,05567	0,24902	10,50	−0,23665	−0,07885	−0,06753	0,23370
1	636	4097	5318	931	1	585	−0,08114	986	280
2	676	3846	5069	958	2	503	341	−0,07219	186
3	713	3596	4819	983	3	418	568	450	091
4	747	3345	4569	0,25005	4	331	793	680	0,22994
5	780	3094	4319	024	5	242	−0,09018	910	894
6	809	2843	4068	041	6	151	241	−0,08138	792
7	836	2592	3818	056	7	057	463	366	688
8	861	2341	3567	068	8	−0,22962	684	592	582
9	883	2090	3317	077	9	864	904	817	473
10,10	903	1840	3066	084	10,60	764	−0,10123	−0,09042	363
1	920	1589	2815	089	1	661	340	265	250
2	935	1338	2564	091	2	557	557	487	136
3	947	1087	2313	091	3	450	772	707	019
4	956	0837	2062	088	4	341	985	927	0,21900
5	964	0587	1811	082	5	230	−0,11198	−0,10145	779
6	968	0337	1561	075	6	117	409	362	656
7	970	+ 0087	1310	064	7	002	619	578	531
8	970	−0,00163	1059	052	8	−0,21885	827	793	404
9	967	0412	0809	036	9	766	−0,12034	−0,11006	275
10,20	962	0662	0559	019	10,70	644	240	219	144
1	954	0910	0308	0,24998	1	521	444	429	012
2	944	1159	+ 0059	976	2	395	647	639	0,20877
3	931	1407	−0,00191	951	3	268	849	847	740
4	915	1655	0440	923	4	138	−0,13049	−0,12054	601
5	898	1902	0690	893	5	007	247	259	460
6	877	2149	0938	861	6	−0,20873	444	463	318
7	855	2395	1187	826	7	738	639	665	173
8	829	2641	1435	789	8	601	833	866	027
9	802	2887	1682	749	9	461	−0,14026	−0,13066	0,19879
10,30	772	3132	1930	707	10,80	320	217	264	729
1	739	3376	2177	663	1	177	406	460	577
2	704	3620	2423	616	2	032	594	655	423
3	667	3863	2669	566	3	−0,19885	780	849	268
4	627	4106	2914	515	4	736	964	−0,14041	111
5	585	4348	3159	461	5	586	−0,15147	231	0,18952
6	540	4589	3404	404	6	434	328	420	791
7	493	4830	3647	345	7	279	507	607	629
8	443	5070	3890	284	8	123	685	792	465
9	391	5309	4133	221	9	−0,18966	861	976	299
10,40	337	5547	4375	155	10,90	806	−0,16035	−0,15158	132
1	281	5785	4616	087	1	645	207	339	0,17963
2	221	6022	4857	016	2	482	378	518	792
3	160	6258	5096	0,23944	3	317	547	695	620
4	096	6493	5335	869	4	151	714	870	446
5	030	6727	5574	791	5	−0,17983	880	−0,16044	271
6	−0,23962	6961	5811	712	6	814	−0,17043	215	094
7	891	7193	6048	630	7	642	205	385	0,16915
8	818	7425	6284	546	8	469	365	554	735
9	743	7655	6519	459	9	295	522	720	554

x	$J_0(x)$	$J_1(x)$	$Y_0(x)$	$Y_1(x)$	x	$J_0(x)$	$J_1(x)$	$Y_0(x)$	$Y_1(x)$
11,00	−0,17119	−0,17679	−0,16885	0,16371	**11,50**	−0,06765	−0,22838	−0,22523	0,05794
1	−0,16941	833	−0,17048	186	1	537	885	580	564
2	762	985	208	000	2	308	929	634	333
3	582	−0,18135	368	0,15813	3	078	971	687	102
4	400	284	525	624	4	−0,05848	−0,23011	737	0,04870
5	216	430	680	434	5	618	048	784	639
6	031	575	833	243	6	387	083	829	407
7	−0,15845	717	985	050	7	156	116	872	175
8	657	858	−0,18134	0,14856	8	−0,04925	146	913	0,03942
9	467	996	282	660	9	693	174	951	709
11,10	277	−0,19133	428	464	**11,60**	462	200	987	477
1	085	267	571	266	1	229	224	−0,23021	244
2	−0,14891	400	713	067	2	−0,03997	245	052	011
3	697	530	853	0,13866	3	765	263	081	0,02778
4	501	659	990	665	4	532	280	107	544
5	304	785	−0,19126	462	5	299	394	132	311
6	105	909	259	258	6	066	306	154	078
7	−0,13905	−0,20031	391	053	7	−0,02833	315	173	0,01844
8	705	151	521	0,12847	8	600	323	191	611
9	502	269	646	640	9	366	327	205	378
11,20	299	385	773	431	**11,70**	133	330	218	145
1	095	499	897	222	1	−0,01900	330	228	0,00912
2	−0,12889	611	−0,20018	012	2	667	328	236	678
3	683	720	137	0,11800	3	433	324	242	446
4	475	827	254	588	4	200	317	245	213
5	266	933	369	374	5	−0,00967	308	246	020
6	056	−0,21035	481	160	6	734	297	245	252
7	−0,11845	136	592	0,10945	7	501	283	241	484
8	633	235	700	729	8	268	267	235	716
9	421	331	806	512	9	− 036	249	227	948
11,30	207	426	910	294	**11,80**	+0,00197	228	216	0,01179
1	−0,10992	518	−0,21012	076	1	429	206	203	410
2	777	607	112	0,09856	2	661	181	188	641
3	560	695	209	636	3	892	153	170	871
4	343	780	305	415	4	0,01124	124	151	0,02101
5	124	863	398	193	5	355	092	128	330
6	−0,09905	944	488	0,08971	6	586	058	104	559
7	686	−0,22023	577	748	7	816	021	077	788
8	465	099	663	524	8	0,02046	−0,22982	048	0,03016
9	244	173	747	299	9	276	941	017	244
11,40	021	245	829	074	**11,90**	505	898	−0,22983	471
1	−0,08799	315	909	0,07849	1	734	853	947	698
2	575	382	986	622	2	962	805	909	924
3	351	447	−0,22061	396	3	0,03190	755	869	0,04149
4	126	510	134	168	4	417	703	826	374
5	−0,07901	570	205	0,06940	5	644	649	782	599
6	675	628	273	712	6	870	593	734	822
7	448	684	339	483	7	0,04096	534	685	0,05045
8	221	738	403	254	8	321	473	634	267
9	−0,06994	789	464	024	9	545	410	580	489

x	$J_0(x)$	$J_1(x)$	$Y_0(x)$	$Y_1(x)$	x	$J_0(x)$	$J_1(x)$	$Y_0(x)$	$Y_1(x)$
12,00	0,04769	—0,22345	—0,22524	—0,05710	**12,50**	0,14688	—0,16548	—0,17121	—0,15384
1	992	277	466	930	1	853	388	—0,16967	542
2	0,05214	208	405	—0,06149	2	0,15016	225	811	698
3	436	136	343	368	3	178	061	653	853
4	657	062	278	586	4	337	—0,15896	494	—0,16006
5	877	—0,21986	211	802	5	495	729	333	157
6	0,06097	908	142	—0,07019	6	652	561	170	307
7	316	828	070	234	7	807	391	007	455
8	533	746	—0,21997	448	8	960	220	—0,15841	601
9	750	661	922	661	9	0,16111	048	675	745
12,10	967	575	844	874	**12,60**	261	—0,14874	506	888
1	0,07182	486	764	—0,08085	1	409	699	337	—0,17029
2	396	396	682	296	2	555	523	166	168
3	610	303	598	505	3	699	345	—0,14993	305
4	822	208	512	714	4	842	166	820	440
5	0,08034	112	424	921	5	982	—0,13986	645	573
6	245	013	334	—0,09127	6	0,17121	804	468	705
7	454	—0,20912	241	333	7	258	622	291	835
8	663	810	147	537	8	394	438	112	963
9	870	705	051	740	9	527	253	—0,13931	—0,18089
12,20	0,09077	598	—0,20952	942	**12,70**	659	066	750	213
1	282	490	852	—0,10143	1	789	—0,12879	567	335
2	487	379	749	342	2	916	690	383	455
3	690	266	645	541	3	0,18042	501	198	574
4	892	152	539	738	4	166	310	012	690
5	0,10093	036	430	934	5	289	118	—0,12824	805
6	293	—0,19917	320	—0,11129	6	409	—0,11925	636	917
7	491	797	208	322	7	527	731	446	—0,19028
8	689	675	093	514	8	643	536	255	136
9	885	552	—0,19977	705	9	758	340	063	243
12,30	0,11080	426	859	895	**12,80**	870	143	—0,11870	347
1	273	298	739	—0,12083	1	981	—0,10945	676	450
2	466	169	618	270	2	0,19089	746	481	551
3	657	038	494	456	3	196	547	286	649
4	847	—0,18905	369	640	4	300	346	088	746
5	0,12035	770	241	822	5	402	145	—0,10890	840
6	222	634	112	—0,13004	6	503	—0,09942	691	933
7	408	496	—0,18981	184	7	601	739	492	—0,20023
8	592	356	848	362	8	698	535	291	111
9	775	214	714	539	9	792	330	089	198
12,40	956	071	578	714	**12,90**	884	125	—0,09887	282
1	0,13136	—0,17926	440	888	1	974	—0,08919	684	364
2	315	779	300	—0,14061	2	0,20063	712	480	444
3	492	631	158	232	3	149	504	275	522
4	667	481	015	401	4	233	295	069	598
5	841	330	—0,17870	569	5	315	086	—0,08863	671
6	0,14014	177	724	735	6	394	—0,07877	656	743
7	185	022	576	900	7	472	666	448	812
8	352	—0,16866	426	—0,15063	8	548	455	240	880
9	522	708	274	224	9	621	244	031	945

x	$J_0(x)$	$J_1(x)$	$Y_0(x)$	$Y_1(x)$	x	$J_0(x)$	$J_1(x)$	$Y_0(x)$	$Y_1(x)$
13,00	0,20693	−0,07032	−0,07821	−0,21008	**13,50**	0,21499	0,03805	0,03008	−0,21402
1	762	6819	7610	069	1	460	4017	221	355
2	829	6606	7399	128	2	419	4228	435	306
3	894	6392	7188	185	3	375	4439	648	255
4	957	6178	6976	239	4	330	4649	860	202
5	0,21018	5964	6763	292	5	282	4859	0,04072	147
6	076	5749	6550	342	6	233	5068	283	089
7	133	5534	6336	390	7	181	5276	493	030
8	187	5318	6122	436	8	127	5483	703	−0,20968
9	239	5102	5908	480	9	071	5690	913	905
13,10	289	4885	5693	521	**13,60**	013	5896	0,05122	839
1	337	4668	5477	561	1	0,20953	6102	330	772
2	382	4451	5261	598	2	891	6307	537	702
3	426	4234	5045	633	3	827	6510	744	631
4	467	4016	4829	666	4	761	6714	950	557
5	506	3799	4612	696	5	693	6916	0,06155	482
6	543	3581	4395	725	6	623	7117	359	404
7	578	3362	4177	751	7	551	7318	563	325
8	610	3144	3960	776	8	476	7518	766	243
9	640	2925	3742	797	9	400	7716	968	160
13,20	669	2707	3524	818	**13,70**	322	7914	0,07169	074
1	695	2488	3306	835	1	242	8111	369	−0,19987
2	718	2269	3087	850	2	160	8307	569	898
3	740	2050	2869	864	3	076	8502	767	807
4	759	1831	2650	875	4	0,19990	8696	965	713
5	777	1612	2431	884	5	902	8889	0,08161	619
6	792	1393	2212	890	6	812	9082	357	522
7	804	1174	1993	895	7	720	9272	552	423
8	815	0955	1774	897	8	627	9462	746	322
9	824	0736	1555	897	9	531	9651	938	220
13,30	830	0518	1336	895	**13,80**	434	9839	0,09130	116
1	834	0299	1117	891	1	334	0,10026	321	010
2	836	− 0081	0899	885	2	233	0211	510	−0,18902
3	836	+0,00138	0680	876	3	130	0396	699	792
4	833	0356	0461	866	4	025	0579	886	681
5	828	0574	0243	853	5	0,18918	0761	0,10072	568
6	822	0792	− 0024	838	6	810	0942	257	455
7	813	1009	+0,00194	820	7	700	1121	441	336
8	801	1226	0412	801	8	588	1300	624	217
9	788	1443	0630	780	9	474	1477	806	097
13,40	773	1660	0848	756	**13,90**	358	1652	986	−0,17975
1	755	1876	1065	730	1	241	1827	0,11165	851
2	735	2092	1283	702	2	121	2000	343	726
3	713	2308	1499	672	3	001	2172	520	599
4	689	2523	1716	640	4	0,17878	2343	− 695	470
5	663	2738	1932	606	5	754	2512	869	340
6	634	2952	2148	569	6	628	2680	0,12042	208
7	603	3166	2364	531	7	500	2846	213	075
8	571	3380	2579	490	8	371	3012	383	−0,16940
9	536	3592	2793	447	9	240	3175	552	803

x	$J_0(x)$	$J_1(x)$	$Y_0(x)$	$Y_1(x)$	x	$J_0(x)$	$J_1(x)$	$Y_0(x)$	$Y_1(x)$
14,00	0,17107	0,13338	0,12719	—0,16664	**14,50**	0,08754	0,19343	0,19030	—0,08104
1	0,16973	498	885	525	1	561	416	110	—0,07908
2	837	658	0,13050	383	2	366	487	188	711
3	700	816	213	240	3	171	557	264	514
4	561	972	375	096	4	0,07975	624	339	315
5	421	0,14127	535	—0,15950	5	778	689	411	117
6	279	280	694	802	6	581	752	481	—0,06917
7	135	432	851	654	7	383	814	549	718
8	0,15990	582	0,14007	503	8	185	873	615	517
9	843	731	161	351	9	0,06986	930	679	316
14,10	695	878	314	198	**14,60**	786	985	742	115
1	546	0,15024	465	044	1	586	0,20038	802	—0,05913
2	395	168	614	—0,14888	2	386	090	860	711
3	242	310	763	730	3	185	139	916	508
4	089	451	909	571	4	0,05983	186	970	305
5	0,14933	590	0,15054	411	5	781	231	0,20022	102
6	777	728	197	250	6	578	274	072	—0,04898
7	619	864	339	087	7	375	315	120	693
8	460	998	479	—0,13923	8	172	354	166	489
9	299	0,16130	617	758	9	0,04968	390	210	284
14,20	137	261	754	592	**14,70**	764	425	252	079
1	0,13974	390	889	424	1	560	458	291	—0,03873
2	809	517	0,16023	255	2	355	489	329	668
3	643	643	154	085	3	150	517	365	462
4	476	767	284	—0,12913	4	0,03945	544	398	256
5	308	889	413	741	5	739	568	430	050
6	139	0,17009	539	567	6	533	591	459	—0,02843
7	0,12968	128	664	393	7	327	611	487	637
8	796	245	787	217	8	121	629	512	430
9	623	360	908	040	9	0,02915	645	535	223
14,30	449	473	0,17028	—0,11862	**14,80**	708	660	557	016
1	273	584	146	683	1	502	672	576	—0,01809
2	097	694	261	502	2	295	682	593	602
3	0,11920	801	376	321	3	088	690	608	395
4	741	907	488	139	4	0,01881	696	621	188
5	561	0,18011	598	—0,10956	5	674	699	631	—0,00981
6	381	113	707	772	6	467	701	640	774
7	199	214	814	587	7	260	701	647	567
8	017	312	919	401	8	053	698	652	360
9	0,10833	409	0,18022	214	9	0,00846	694	654	— 154
14,40	648	503	123	026	**14,90**	639	688	654	+0,00053
1	463	596	222	—0,09838	1	432	679	653	259
2	277	687	320	648	2	226	669	649	466
3	089	775	415	458	3	+ 019	656	644	672
4	0,09901	862	509	267	4	—0,00188	641	636	878
5	712	947	601	075	5	394	625	626	0,01083
6	522	0,19030	690	—0,08882	6	600	506	614	289
7	331	111	778	689	7	806	585	600	494
8	140	191	864	495	8	—0,01012	562	584	699
9	0,08948	268	948	300	9	217	537	566	903

x	$J_0(x)$	$J_1(x)$	$Y_0(x)$	$Y_1(x)$	x	$J_0(x)$	$J_1(x)$	$Y_0(x)$	$Y_1(x)$
15,00	—0,01422	0,20510	0,20546	0,02107	**15,50**	—0,10923	0,16721	0,17064	0,11479
1	627	481	524	311	1	—0,11090	601	0,16949	641
2	832	451	500	515	2	255	478	832	803
3	—0,02036	418	474	718	3	419	354	713	263
4	240	383	446	921	4	582	224	592	0,12121
5	444	346	416	0,03123	5	744	102	470	279
6	647	307	383	325	6	904	0,15973	347	435
7	850	266	349	526	7	—0,12063	843	222	590
8	—0,03053	223	313	727	8	221	711	095	743
9	255	178	275	927	9	377	578	0,15967	895
15,10	456	131	234	0,04127	**15,60**	533	444	837	0,13046
1	657	082	192	327	1	686	308	706	195
2	858	031	148	525	2	839	171	573	343
3	—0,04058	0,19978	102	724	3	990	032	439	490
4	257	924	053	921	4	—0,13139	0,14892	303	635
5	456	867	003	0,05118	5	288	750	166	778
6	655	808	0,19951	315	6	434	607	028	921
7	853	748	897	510	7	580	463	0,14888	0,14061
8	—0,05050	685	841	705	8	724	317	747	200
9	246	621	783	900	9	866	170	604	338
15,20	442	555	723	0,06093	**15,70**	—0,14007	022	460	474
1	637	486	661	286	1	146	0,13872	315	609
2	832	416	597	478	2	284	721	168	742
3	—0,06026	344	531	669	3	421	569	020	873
4	219	270	464	860	4	556	415	0,13870	0,15003
5	411	195	394	0,07050	5	689	261	720	132
6	603	117	323	239	6	821	105	568	258
7	793	037	249	427	7	951	0,12948	414	384
8	983	0,18956	174	614	8	—0,15080	789	260	507
9	—0,07172	873	097	800	9	207	630	104	629
15,30	361	788	018	986	**15,80**	333	469	0,12947	750
1	548	701	0,18937	0,08170	1	456	307	789	868
2	735	613	855	354	2	579	144	630	985
3	920	522	770	536	3	699	0,11980	469	0,16101
4	—0,08105	430	684	718	4	818	815	308	214
5	289	336	596	899	5	936	649	144	326
6	472	240	506	0,09078	6	—,016051	482	0,11982	437
7	654	143	414	257	7	165	314	817	545
8	835	044	321	434	8	278	144	651	652
9	—0,09015	0,17943	228	611	9	388	0,10974	484	757
15,40	194	840	129	786	**15,90**	497	803	316	861
1	372	736	030	961	1	604	631	146	962
2	548	630	0,17930	0,10134	2	710	457	0,10976	0,17062
3	724	522	827	306	3	813	283	805	160
4	899	412	723	477	4	915	108	633	257
5	—0,10072	301	618	647	5	—0,17016	0,09932	460	351
6	245	189	510	816	6	114	755	286	444
7	416	074	401	983	7	211	578	111	535
8	586	0,16958	291	0,11150	8	306	399	0,09935	625
9	755	841	178	315	9	399	220	759	712
					16,00	490	040	581	798

XVI Tabelle für die ersten sechzig Nullstellen von $J_0(x) = 0$ mit den entsprechenden Werten von $J_1(x)$

Nr. der Nullstelle n	Wert der Nullstelle x_n	$J_1(x_n)$	Nr. der Nullstelle n	Wert der Nullstelle x_n	$J_1(x_n)$	Nr. der Nullstelle n	Wert der Nullstelle x_n	$J_1(x_n)$
1	2,40483	+0,51915	21	65,18996	+0,09882	41	128,02088	+0,07052
2	5,52008	−0,34026	22	68,33147	−0,09652	42	131,16245	−0,06967
3	8,65373	+0,27145	23	71,47298	+0,09438	43	134,30402	+0,06885
4	11,79153	−0,23246	24	74,61450	−0,09237	44	137,44559	−0,06806
5	14,93092	+0,20655	25	77,75603	+0,09049	45	140,58716	+0,06730
6	18,07106	−0,18773	26	80,89756	−0,08871	46	143,72873	−0,06657
7	21,21164	+0,17327	27	84,03909	+0,08704	47	146,87031	+0,06586
8	24,35247	−0,16170	28	87,18063	−0,08545	48	150,01188	−0,06518
9	27,49348	+0,15218	29	90,32217	+0,08395	49	153,15346	+0,06452
10	30,63461	−0,14417	30	93,46372	−0,08253	50	156,29503	−0,06388
11	33,77582	+0,13730	31	96,60527	+0,08118	51	159,43661	+0,06327
12	36,91710	−0,13132	32	99,74682	−0,07989	52	162,57819	−0,06268
13	40,05843	+0,12607	33	102,88837	+0,07866	53	165,71977	+0,06211
14	43,19979	−0,12140	34	106,02993	−0,07749	54	168,86134	−0,06157
15	46,34119	+0,11721	35	109,17149	+0,07636	55	172,00292	+0,06104
16	49,48261	−0,11343	36	112,31305	−0,07529	56	175,14450	−0,06053
17	52,62405	+0,10999	37	115,45461	+0,07426	57	178,28608	+0,06005
18	55,76551	−0,10685	38	118,59618	−0,07327	58	181,42766	−0,05958
19	58,90698	+0,10396	39	121,73774	+0,07232	59	184,56924	+0,05913
20	62,04847	−0,10129	40	124,87931	−0,07140	60	187,71082	−0,05870

XVII Tabelle für die ersten sechzig Nullstellen von $J_1(x) = 0$ mit den entsprechenden maximalen oder minimalen Werten von $J_0(x)$

Nr. der Nullstelle n	Wert der Nullstelle x_n	$J_0(x_n)$	Nr. der Nullstelle n	Wert der Nullstelle x_n	$J_0(x_n)$	Nr. der Nullstelle n	Wert der Nullstelle x_n	$J_0(x_n)$
1	3,83171	−0,40276	21	66,75323	−0,09765	41	129,58780	−0,07009
2	7,01559	+0,30012	22	69,89507	+0,09543	42	132,72946	+0,06926
3	10,17347	−0,24970	23	73,03690	−0,09336	43	135,87112	−0,06845
4	13,32369	+0,21836	24	76,17870	+0,09141	44	139,01278	+0,06767
5	16,47063	−0,19647	25	79,32049	−0,08958	45	142,15443	−0,06692
6	19,61586	+0,18006	26	82,46226	+0,08786	46	145,29608	+0,06619
7	22,76008	−0,16718	27	85,60402	−0,08623	47	148,43773	−0,06549
8	25,90367	+0,15672	28	88,74577	+0,08469	48	151,57937	+0,06481
9	29,04683	−0,14801	29	91,88750	−0,08323	49	154,72101	−0,06414
10	32,18968	+0,14061	30	95,02923	+0,08185	50	157,86266	+0,06350
11	35,33231	−0,13421	31	98,17095	−0,08053	51	161,00429	−0,06288
12	38,47477	+0,12862	32	101,31266	+0,07927	52	164,14593	+0,06228
13	41,61709	−0,12367	33	104,45437	−0,07807	53	167,28757	−0,06169
14	44,75932	+0,11925	34	107,59606	+0,07691	54	170,42920	+0,06112
15	47,90146	−0,11527	35	110,73775	−0,07582	55	173,57083	−0,06056
16	51,04354	+0,11167	36	113,87944	+0,07477	56	176,71246	+0,06002
17	54,18555	−0,10839	37	117,02112	−0,07376	57	179,85409	−0,05949
18	57,32753	+0,10537	38	120,16280	+0,07279	58	182,99572	+0,05898
19	60,46946	−0,10260	39	123,30447	−0,07185	59	186,13735	−0,05848
20	63,61136	+0,10004	40	126,44614	+0,07095	60	189,27898	+0,05799

Die erste Nullstelle von $J_{1000}(x) = 0$: $x_1 = 1018{,}66087$.

(Nach Prof. Ikeda, Z. angew. Math. u. Mech. Bd. 5, 1925, S. 80—83.)

XVIII Tabelle für die ersten vierzig Nullstellen
von $Y_0(x) = 0$, $Y_1(x) = 0$

Nr. der Nullstelle n	Wert der Nullstelle x_n für $Y_0(x)$	x_n für $Y_1(x)$	(n)	x_n für $Y_0(x)$	x_n für $Y_1(x)$	(n)	x_n für $Y_0(x)$	x_n für $Y_1(x)$	(n)	x_n für $Y_0(x)$	x_n für $Y_1(x)$
1	0,89358	2,19714	11	32,20520	33,76102	21	63,61922	65,18230	31	95,03449	96,60009
2	3,95768	5,42968	12	35,34645	36,90356	22	66,76071	68,32415	32	98,17604	99,74181
3	7,08605	8,59601	13	38,48776	40,04594	23	69,90222	71,46599	33	101,31760	102,88351
4	10,22235	11,74915	14	41,62910	43,18822	24	73,04374	74,60780	34	104,45915	106,02522
5	13,36110	14,89744	15	44,77049	46,33040	25	76,18526	77,74960	35	107,60071	109,16691
6	16,50092	18,04340	16	47,91190	49,47251	26	79,32679	80,89138	36	110,74227	112,30860
7	19,64131	21,18807	17	51,05333	52,61455	27	82,46832	84,03314	37	113,88383	115,45038
8	22,78203	24,33194	18	54,19478	55,75654	28	85,60986	87,17489	38	117,02539	118,59196
9	25,92296	27,47530	19	57,33625	58,89850	29	88,75140	90,31664	39	120,16696	121,73363
10	29,06403	30,61829	20	60,47773	62,04041	30	91,89295	93,45837	40	123,30853	124,87531

XIX[1])

n	$J_0(n\pi)$	n	$J_0(n\pi)$
1	−0,30424	26	+0,06233
2	+0,22028	27	−0,06117
3	−0,18121	28	+0,06007
4	+0,15751	29	−0,05903
5	−0,14118	30	+0,05804
6	+0,12906	31	−0,05710
7	−0,11961	32	+0,05620
8	+0,11197	33	−0,05534
9	−0,10563	34	+0,05453
10	+0,10025	35	−0,05374
11	−0,09562	36	+0,05299
12	+0,09158	37	−0,05227
13	−0,08801	38	+0,05158
14	+0,08483	39	−0,05092
15	−0,08197	40	+0,05028
16	+0,07938	41	−0,04966
17	−0,07702	42	+0,04907
18	+0,07486	43	−0,04850
19	−0,07287	44	+0,04794
20	+0,07103	45	−0,04741
21	−0,06933	46	+0,04689
22	+0,06774	47	−0,04639
23	−0,06626	48	+0,04591
24	+0,06487	49	−0,04544
25	−0,06356	50	+0,04498

XLVIII

n	$n\pi$	$\dfrac{n\pi}{2}$	$\dfrac{\pi}{n}$	$\dfrac{n}{\pi}$
1	3,14159	1,57080	3,14159	0,31831
2	6,28319	3,14159	1,57080	0,63662
3	9,42478	4,71239	1,04720	0,95493
4	12,56637	6,28319	0,78540	1,27324
5	15,70796	7,85398	0,62832	1,59155
6	18,84956	9,42478	0,52360	1,90986
7	21,99115	10,99557	0,44880	2,22817
8	25,13274	12,56637	0,39270	2,54648
9	28,27433	14,13717	0,34907	2,86479

n	$\dfrac{1}{n\pi}$	$\dfrac{2n}{\pi}$	$\dfrac{n\pi}{4}$	$\dfrac{4n}{\pi}$
1	0,31831	0,63662	0,78540	1,27324
2	0,15915	1,27324	1,57080	2,54648
3	0,10610	1,90986	2,35619	3,81972
4	0,07958	2,54648	3,14159	5,09296
5	0,06366	3,18310	3,92699	6,36620
6	0,05305	3,81972	4,71239	7,63944
7	0,04547	4,45634	5,49779	8,91268
8	0,03979	5,09296	6,28319	10,18592
9	0,03537	5,72958	7,06858	11,45916

[1]) Nach Prof. Nagaoka, Journal of the Coll. of Sci. Imp. Univ. Japan, IV (1891), S. 315.

XXV

x	$J_{\frac{1}{3}}(x)$	$J_{-\frac{1}{3}}(x)$	$Y_{\frac{1}{3}}(x)$	$Y_{-\frac{1}{3}}(x)$
0	0	∞	−∞	−∞
0,1	0,41178	1,99705	−2,06826	−0,67751
2	0,51590	1,56723	−1,51183	−0,30913
3	0,58501	1,34329	−1,21334	−0,10003
4	0,63541	1,18793	−1,00485	+0,04786
5	0,67283	1,06442	−0,84063	0,16237
6	0,70003	0,95820	−0,70228	0,25510
7	1856	0,86232	−0,58086	0,33186
8	2944	0,77305	−0,47150	0,39596
9	3336	0,68831	−0,37139	0,44941
1,0	3088	0,60689	−0,27880	0,49356
1	2245	0,52810	−0,19269	0,52931
2	0848	0,45159	−0,11241	5735
3	0,68935	0,37720	−0,03756	7822
4	6545	0,30495	+0,03207	9233
5	3713	0,23490	0,09661	0,60008
6	0479	0,16722	0,15609	0,60181
7	0,56880	0,10209	0,21052	0,59785
8	0,52956	+0,03973	0,25986	8855
9	0,48747	−0,01962	0,30410	7421
2,0	0,44294	−0,07575	0,34320	5520
1	0,39638	−0,12842	0,37714	3185
2	0,34822	−0,17741	0,40591	0452
3	0,29888	−0,22254	2952	0,47360
4	0,24877	−0,26361	4802	0,43945
5	0,19832	−0,30048	6146	0,40248
6	0,14794	− 3300	6993	0,36309
7	0,09804	− 6109	7355	0,32168
8	0,04900	− 8467	7247	0,27867
9	+0,00122	−0,40369	6685	0,23448
3,0	−0,04496	− 1816	5689	0,18951
1	−0,08919	− 2810	4283	0,14417
2	−0,13115	− 3356	2491	0,09887
3	−0,17054	− 3463	0340	0,05401
4	−0,20709	− 3143	0,37861	+0,01004
5	− 4057	− 2412	5084	−0,03292
6	− 7075	− 1288	2043	−0,07426
7	− 9746	−0,39790	0,28772	−0,11374
8	−0,32054	− 7944	5307	−0,15106
9	− 3990	− 5774	1685	−0,18593
4,0	− 5543	− 3309	0,17942	−0,21810
1	− 6709	− 0574	4115	− 4740
2	− 7488	−0,27614	0242	− 7344
3	− 7880	−0,24448	0,06360	− 9625
4	− 7891	−0,21115	+0,02505	−0,31562
5	− 7530	−0,17649	−0,01289	− 3146
6	− 6808	−0,14086	−0,04986	− 4370
7	− 5740	−0,10461	−0,08555	− 5229
8	− 4342	−0,06810	−0,11964	− 5723
9	− 2636	−0,03167	−0,15186	− 5856

x	$J_{\frac{1}{3}}(x)$	$J_{-\frac{1}{3}}(x)$	$Y_{\frac{1}{3}}(x)$	$Y_{-\frac{1}{3}}(x)$
5,0	−0,30642	0,00434	−0,18192	−0,35633
1	−0,28386	0,03959	−0,20960	− 5063
2	− 5895	0,07377	− 3468	− 4159
3	− 3195	0,10657	− 5697	− 2936
4	− 0317	3770	− 7631	− 1411
5	−0,17292	6691	− 9256	−0,29604
6	−0,14151	9394	−0,30564	− 7537
7	−0,10925	0,21858	− 1547	− 5235
8	−0,07648	4063	− 2202	− 2725
9	−0,04352	5993	− 2527	− 0032
6,0	−0,01067	7634	− 2526	−0,17187
1	+0,02173	8975	− 2203	−0,14220
2	0,05339	0,30008	− 1568	−0,11160
3	0,08402	0728	− 0630	−0,08039
4	0,11334	1132	−0,29405	−0,04887
5	0,14108	1223	− 7908	−0,01736
6	0,16700	1003	− 6157	+0,01384
7	0,19088	0480	− 4175	0,04443
8	0,21252	0,29663	− 1982	0,07414
9	3174	8564	−0,19604	0,10267
7,0	4839	7199	− 7066	2978
1	6234	5584	− 4395	5522
2	7350	3738	− 1620	7876
3	8180	1682	−0,08767	0,20021
4	8720	0,19440	− 5866	1939
5	8968	7035	− 2946	3614
6	8925	4494	− 0036	5034
7	8597	1842	+0,02837	6184
8	7990	0,09107	0,05644	7062
9	7112	6316	0,08360	7660
8,0	5978	3498	0,10959	7977
1	4599	+ 0681	3417	8012
2	2994	−0,02109	5711	7769
3	1181	− 4844	7822	7254
4	0,19179	− 7499	9732	6475
5	7010	−0,10047	0,21422	5442
6	4698	− 2466	2881	4170
7	2267	− 4734	4096	2672
8	0,09743	− 6829	5058	0966
9	7150	− 8734	5760	0,19072
9,0	4515	−0,20432	6199	7009
1	+ 1864	− 1908	6373	4801
2	−0,00776	− 3150	6283	2470
3	− 3380	− 4149	5934	0040
4	− 5922	− 4898	5331	0,07537
5	− 8379	− 5392	4483	0,04985
6	−0,10727	− 5629	3401	+0,02410
7	− 2944	− 5609	2097	−0,00161
8	− 5010	− 5334	0588	− 2705
9	− 6906	− 4811	0,18889	− 5196
10,0	− 8615	− 4047	0,17020	− 7611

Die erste Nullstelle von $J_{-\frac{1}{3}}(x) = 0$: $x_1 = 1,86635\,0858$.

(Nach Prof. Ikeda: Z. angew. Math. u. Mech. Bd. 5, 1925, S. 80—83.)

XXII

Tafel der Funktionen $J_{\frac{1}{2}}(x)$, $J_{-\frac{1}{2}}(x)$, $J_{\frac{3}{2}}(x)$, $J_{-\frac{3}{2}}(x)$

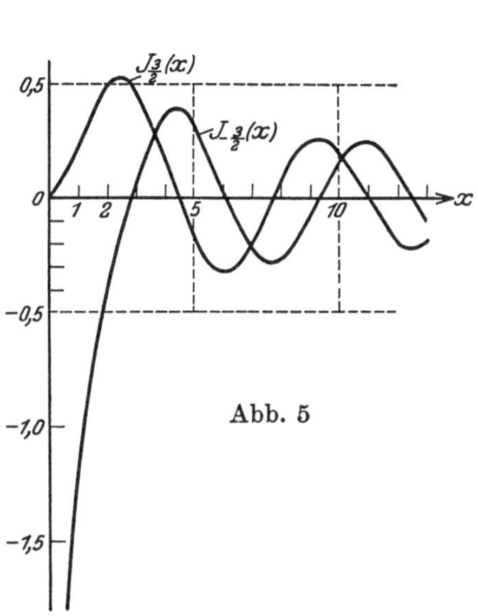

Abb. 5

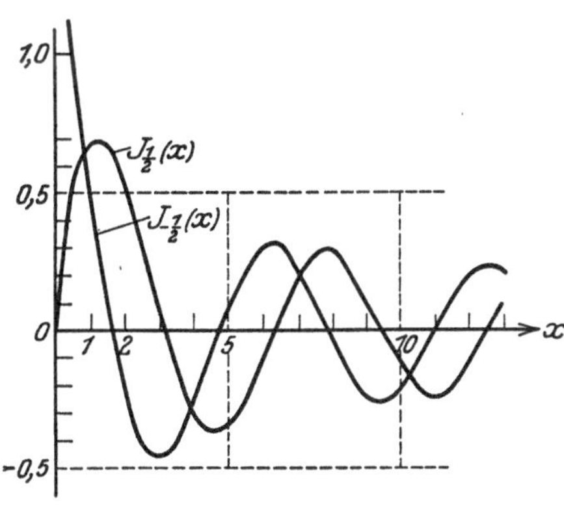

Abb. 6

x	$J_{\frac{1}{2}}(x)$	$J_{-\frac{1}{2}}(x)$	$J_{\frac{3}{2}}(x)$	$J_{-\frac{3}{2}}(x)$	x	$J_{\frac{1}{2}}(x)$	$J_{-\frac{1}{2}}(x)$	$J_{\frac{3}{2}}(x)$	$J_{-\frac{3}{2}}(x)$
0	0	∞	0	$-\infty$	0,50	0,54097	0,99025	0,09170	−2,52147
0,01	0,07979	7,97845	0,00024	−797,92445	1	4542	7508	437	−2,45735
2	0,11283	5,64077	075	−282,15121	2	4978	6021	706	−2,39635
3	3818	4,60452	138	−153,62204	3	5405	4562	977	−2,33824
4	5953	3,98623	213	− 99,81533	4	5824	3129	0,10249	−2,28284
5	7834	3,56379	297	− 71,45412	5	6234	1720	0524	−2,22998
6	9532	3,25149	391	− 54,38680	6	6636	0336	0800	−2,17950
7	0,21093	3,00833	492	− 43,18714	7	7030	0,88974	1078	−2,13833
8	2544	2,68355	601	− 35,37451	8	7415	7634	1357	−2,08508
9	3904	2,64885	718	− 29,67072	9	7792	6315	1639	−2,04088
0,10	5189	2,51053	840	− 25,35717	0,60	8162	5015	1921	−1,99853
1	6410	2,39117	969	− 22,00203	1	8523	3734	2206	−1,95792
2	7573	2,28673	0,01104	− 19,33182	2	8877	2471	2492	−1,91896
3	8687	2,19426	245	− 17,16580	3	9223	1226	2779	−1,88154
4	9757	2,11157	390	− 15,38023	4	9562	0,79997	3068	−1,84558
5	0,30786	2,03700	542	− 13,88784	5	9893	8785	3358	−1,81100
6	1779	1,96923	698	− 12,62550	6	0,60216	7587	3649	−1,77773
7	2739	1,90726	859	− 11,54656	7	0532	6405	3941	−1,74569
8	3669	1,85025	0,02025	− 10,61584	8	0841	5236	4235	−1,71482
9	4570	1,79753	195	− 9,80640	9	1142	4081	4530	−1,68506
0,20	5445	1,74856	369	− 9,09725	0,70	1436	2940	4827	−1,65635
1	6296	1,70288	548	− 8,47189	1	1723	1810	5124	−1,62865
2	7123	1,66009	731	− 7,91712	2	1903	0693	5422	−1,60188
3	7929	1,61989	918	− 7,42230	3	2276	0,69588	5721	−1,57602
4	8714	1,58199	0,03109	− 6,97878	4	2542	8495	6021	−1,55102
5	9480	1,54616	304	− 6,57944	5	2891	7412	6322	−1,52683
6	0,40227	1,51219	502	− 6,21838	6	3053	6340	6624	−1,50342
7	0957	1,47990	704	− 5,89068	7	3298	5278	6927	−1,48074
8	1671	1,44914	910	− 5,59220	8	3536	4226	7231	−1,45877
9	2368	1,41977	0,04119	− 5,31943	9	3768	3184	7535	−1,43747
0,30	3049	1,39167	331	− 5,06939	0,80	3993	2151	7840	−1,41681
1	3716	1,36473	547	− 4,83953	1	4211	1127	8146	−1,39676
2	4369	1,33887	765	− 4,62766	2	4422	0112	8452	−1,37729
3	5008	1,31399	987	− 4,43188	3	4627	0,59105	8759	−1,35838
4	5633	1,29003	0,05212	− 4,25053	4	4826	8107	9067	−1,34001
5	6246	1,26690	440	− 4,08218	5	5018	7117	9375	−1,32214
6	6846	1,24456	671	− 3,92558	6	5203	6134	9683	−1,30476
7	7434	1,22295	904	− 3,77960	7	5382	`5160	9992	−1,28785
8	8010	1,20201	0,06141	− 3,64327	8	5555	4193	0,20302	−1,27138
9	8574	1,18170	380	− 3,51574	9	5721	3233	0611	−1,25534
0,40	9128	1,16198	621	− 3,39623	0,90	5881	2280	0921	−1,23970
1	9670	1,14281	866	− 3,28405	1	6035	1334	1232	−1,22446
2	0,50202	1,12416	0,07112	− 3,17859	2	6182	0395	1542	−1,20960
3	0723	1,10600	362	− 3,07932	3	6323	0,49463	1853	−1,19509
4	0234	1,08829	613	− 2,98572	4	6458	8537	2164	−1,18093
5	0735	1,07101	867	− 2,89737	5	6588	7617	2474	−1,16711
6	2227	1,05413	0,08123	− 2,81386	6	6710	6704	2786	−1,15360
7	2708	1,03764	382	− 2,73482	7	6826	5797	3097	−1,14039
8	3181	10,2151	643	− 2,65994	8	6937	4895	3408	−1,12748
9	3644	1,00571	905	− 2,58891	9	7041	4000	3719	−1,11485

x	$J_{\frac{1}{2}}(x)$	$J_{-\frac{1}{2}}(x)$	$J_{\frac{3}{2}}(x)$	$J_{-\frac{3}{2}}(x)$	x	$J_{\frac{1}{2}}(x)$	$J_{-\frac{1}{2}}(x)$	$J_{\frac{3}{2}}(x)$	$J_{-\frac{3}{2}}(x)$
1,0	0,67140	0,43110	0,24030	—1,10250	6,0	—0,09102	0,31276	—0,32793	0,03889
1	7799	0,34507	0,27128	—0,99169	1	7885	1730	2730	+ 1677
2	7887	0,26393	0,30179	—0,89881	2	— 2663	1933	2362	—0,02488
3	7429	0,18719	0,33149	—0,81828	3	+0,00534	1784	1699	4580
4	6452	0,11461	0,36004	—0,74639	4	3676	1324	0750	8570
5	4984	+0,04608	0,38714	—0,68056	5	6732	0563	—0,29527	—0,11434
6	3051	—0,01842	0,41249	—0,61900	6	9676	0,29512	8046	4147
7	0685	—0,07885	3582	—0,56047	7	0,12479	8186	6323	6686
8	0,57916	—0,13512	5687	—0,50409	8	5119	6601	4378	9031
9	4776	—0,18713	7543	—0,44927	9	7570	4778	2231	—0,21161
2,0	1302	—0,23479	9129	—0,39562	7,0	9813	2736	—0,19905	3061
1	0,47528	—0,27796	0,50429	—0,35291	1	0,21828	0498	7424	3715
2	0,43492	—0,31657	1426	—0,29102	2	3600	0,18090	4812	6112
3	0,39232	5053	2111	—0,23992	3	5114	5797	3095	7242
4	0,34789	7978	2473	—0,18964	4	6360	2863	—0,09301	8098
5	0,30200	—0,40428	2508	—0,14029	5	7328	0099	7455	8675
6	0,25508	2401	2212	—0,09200	6	8014	0,07272	3586	8970
7	0,20753	3900	1586	—0,04493	7	8414	4697	— 0720	8986
8	0,15973	4928	0632	+0,00072	8	8527	+ 1541	+0,02116	8725
9	0,11210	5493	0,49358	0,04477	9	8357	—0,01306	4895	8192
3,0	0,06501	5605	7772	0,08701	8,0	0,27909	4104	7593	7396
1	+0,01884	5278	6885	0,12721	1	7191	6828	0,10185	6348
2	—0,02604	4527	3713	0,16518	2	6212	9450	2647	5059
3	—0,06929	3372	1273	0,20072	3	4986	—0,11947	4957	3546
4	—0,11058	1835	0,38582	3362	4	3527	4296	7097	1825
5	—0,14960	—0,39939	5664	6372	5	1852	6475	9046	—0,19914
6	—0,18609	7711	2542	9084	6	0,19981	8466	0,20790	7834
7	—0,21978	6179	0,29239	0,31486	7	7934	—0,20252	2313	5606
8	—0,25044	2375	0,25784	3563	8	5732	1816	3603	3253
9	—0,27787	0329	0,22204	5149	9	3400	3146	4652	0799
4,0	—0,30192	—0,26077	0,18529	6711	9,0	0961	4233	5450	—0,08268
1	2244	—0,22651	0,14786	7769	1	0,08440	5067	5994	5685
2	3933	—0,19087	0,11008	8477	2	5863	5644	6281	3076
3	5252	—0,15422	0,07224	8838	3	3256	5960	6310	— 0465
4	6197	—0,11690	+0,03464	8854	4	+ 0645	6016	6085	+0,02123
5	6767	—0,07929	—0,00242	8529	5	—0,01945	5814	5609	4663
6	6967	—0,04172	—0,03864	7874	6	4489	5357	4890	7131
7	6801	—0,00456	—0,07374	6898	7	6962	4654	3937	8504
8	6279	+0,03187	—0,10745	5615	8	9341	3714	2761	+0,11760
9	6412	0,06723	—0,13950	4040	9	—0,11602	2548	1377	3880
5,0	4217	0,10122	—0,16965	2192	10	—0,13726	— 1171	+0,19798	+0,15843
1	2710	0,13354	—0,19768	1091	11	—0,24057	+0,00106	—0,02293	+0,24047
2	0912	0,16393	—0,22338	0,27759	12	—0,12359	+0,19436	—0,20466	+0,10739
3	—0,28845	0,18942	—0,24656	6219	13	+0,09298	+0,20081	—0,19366	—0,10843
4	6533	0,21792	—0,26706	2498	14	+0,21124	+0,02916	—0,01407	—0,21332
5	4004	0,24110	—0,28475	1620	15	+0,13397	—0,15651	+0,16544	—0,12353
6	1284	0,26150	—0,29950	0,16615	16	—0,05743	—0,19103	+0,18744	+0,06937
7	—0,18404	0,27896	—0,30125	5510	17	—0,18605	—0,05325	+0,04231	+0,18918
8	5392	0,29338	—0,31991	0334	18	—0,14123	+0,12418	—0,13203	+0,13433
9	2281	0,30466	—0,32548	0,08117	19	+0,02744	+0,18098	—0,17954	—0,03696

x	$J_{\frac{1}{2}}(x)$	$J_{-\frac{1}{2}}(x)$	$J_{\frac{3}{2}}(x)$	$J_{-\frac{3}{2}}(x)$	x	$J_{\frac{1}{2}}(x)$	$J_{-\frac{1}{2}}(x)$	$J_{\frac{3}{2}}(x)$	$J_{-\frac{3}{2}}(x)$
20	+0,16288	+0,07281	−0,06466	−0,16652	60	−0,03140	−0,09810	+0,09758	+0,03303
21	+0,14567	−0,09537	+0,10230	−0,14113	61	−0,09870	−0,02637	+0,02475	+0,09913
22	−0,00151	−0,17010	+0,17003	+0,00924	62	−0,07490	+0,06825	−0,06946	+0,07380
23	−0,14079	−0,08865	+0,08253	+0,14464	63	+0,01682	+0,09911	−0,09884	−0,01840
24	−0,14749	+0,06908	−0,07523	+0,14461	64	+0,09176	+0,03908	−0,03765	−0,09237
25	−0,02112	+0,15817	−0,15902	+0,01479	65	+0,08183	−0,05566	+0,05692	−0,08097
26	+0,11932	+0,10123	−0,09664	−0,12322	66	−0,00261	−0,09818	+0,09814	+0,00410
27	+0,14685	−0,04486	+0,05030	−0,14519	67	−0,08339	−0,05047	+0,04923	+0,08415
28	+0,04085	−0,14515	+0,14661	−0,03566	68	−0,08688	+0,04259	−0,04386	+0,08626
29	−0,09833	−0,11083	+0,10744	+0,10215	69	−0,01103	+0,09542	−0,09558	+0,00964
30	−0,14393	+0,02247	−0,02727	+0,14318	70	+0,07380	+0,06040	−0,05934	−0,07467
31	−0,05790	+0,13109	−0,13295	+0,05367	71	+0,09006	−0,02926	+0,03053	−0,08964
32	+0,07778	+0,11767	−0,11523	−0,08145	72	+0,02387	−0,09095	+0,09128	−0,02260
33	+0,13888	−0,00184	+0,00605	−0,13883	73	−0,06320	−0,06875	+0,06788	+0,06414
34	+0,07240	−0,11612	+0,11824	−0,06898	74	−0,09137	+0,01593	−0,01716	+0,09116
35	−0,05775	−0,12188	+0,12023	+0,06123	75	−0,03573	+0,08492	−0,08540	+0,03459
36	−0,13189	−0,01702	+0,01335	+0,13236	76	+0,05181	+0,07546	−0,07475	−0,05280
37	−0,08441	+0,10030	−0,10268	+0,08170	77	+0,09088	−0,00282	+0,00402	−0,09085
38	+0,03836	+0,12362	−0,12261	−0,04161	78	+0,04643	−0,07750	+0,07811	−0,04544
39	+0,12314	+0,03407	−0,03091	−0,12401	79	−0,03987	−0,08043	+0,07988	+0,04089
40	+0,09400	−0,08414	+0,08649	−0,09190	80	−0,08866	−0,00985	+0,00874	+0,08878
41	−0,01977	−0,12303	+0,12255	+0,02277	81	−0,05684	+0,06886	−0,06955	+0,05499
42	−0,11284	−0,04924	+0,04656	+0,11401	82	+0,02760	+0,08368	−0,08334	−0,02862
43	−0,10121	+0,06754	−0,06990	+0,09964	83	+0,08481	+0,02185	−0,02083	−0,08507
44	+0,00213	+0,12027	−0,12022	−0,00486	84	+0,06383	−0,05920	+0,05996	−0,06312
45	+0,10121	+0,06248	−0,06024	−0,10260	85	−0,01524	−0,08519	+0,08501	+0,01624
46	+0,10609	−0,05084	+0,05315	−0,10498	86	−0,07945	−0,03301	+0,03209	+0,07984
47	+0,01438	−0,11549	+0,11580	−0,01192	87	−0,07030	+0,04874	−0,04955	+0,06974
48	−0,08848	−0,07372	+0,07188	+0,09001	88	+0,00301	+0,08500	−0,08497	−0,00398
49	−0,10871	+0,03426	−0,03648	+0,10801	89	+0,07274	+0,04315	−0,04233	−0,07323
50	−0,02961	+0,10888	−0,10948	+0,02743	90	+0,07519	−0,03768	+0,03852	−0,07477
51	+0,07488	+0,08292	−0,08145	−0,07651	91	+0,00886	−0,08317	+0,08327	−0,00795
52	+0,10917	−0,01803	+0,02013	−0,10882	92	−0,06484	−0,05211	+0,05141	+0,06541
53	+0,04339	−0,10064	+0,10146	−0,04149	93	−0,07846	+0,02626	−0,02711	+0,07818
54	−0,06067	−0,09005	+0,08892	+0,06234	94	−0,02018	+0,07978	−0,08000	+0,01933
55	−0,10756	+0,00238	−0,00434	+0,10752	95	+0,05593	+0,05977	−0,05918	−0,05656
56	−0,05561	+0,09097	−0,09196	+0,05398	96	+0,08010	−0,01469	+0,01553	−0,07994
57	+0,04609	+0,09510	−0,09429	−0,04776	97	+0,03075	−0,07495	+0,07527	−0,02998
58	+0,10402	+0,01249	−0,01069	−0,10424	98	−0,04621	−0,06603	+0,06556	+0,04689
59	+0,06614	−0,08010	+0,08122	−0,06478	99	−0,08013	+0,00319	−0,00400	+0,08009
					100	−0,04040	+0,06880	−0,06921	+0,03971

XXIV Maxima und Minima der Fresnelschen Integrale

$x=\left(n-\frac{1}{2}\right)\pi$	$C(x)$	$x=\left(n-\frac{1}{2}\right)\pi$	$C(x)$	$x=n\pi$	$S(x)$	$x=n\pi$	$S(x)$
1,57080	0,77989	26,70354	0,57712	3,14159	0,71397	28,27433	0,57496
4,71239	0,32106	29,84513	0,42704	6,28319	0,34342	31,41593	0,42888
7,85398	0,64081	32,98672	0,56941	9,42478	0,62894	34,55752	0,56782
10,99557	0,38039	36,12832	0,43367	12,56637	0,38797	37,69911	0,43506
14,13717	0,60572	39,26991	0,56363	15,70796	0,60036	40,84070	0,56240
17,27876	0,40426	42,41150	0,43877	18,84956	0,40830	43,98230	0,43987
20,42035	0,58813	45,55309	0,55909	21,99115	0,58494	47,12389	0,55810
23,56195	0,41792	48,69469	0,44285	25,13274	0,42052	50,26548	0,44375

XX

Vierstellige Tafel[1] von $J_0(r\,e^{i\vartheta})$, $J_1(r\,e^{i\vartheta})$

$$J_0(r\,e^{i\,\vartheta}) = U_0(r,\vartheta) + i\,V_0(r,\vartheta),$$

wenn
$$\begin{cases} U_0(r,\vartheta) = 1 - \left(\frac{r}{2}\right)^2 \cos 2\,\vartheta + \frac{1}{2!^2}\left(\frac{r}{2}\right)^4 \cos 4\,\vartheta - \frac{1}{3!^2}\left(\frac{r}{2}\right)^6 \cos 6\,\vartheta + \cdots, \\[2ex] V_0(r,\vartheta) = -\left(\frac{r}{2}\right)^2 \sin 2\,\vartheta + \frac{1}{2!^2}\left(\frac{r}{2}\right)^4 \sin 4\,\vartheta - \frac{1}{3!^2}\left(\frac{r}{2}\right)^6 \sin 6\,\vartheta + \cdots. \end{cases}$$

$$J_1(r\,e^{i\,\vartheta}) = U_1(r,\vartheta) + i\,V_1(r,\vartheta),$$

wenn
$$\begin{cases} U_1(r,\vartheta) = \frac{r}{2}\left[\cos \vartheta - \frac{1}{1\cdot 2}\left(\frac{r}{2}\right)^2 \cos 3\,\vartheta + \frac{1}{1\cdot 2\cdot 2\cdot 3}\left(\frac{r}{2}\right)^4 \cos 5\,\vartheta - \cdots\right], \\[2ex] V_1(r,\vartheta) = \frac{r}{2}\left[\sin \vartheta - \frac{1}{1\cdot 2}\left(\frac{r}{2}\right)^2 \sin 3\,\vartheta + \frac{1}{1\cdot 2\cdot 2\cdot 3}\left(\frac{r}{2}\right)^4 \sin 5\,\vartheta - \cdots\right]. \end{cases}$$

XXXVIII

Werte[2] von $x^{\frac{2}{3}}$

---

[1]) Nach Prof. A. Dinnik, Jekaterinoslaw 1922.
[2]) Nach Prof. J. Kuno, Tech. Rep. of the Kyushu Imp. Univ. I, Fukuoka 1926.

$$U_0\,(\nu,\,\vartheta)$$

r \ ϑ	0	$\dfrac{\pi}{16}$	$\dfrac{2\pi}{16}$	$\dfrac{3\pi}{16}$	$\dfrac{4\pi}{16}$	$\dfrac{5\pi}{16}$	$\dfrac{6\pi}{16}$	$\dfrac{7\pi}{16}$	$\dfrac{\pi}{2}$
0	1	1	1	1	1	1	1	1	1
0,2	0,9900	0,9908	0,9929	0,9962	1,0000	1,0038	1,0071	1,0093	1,0100
0,4	0,9604	0,9633	0,9717	0,9844	0,9996	1,0150	1,0283	1,0372	1,0404
0,6	0,9120	0,9183	0,9364	0,9641	0,9980	1,0330	1,0636	1,0846	1,0920
0,8	0,8463	0,8567	0,8869	0,9344	0,9936	1,0566	1,1131	1,1524	1,1665
1,0	0,7652	0,7799	0,8235	0,8937	0,9844	1,0842	1,1765	1,2422	1,2661
1,2	0,6711	0,6898	0,7463	0,8405	0,9676	1,1137	1,2536	1,3560	1,3937
1,4	0,5669	0,5885	0,6557	0,7781	0,9401	1,1421	1,3441	1,4964	1,5534
1,6	0,4554	0,4783	0,5523	0,6894	0,8979	1,1658	1,4471	1,6665	1,7500
1,8	0,3400	0,3620	0,4370	0,5877	0,8367	1,1804	1,5616	1,8700	1,9896
2,0	0,2239	0,2423	0,3108	0,4661	0,7517	1,1803	1,6857	2,1113	2,2796
2,2	0,1104	0,1222	0,1756	0,3234	0,6377	1,1589	1,8170	2,3955	2,6291
2,4	+0,0025	+0,0046	+0,0333	+0,1585	0,4890	1,1083	1,9518	2,7285	3,0493
2,6	−0,0968	−0,1074	−0,1137	−0,0286	0,3001	1,0189	2,0854	3,1172	3,5533
2,8	−0,1850	−0,2110	−0,2622	−0,2377	+0,0651	0,8797	2,2110	3,5691	4,1573
3,0	−0,2601	−0,3035	−0,4089	−0,4672	−0,2214	0,6777	2,3199	4,0930	4,8808
3,2	−0,3202	−0,3824	−0,5498	−0,7143	−0,5644	0,3980	2,4007	4,6987	5,7472
3,4	−0,3643	−0,4455	−0,6807	−0,9751	−0,9680	+ 0,0237	2,4385	5,3968	6,7848
3,6	−0,3918	−0,4912	−0,7968	−1,2440	−1,4353	− 0,4643	2,4142	6,1994	8,0277
3,8	−0,4026	−0,5180	−0,8935	−1,5141	−1,9674	− 0,9092	2,3039	7,1195	9,5169
4,0	−0,3971	−0,5252	−0,9659	−1,7766	−2,5634	− 1,8692	2,0771	8,1708	11,3019
4,2	−0,3766	−0,5126	−1,0093	−2,0211	−3,2195	− 2,8349	1,6962	9,3684	13,4425
4,4	−0,3423	−0,4806	−1,0192	−2,2357	−3,9283	− 4,0118	1,1142	10,7273	16,0104
4,6	−0,2961	−0,4300	−0,9919	−2,4067	−4,6784	− 5,4281	+ 0,2735	12,2633	19,0926
4,8	−0,2404	−0,3623	−0,9242	−2,5195	−5,4531	− 7,1124	− 0,8964	13,9913	22,7937
5,0	−0,1776	−0,2798	−0,8139	−2,5580	−6,2301	− 8,9930	− 2,4815	15,9250	27,2399
5,2	−0,1103	−0,1850	−0,6625	−2,5058	−6,9803	−11,3958	− 4,5855	18,0758	32,5636
5,4	−0,0412	−0,0812	−0,4633	−2,3462	−7,6676	−14,0431	− 7,3335	20,4509	39,0088
5,6	+0,0270	+0,0285	−0,2256	−2,0436	−8,2466	−17,0518	− 10,8750	23,0517	46,7376
5,8	0,0917	0,1399	+0,0491	−1,6127	−8,6644	−20,4288	− 15,3880	25,8701	56,0381
6,0	0,1506	0,2490	0,3552	−1,0712	−8,8583	−24,1694	− 21,0835	28,8857	67,2344
6,2	0,2017	0,3519	0,6848	−0,3395	−8,7561	−26,2519	− 28,2096	32,0605	80,7179
6,4	0,2433	0,4445	1,0286	+0,5575	−8,2762	−32,6324	− 37,0574	35,3330	96,9616
6,6	0,2740	0,5229	1,3750	1,6197	−7,3287	−37,2391	− 47,9653	38,6098	116,5373
6,8	0,2931	0,5338	1,7110	2,4803	−5,8155	−41,9644	− 61,3254	41,7557	140,1364
7,0	0,3001	0,6241	2,0222	4,2049	−3,6329	−46,6570	− 77,5886	44,5804	168,5939
7,2	0,2951	0,6415	2,2932	5,6899	−0,6737	−51,1116	− 97,2694	46,8220	202,9213
7,4	0,2786	0,6324	0,5079	7,2620	+3,1695	−55,0581	−120,9516	48,1261	244,3410
7,6	0,2516	0,6019	2,6505	8,8769	7,9994	−58,1492	−149,2906	48,0193	294,3322
7,8	0,2154	0,5442	2,7054	10,4786	13,9089	−59,9465	−183,0165	45,8760	354,6845
8,0	0,1717	0,4623	2,6586	11,9996	20,9740	−59,9062	−222,9328	40,8766	427,5529

x	$x^{\frac{2}{3}}$	x	$x^{\frac{2}{3}}$	x	$x^{\frac{2}{3}}$	x	$x^{\frac{2}{3}}$	x	$x^{\frac{2}{3}}$
0	0	0,10	0,21544	0,20	0,34200	0,30	0,44814	0,40	0,54288
0,01	0,04642	1	2958	1	5330	1	5805	1	5189
2	7368	2	4329	2	6443	2	6784	2	6083
3	9655	3	5662	3	7539	3	7754	3	6970
4	0,11696	4	6962	4	8620	4	8714	4	7850
5	3572	5	8231	5	9685	5	9664	5	8723
6	5326	6	9472	6	0,40736	6	0,50606	6	9590
7	6985	7	0,30688	7	1774	7	1539	7	0,60450
8	8566	8	1880	8	2800	8	2463	8	1305
9	0,20083	9	3050	9	3813	9	3380	9	2153

$$V_0(r, \vartheta)$$

r \ ϑ	$\dfrac{\pi}{16}$	$\dfrac{2\pi}{16}$	$\dfrac{3\pi}{16}$	$\dfrac{4\pi}{16}$	$\dfrac{5\pi}{16}$	$\dfrac{6\pi}{16}$	$\dfrac{7\pi}{16}$	$\dfrac{\pi}{2} - 0{,}001$
o	o	o	o	o	o	o	o	o
0,2	—0,0038	—0,0070	—0,0092	— 0,0100	— 0,0093	— 0,0071	— 0,0038	—0,0000
0,4	—0,0150	—0,0279	—0,0367	— 0,0400	— 0,0372	— 0,0287	— 0,0156	—0,0001
0,6	—0,0330	—0,0616	—0,0817	— 0,0900	— 0,0846	— 0,0657	— 0,0359	—0,0002
0,8	—0,0568	—0,1068	—0,1433	— 0,1599	— 0,1528	— 0,1196	— 0,0659	—0,0003
1,0	—0,0880	—0,1615	—0,2198	— 0,2496	— 0,2418	— 0,1927	— 0,1071	—0,0006
1,2	—0,1160	—0,2231	—0,3092	— 0,3587	— 0,3550	— 0,2879	— 0,1619	—0,0009
1,4	—0,1480	—0,2888	—0,4091	— 0,4867	— 0,4938	— 0,4088	— 0,2331	—0,0012
1,6	—0,1790	—0,3553	—0,5164	— 0,6327	— 0,6606	— 0,5601	— 0,3244	—0,0017
1,8	—0,2069	—0,4192	—0,6274	— 0,7953	— 0,8579	— 0,7472	— 0,4404	—0,0024
2,0	—0,2299	—0,4767	—0,7382	— 0,9723	— 1,0883	— 0,9767	— 0,5869	—0,0032
2,2	—0,2461	—0,5243	—0,8439	— 1,1610	— 1,3541	— 1,2563	— 0,7712	—0,0042
2,4	—0,2541	—0,5582	—0,9394	— 1,3575	— 1,6576	— 1,5950	— 1,0022	—0,0055
2,6	—0,2524	—0,5752	—1,0189	— 1,5569	— 2,0004	— 2,0031	— 1,2906	—0,0072
2,8	—0,2403	—0,5721	—1,0764	— 1,7529	— 2,3836	— 2,4927	— 1,6500	—0,0092
3,0	—0,2175	—0,5465	—1,1055	— 1,9376	— 2,8067	— 3,0773	— 2,0967	—0,0118
3,2	—0,1838	—0,4965	—1,0996	— 2,1016	— 3,2682	— 3,7722	— 2,6508	—0,0151
3,4	—0,1400	—0,4208	—1,0520	— 2,2335	— 3,7643	— 4,5946	— 3,3367	—0,0193
3,6	—0,0871	—0,3193	—0,9565	— 2,3199	— 4,2885	— 5,5636	— 4,1844	—0,0245
3,8	—0,0267	—0,1926	—0,8072	— 2,3455	— 4,8310	— 6,7002	— 5,2299	—0,0309
4,0	+0,0393	—0,0427	—0,5990	— 2,2927	— 5,3782	— 8,0269	— 6,5176	—0,0390
4,2	0,1085	+0,1277	—0,3281	— 2,1422	— 5,9108	— 9,5680	— 8,1008	—0,0492
4,4	0,1781	0,3144	+0,0079	— 1,8726	— 6,4039	—11,3488	— 10,0446	—0,0618
4,6	0,2454	0,5121	0,4125	— 1,4610	— 6,8251	—13,3954	— 12,4274	—0,0776
4,8	0,3073	0,7146	0,8746	— 0,8837	— 7,1330	—15,7333	— 15,3444	—0,0973
5,0	0,3611	0,9145	1,3985	— 0,1160	— 7,2766	—18,3869	— 18,9104	—0,1217
5,2	0,4038	1,1036	1,9732	+ 0,8659	— 7,1927	—21,3771	— 23,2640	—0,1521
5,4	0,4332	1,2730	2,5872	2,0845	— 6,8052	—24,7196	— 28,5723	—0,1900
5,6	0,4469	1,4141	3,2244	3,5597	— 6,0223	—28,4229	— 35,0061	—0,2370
5,8	0,4435	1,5170	3,8652	5,3068	— 4,7363	—32,4823	— 40,0003	—0,2955
6,0	0,4221	1,5729	4,4654	7,3347	— 2,8406	—36,8774	— 52,4464	—0,3680
6,2	0,3824	1,5733	5,0561	9,6437	— 0,1291	—41,5650	— 64,0313	—0,4581
6,4	0,3248	1,5109	5,5444	12,2229	+ 3,5052	—46,4718	— 78,0693	—0,5698
6,6	0,2505	1,3799	5,9133	15,0470	8,2707	—51,4849	— 95,0593	—0,7082
6,8	0,1615	1,1761	6,1226	18,0734	14,3771	—56,4404	—115,5974	—0,8798
7,0	+0,0605	0,8982	6,1298	21,2394	22,0542	—61,1075	—140,3951	—1,0923
7,2	—0,0493	0,5468	5,8909	24,4565	31,5503	—65,1736	—170,2998	—1,3554
7,3	—0,1639	+0,1261	5,3621	28,6088	43,1275	—68,2199	—206,3199	—1,6811
7,6	—0,2790	—0,3566	4,5018	30,5483	57,0561	—69,6974	—249,6533	—2,0841
7,8	—0,3900	—0,8904	3,2725	33,0916	73,6061	—68,8947	—301,7210	—2,5825
8,0	—0,4921	—1,4610	1,6431	35,0280	93,0358	—64,9011	—364,2057	—3,3587

x	$x^{\frac{2}{3}}$	x	$x^{\frac{2}{3}}$	x	$x^{\frac{2}{3}}$	x	$x^{\frac{2}{3}}$	x	$x^{\frac{2}{3}}$
0,50	0,62996	**0,60**	0,71138	**0,70**	0,78837	**0,80**	0,86177	**0,90**	0,93217
1	3833	1	1926	1	9586	1	6894	1	3906
2	4665	2	2710	2	0,80332	2	7608	2	4593
3	5491	3	3490	3	1074	3	8319	3	5277
4	6313	4	4265	4	1813	4	9027	4	5959
5	7129	5	5037	5	2548	5	9732	5	6638
6	7940	6	5796	6	3280	6	0,90434	6	7315
7	8746	7	6569	7	4009	7	1134	7	7990
8	9548	8	7328	8	4735	8	1831	8	8662
9	0,70345	9	8085	9	5458	9	2525	9	9332

$$U_1\,(r,\ \vartheta)$$

ϑ / r	$\dfrac{\pi}{16}$	$\dfrac{2\pi}{16}$	$\dfrac{3\pi}{16}$	$\dfrac{4\pi}{16}$	$\dfrac{5\pi}{16}$	$\dfrac{6\pi}{16}$	$\dfrac{7\pi}{16}$	$\dfrac{\pi}{2}-0{,}001$
0	0	0	0	0	0	0	0	0
0,2	0,0966	0,0922	0,0832	0,0711	0,0560	0,0387	0,0198	0,0001
0,4	0,1928	0,1832	0,1670	0,1442	0,1150	0,0803	0,0413	0,0002
0,6	0,2831	0,2719	0,2519	0,2215	0,1799	0,1275	0,0662	0,0003
0,8	0,3662	0,3570	0,3380	0,3049	0,2538	0,1834	0,0965	0,0005
1,0	0,4399	0,4371	0,4254	0,3959	0,3395	0,2515	0,1345	0,0007
1,2	0,5022	0,5107	0,5137	0,4959	0,4404	0,3354	0,1826	0,0010
1,4	0,5516	0,5762	0,6021	0,6059	0,5593	0,4395	0,2241	0,0013
1,6	0,5867	0,6320	0,6892	0,7264	0,6996	0,5684	0,3225	0,0017
1,8	0,6063	0,6761	0,7731	0,8571	0,8642	0,7278	0,4224	0,0023
2,0	0,6099	0,7067	0,8513	0,9971	1,0562	0,9241	0,5493	0,0030
2,2	0,5973	0,7220	0,9208	1,1445	1,2781	1,1646	0,7100	0,0039
2,4	0,5686	0,7200	0,9777	1,2966	1,5324	1,4578	0,9128	0,0050
2,6	0,5244	0,6992	1,0178	1,4491	1,8208	1,8123	1,1677	0,0065
2,8	0,4659	0,6581	1,0363	1,5968	2,1442	2,2422	1,4873	0,0083
3,0	0,3944	0,5956	1,0281	1,7326	2,5024	2,7570	1,8867	0,0107
3,2	0,3120	0,5111	0,9877	1,8481	2,8937	3,3719	2,3845	0,0137
3,4	0,2206	0,4046	0,9096	1,9327	3,3145	4,1026	3,0035	0,0174
3,6	0,1230	0,2767	0,7885	1,9742	3,7585	4,9666	3,7715	0,0221
3,8	+0,0220	+0,1288	0,6193	1,9584	4,2163	5,9830	4,7222	0,0280
4,0	−0,0794	−0,0367	0,3978	1,8692	4,6745	7,1727	5,8969	0,0354
4,2	−0,1782	−0,2167	+0,1209	1,6886	5,1152	8,5576	7,3454	0,0448
4,4	−0,2710	−0,4070	−0,2133	1,3969	5,5142	10,1610	9,1287	0,0564
4,6	−0,3550	−0,6026	−0,6047	0,9730	5,8406	12,0063	11,3203	0,0710
4,8	−0,4271	−0,7974	−1,0510	+0,3949	6,0554	14,1167	14,0094	0,0892
5,0	−0,4847	−0,9847	−1,5473	− 0,3598	6,1098	16,5138	17,3039	0,1119
5,2	−0,5248	−1,1568	−2,0856	− 1,3128	5,9441	19,2161	21,3342	0,1402
5,4	−0,5479	−1,3058	−2,6543	− 2,4845	5,4860	22,2369	26,2576	0,1755
5,6	−0,5502	−1,4234	−3,2385	− 3,8922	4,6486	25,5819	32,2635	0,2194
5,8	−0,5321	−1,5012	−3,8188	− 5,5492	3,3306	29,2444	39,5802	0,2740
6,0	−0,4934	−1,5313	−4,3720	− 7,4622	+ 1,4117	33,2027	48,4818	0,3421
6,2	−0,4348	−1,5063	−4,8706	− 9,6296	− 1,2457	37,4187	59,2976	0,4266
6,4	−0,3577	−1,4200	−5,2832	−12,0389	− 4,7991	41,8011	72,4221	0,5315
6,6	−0,2642	−1,2674	−5,5749	−14,6639	− 9,4259	46,2568	88,3280	0,6618
6,8	−0,1571	−1,0456	−5,7078	−17,4616	−15,3231	50,6187	107,5803	0,8235
7,0	−0,0398	−0,7538	−5,6416	−20,3689	−22,7068	54,6626	130,8538	1,0241
7,2	+0,0839	−0,3938	−5,3355	−23,2995	−31,8089	58,0839	158,9528	1,2728
7,4	0,2096	+0,0298	−4,7488	−26,1397	−44,1809	60,4770	192,8353	1,5809
7,6	0,3326	0,5090	−3,8432	−28,7456	−56,1548	61,3102	233,6397	1,9627
7,8	0,4483	1,0328	−2,5846	−30,9394	−71,8995	59,8959	282,7176	2,4354
8,0	0,5520	1,5867	−0,9458	−32,5069	−90,3453	55,4879	341,6702	3,0206

x	$x^{\frac{2}{3}}$	x	$x^{\frac{2}{3}}$	x	$x^{\frac{2}{3}}$	x	$x^{\frac{2}{3}}$	x	$x^{\frac{2}{3}}$
1,00	1,00000	1,10	1,06560	1,20	1,12924	1,30	1,19103	1,40	1,25147
1	0666	1	7205	1	3551	1	9724	1	5742
2	1329	2	7848	2	4176	2	1,20332	2	6336
3	1990	3	8489	3	4799	3	0939	3	6928
4	2649	4	9128	4	5420	4	1545	4	7519
5	3300	5	9765	5	6040	5	2149	5	8109
6	3961	6	1,10401	6	6658	6	2751	6	8697
7	4614	7	1034	7	7274	7	3352	7	9284
8	5265	8	1666	8	7889	8	3959	8	9870
9	5913	9	2296	9	8502	9	4550	9	1,30454

$$V_1\,(r,\vartheta)$$

$r \diagdown \vartheta$	$\dfrac{\pi}{16}$	$\dfrac{2\,\pi}{16}$	$\dfrac{3\,\pi}{16}$	$\dfrac{4\,\pi}{16}$	$\dfrac{5\,\pi}{16}$	$\dfrac{6\,\pi}{16}$	$\dfrac{7\,\pi}{16}$	$\dfrac{\pi}{2}$
0	0	0	0	0	0	0	0	0
0,2	0,0192	0,0378	0,0551	0,0704	0,0830	0,0926	0,0945	0,1005
0,4	0,0368	0,0729	0,1072	0,1386	0,1655	0,1863	0,1995	0,2040
0,6	0,0512	0,1025	0,1535	0,2024	0,2466	0,2823	0,3056	0,3137
0,8	0,0610	0,1243	0,1910	0,2596	0,3255	0,3815	0,4194	0,4329
1,0	0,0649	0,1360	0,2170	0,3005	0,4010	0,4848	0,5438	0,5652
1,2	0,0623	0,1357	0,2288	0,3435	0,4714	0,5930	0,6819	0,7147
1,4	0,0524	0,1221	0,2239	0,3642	0,5345	0,7064	0,8370	0,8861
1,6	0,0352	0,0943	0,1999	0,3664	0,5877	0,8252	1,0129	1,0848
1,8	+0,0109	+0,0518	0,1548	0,3463	0,6272	0,9490	1,2137	1,3172
2,0	−0,0199	−0,0050	+0,0869	0,2998	0,6485	1,0766	1,4441	1,5906
2,2	−0,0560	−0,0745	−0,0048	0,2225	0,6461	1,2063	1,7092	1,9141
2,4	−0,0962	−0,1576	−0,1211	+0,1098	0,6131	1,3353	2,0150	2,2981
2,6	−0,1387	−0,2494	−0,2617	−0,0430	0,5418	1,4593	2,3680	2,7554
2,8	−0,1816	−0,3481	−0,4256	−0,2406	0,4206	1,5725	1,7755	3,3011
3,0	−0,2228	−0,4500	−0,6109	−0,4875	+ 0,2398	1,6671	3,2458	3,9534
3,2	−0,2602	−0,5512	−0,8144	−0,7875	− 0,0145	1,7326	3,7879	4,7342
3,4	−0,2915	−0,6472	−1,0318	−1,1440	− 0,3577	1,7552	4,4123	5,6701
3,6	−0,3149	−0,7331	−1,2574	−1,5589	− 0,8072	1,7173	5,1297	6,7927
3,8	−0,3285	−0,8040	−1,4840	−2,0327	− 1,3823	1,5965	5,9521	8,1404
4,0	−0,3308	−0,8548	−1,7030	−2,5638	− 2,1044	1,3645	6,8925	9,7595
4,2	−0,3207	−0,8806	−1,9041	−3,1479	− 2,9967	0,9858	7,9644	11,7056
4,4	−0,2976	−0,8768	−2,0758	−3,7774	− 4,0838	+ 0,4166	9,1819	14,0462
4,6	−0,2613	−0,8395	−2,2051	−4,4406	− 5,3915	− 0,3974	10,5590	16,8626
4,8	−0,2124	−0,7655	−2,2779	−5,1214	− 6,9456	− 1,5226	12,1093	20,2528
5,0	−0,1517	−0,6526	−2,2772	−5,7979	− 8,7715	− 3,0398	13,8452	24,3356
5,2	−0,0810	−0,4998	−2,1937	−6,4421	−10,8924	− 5,0468	15,7771	29,2543
5,4	−0,0023	−0,3078	−2,0059	−7,0189	−13,3278	− 7,6613	17,9086	35,1821
5,6	+0,0118	−0,0784	−1,7016	−7,4857	−16,0913	−11,0245	20,2421	42,3283
5,8	0,1683	+0,1843	−1,2665	−7,7914	−19,1878	−15,3044	22,7675	50,9462
6,0	0,2540	0,4748	−0,6903	−7,8767	−22,6101	−20,6998	25,4640	61,3419
6,2	0,3353	0,7855	+0,0353	−7,6730	−26,3347	−27,4453	28,2934	73,8859
6,4	0,4087	1,1070	0,9140	−7,1035	−30,3170	−35,8153	31,1948	89,0261
6,6	0,4707	1,4282	1,9446	−6,0832	−34,4889	−46,1297	34,0766	107,3047
6,8	0,5182	1,7364	3,1190	−4,5201	−38,7324	−58,7585	36,8068	129,3776
7,0	0,5483	2,0178	4,4221	−2,3172	−42,9109	−74,1273	39,2001	156,0391
7,2	0,5586	2,2575	5,8300	+0,6256	−46,8204	−92,7220	41,0023	188,2503
7,4	0,5476	2,4404	8,6155	4,4075	−50,1984	−115,0932	41,8698	227,1750
7,6	0,5141	2,5512	8,8157	9,1229	−52,7084	−141,8589	41,3443	274,2225
7,8	0,4582	2,5754	10,2946	14,8559	−53,9269	−173,7072	38,8205	331,0995
8,0	0,3805	2,6334	11,6810	21,6735	−53,3290	−211,3942	33,5063	399,8731

x	$x^{\frac{2}{3}}$	x	$x^{\frac{2}{3}}$	x	$x^{\frac{2}{3}}$	x	$x^{\frac{2}{3}}$	x	$x^{\frac{2}{3}}$
1,50	1,31037	1,60	1,36798	1,70	1,42440	1,80	1,47973	1,90	1,53404
1	1619	1	7368	1	2998	1	8520	1	3942
2	2199	2	7936	2	3555	2	9067	2	4478
3	2779	3	8503	3	4111	3	9612	3	5014
4	3356	4	9096	4	4666	4	1,50157	4	5549
5	3933	5	9633	5	5220	5	0700	5	6083
6	4509	6	1,40197	6	5772	6	1243	6	6617
7	5083	7	0760	7	6324	7	1785	7	7149
8	5656	8	1321	8	6875	8	2325	8	7680
9	6228	9	1881	9	7424	9	2865	9	8211

x	$x^{\frac{2}{3}}$	x	$x^{\frac{2}{3}}$	x	$x^{\frac{2}{3}}$	x	$x^{\frac{2}{3}}$	x	$x^{\frac{2}{3}}$
2,00	1,58740	2,50	1,84202	3,0	2,08008	8,0	4,00000	40	11,69607
1	9269	1	4693	1	12606	1	03326	41	11,89020
2	9797	2	5183	2	17153	2	06639	42	12,08276
3	1,60324	3	5672	3	21654	3	09939	43	12,27380
4	0850	4	6161	4	26110	4	13225	44	12,46336
5	1375	5	6650	5	30522	5	16498	45	12,65149
6	1899	6	7137	6	34892	6	19758	46	12,83823
7	2423	7	7624	7	39222	7	23006	47	13,02363
8	2946	8	8111	8	43513	8	26241	48	13,20771
9	3467	9	8596	9	47767	9	29464	49	13,39052
2,10	3988	2,60	9081	4,0	51984	9,0	32675	50	13,57209
1	4509	1	9566	1	56167	1	35874		
2	5028	2	1,90050	2	60315	2	39061		
3	5546	3	0533	3	64443	3	42237		
4	6064	4	1016	4	68515	4	45402		
5	6581	5	1498	5	72568	5	48555		
6	7097	6	1979	6	76591	6	51697		
7	7613	7	2460	7	80586	7	54829		
8	8127	8	2940	8	84552	8	57949		
9	8641	9	3420	9	88490	9	61059		
2,20	9154	2,70	3899	5,0	92402	10,0	64159		
1	9666	1	4378	1	96288	11	94609		
2	1,70177	2	4856	2	3,00148	12	5,24148		
3	0688	3	5333	3	03984	13	5,52877		
4	1198	4	5810	4	07796	14	5,80879		
5	1707	5	6286	5	11584	15	6,08220		
6	2216	6	6761	6	15349	16	6,34960		
7	2723	7	7236	7	19030	17	6,61149		
8	3230	8	7711	8	22814	18	6,86829		
9	3736	9	8184	9	26514	19	7,12037		
2,30	4242	2,80	8658	6,0	30193	20	7,36806		
1	4746	1	9130	1	32861	21	7,61166		
2	5250	2	9603	2	37490	22	7,85142		
3	5754	3	2,00074	3	41109	23	8,08758		
4	6256	4	0545	4	44710	24	8,32034		
5	6758	5	1016	5	48291	25	8,54988		
6	7259	6	1486	6	51854	26	8,77638		
7	7759	7	1955	7	55399	27	9,00000		
8	8259	8	2424	8	58927	28	9,22087		
9	8760	9	2892	9	62437	29	9,43913		
2,40	9256	2,90	3360	7,0	65931	30	9,65489		
1	9754	1	3827	1	69407	31	9,86827		
2	1,80251	2	4294	2	72868	32	10,07937		
3	0747	3	4760	3	76312	33	10,28828		
4	1242	4	5226	4	79741	34	10,49508		
5	1737	5	5691	5	83155	35	10,69987		
6	2232	6	6155	6	86553	36	10,90272		
7	2725	7	6619	7	89936	37	11,10370		
8	3218	8	7083	8	93305	38	11,30288		
9	3710	9	7546	9	96660	39	11,50031		

XXI

Tafel[1]) der Funktionen $Z_i(x)$ sowie deren Ableitungen nach x: $\frac{dZ_i(x)}{dx}$ für die Argumente x = 0 bis x = 6,0 (i = 1, 2, 3, 4, 5, 6).

Diese Besselschen Funktionen kommen in den Gleichungen:

$$J_0\left(x\sqrt{\pm i}\right) = Z_1(x) \pm i\,Z_2(x),$$

$$J_1\left(x\sqrt{\pm i}\right) = \pm\sqrt{\mp i}\left[\frac{dZ_1(x)}{dx} \pm i\frac{dZ_2(x)}{dx}\right],$$

$$N_0\left(x\sqrt{\pm i}\right) = Z_5(x) \pm i\,Z_6(x),$$

$$N_1\left(x\sqrt{\pm i}\right) = \pm\sqrt{\mp i}\left[\frac{dZ_5(x)}{dx} \pm i\frac{dZ_6(x)}{dx}\right],$$

$$H_0^{(1)}{}_{(2)}\left(x\sqrt{+i}\right) = Z_3(x) \pm i\,Z_4(x),$$

$$H_1^{(1)}{}_{(2)}\left(x\sqrt{+i}\right) = \pm\sqrt{\mp i}\left[\frac{dZ_3(x)}{dx} \pm i\frac{dZ_4(x)}{dx}\right].$$

---

[1]) F. Schleicher, Kreisplatten auf elastischer Unterlage. Berlin Julius Springer 1926.

x	$Z_1(x)$	$Z_2(x)$	$Z_3(x)$	$Z_4(x)$	$Z_5(x)$	$Z_6(x)$
0	1	0	0,5	— ∞	— ∞	0,5
0,01	1,00000	—0,00003	0,49991	—3,00556	—3,00554	0,50009
2	,,	— 10	968	—2,56433	—2,56423	032
3	,,	— 23	934	—2,30626	—2,30604	066
4	,,	— 40	890	—2,12320	—2,12281	110
5	,,	— 63	836	—1,98126	—1,98064	164
6	,,	— 90	775	—1,86533	—1,86443	225
7	,,	—0,00123	706	—1,76735	—1,76613	294
8	,,	— 160	629	—1,68253	—1,68093	371
9	,,	— 203	546	—1,60776	—1,60573	454
0,10	,,	— 250	456	—1,54092	—1,53842	544
1	,,	— 303	360	—1,48051	—1,47748	640
2	,,	— 360	258	—1,42540	—1,42180	741
3	,,	— 423	151	—1,37476	—1,37053	848
4	0,99999	— 490	038	—1,32791	—1,32301	961
5	,,	— 563	0,48921	—1,28434	—1,27872	0,51079
6	,,	— 640	798	—1,24364	—1,23724	201
7	,,	— 722	671	—1,20545	—1,19823	328
8	0,99998	— 810	540	—1,16949	—1,16139	459
9	8	— 902	404	— 3553	—1,12651	594
0,20	8	—0,01000	264	— 0335	—1,09335	734
1	7	— 102	120	—1,07278	—1,06176	877
2	6	— 210	0,47972	— 4371	—1,03160	0,52024
3	6	— 322	821	— 1596	—1,00273	175
4	5	— 440	666	—0,98943	—0,97503	329
5	4	— 562	508	— 6404	— 4842	486
6	3	— 690	347	— 3969	— 2280	646
7	2	— 822	182	— 1631	—0,89809	810
8	0	— 960	014	—0,89382	— 7422	976
9	0,99989	—0,02102	0,46844	— 7217	— 5115	0,53145
0,30	7	— 250	671	— 5129	— 2879	317
1	6	— 402	495	— 3116	— 0714	491
2	4	— 560	316	— 1170	—0,78610	667
3	1	— 722	135	—0,79289	— 6567	846
4	0,99979	— 890	0,45952	— 7469	— 4579	0,54027
5	7	—0,03062	766	— 5706	— 2643	211
6	4	— 240	578	— 3997	— 0757	396
7	1	— 422	388	— 2339	—0,68917	583
8	0,99967	— 610	196	— 0731	— 7121	772
9	64	— 802	002	—0,69168	— 5366	962
0,40	60	—0,04000	0,44805	— 7649	— 3649	0,55155
1	56	— 202	607	— 6172	— 1970	348
2	51	— 410	408	— 4735	— 0326	544
3	47	— 622	206	— 3337	—0,58714	740
4	41	— 840	003	— 1975	— 7135	938
5	35	—0,05062	0,43799	— 0648	— 5585	0,56137
6	30	— 290	592	—0,59354	— 4064	338
7	24	— 522	385	— 8093	— 2571	539
8	17	— 759	176	— 6862	— 1103	741
9	10	—0,06002	0,42966	— 5661	—0,49659	944

x	$\dfrac{dZ_1(x)}{dx}$	$\dfrac{dZ_2(x)}{dx}$	$\dfrac{dZ_3(x)}{dx}$	$\dfrac{dZ_4(x)}{dx}$	$\dfrac{dZ_5(x)}{dx}$	$\dfrac{dZ_6(x)}{dx}$
0	0	0	0	∞	∞	0
0,01	—0,00000	—0,00500	—0,01662	63,65948	63,66448	0,01662
2	— 0	— 1000	— 2883	31,82599	31,83599	2883
3	— 0	— 1500	— 3937	21,21316	21,22816	3937
4	— 0	— 2000	— 4883	15,90551	15,92551	4882
5	— 1	— 2500	— 5749	12,71992	12,74492	5748
6	— 1	— 3000	— 6550	10,59537	10,62537	6549
7	— 2	— 3500	— 7299	9,07712	9,10212	7296
8	— 3	— 4000	— 8002	7,93782	7,97782	7998
9	— 5	— 4500	— 8665	7,05117	7,09617	8660
0,10	— 6	— 5000	— 9293	6,34134	6,39134	9287
1	— 8	— 5500	— 9889	5,76014	5,81514	9881
2	—0,00011	— 6000	—0,10457	5,27539	5,33539	0,10446
3	— 14	— 6500	— 0998	4,86484	4,92984	0985
4	— 17	— 7000	— 1515	4,51262	4,58262	1498
5	— 21	— 7500	— 2009	4,20707	4,28207	1988
6	— 26	— 8000	— 2483	3,93940	4,01940	2457
7	— 31	— 8500	— 2937	3,70293	3,78793	2906
8	— 36	— 9000	— 3372	3,49249	3,58249	3336
9	— 43	— 9500	— 3790	3,30396	3,39896	3747
0,20	— 50	—0,10000	— 4192	3,13405	3,23404	4142
1	— 58	— 0500	— 4578	2,98010	3,08510	4520
2	— 67	— 1000	— 4949	2,83995	2,94995	4882
3	— 76	— 1500	— 5307	2,71179	2,82678	5231
4	— 86	— 2000	— 5651	2,59412	2,71412	5564
5	— 98	— 2500	— 5982	2,48569	2,61069	5884
6	—0,00110	— 3000	— 6300	2,38544	2,51543	6190
7	— 23	— 3500	— 6607	2,29245	2,42744	6484
8	— 37	— 4000	— 6903	2,20595	2,34595	6765
9	— 52	— 4499	— 7188	2,12527	2,27026	0,17035
0,30	— 69	— 4999	— 7463	2,04983	2,19982	293
1	— 86	— 5499	— 7727	1,97913	2,13412	541
2	—0,00205	— 5999	— 7981	1,91271	2,07270	776
3	— 25	— 6499	— 8226	1,85019	2,01518	0,18001
4	— 46	— 6999	— 8462	1,79124	1,96123	216
5	— 68	— 7499	— 8689	1,73554	1,91053	421
6	— 92	— 7998	— 8908	1,68283	1,86281	616
7	—0,00317	— 8498	— 9119	1,63286	1,81784	802
8	— 43	— 8998	— 9322	1,58542	1,77540	979
9	— 71	— 9498	— 9517	1,54032	1,73529	0,19146
0,40	—0,00400	— 9997	— 9704	1,49738	1,69735	304
1	— 31	—0,20497	— 9885	1,45644	1,66141	454
2	— 63	— 0997	—0,20058	1,41736	1,62733	595
3	— 97	— 1496	— 0224	1,38002	1,59498	727
4	—0,00532	— 1996	— 0384	1,34430	1,56425	851
5	— 70	— 2495	— 0537	1,31009	1,53504	968
6	—0,00608	— 2995	— 0684	1,27728	1,50723	0,20076
7	— 49	— 3494	— 0825	1,24580	1,48074	176
8	— 91	— 3993	— 0960	1,21557	1,45550	269
9	—0,00735	— 4493	— 1089	1,18649	1,43142	354

114

x	$Z_1(x)$	$Z_2(x)$	$Z_3(x)$	$Z_4(x)$	$Z_5(x)$	$Z_6(x)$
0,50	0,99902	—0,06249	0,42754	—0,54489	—0,48239	0,57148
1	0,99894	— 502	542	— 3344	— 6842	353
2	86	— 759	328	— 2225	— 5466	558
3	77	—0,07022	113	— 1132	— 4111	764
4	67	— 289	0,41897	— 0064	— 2775	971
5	57	— 561	680	—0,49019	— 1458	0,58177
6	46	— 839	462	— 7997	— 0159	385
7	35	—0,08121	243	— 6998	—0,38877	592
8	23	— 408	023	— 6020	— 7611	800
9	11	— 701	0,40803	— 5063	— 6362	0,59008
0,60	0,99798	— 998	581	— 4126	— 5128	216
1	84	—0,09300	359	— 3208	— 3908	424
2	69	— 608	137	— 2309	— 0722	633
3	54	— 920	0,39913	— 1429	— 1509	841
4	38	—0,10237	689	— 0566	— 0329	0,60048
5	21	— 0559	465	—0,39721	—0,29162	256
6	04	— 0886	240	— 8893	— 8006	464
7	0,99685	— 1219	015	— 8081	— 6862	671
8	66	— 1556	0,38789	— 7285	— 5729	877
9	46	— 1898	562	— 6504	— 4606	0,61084
0,70	25	— 2245	336	— 5739	— 3494	289
1	03	— 2597	109	— 4988	— 2391	494
2	0,99580	— 2954	0,37881	— 4251	— 1297	699
3	56	— 3316	654	— 3528	— 0212	903
4	32	— 3683	427	— 2819	—0,19136	0,62105
5	06	— 4055	198	— 2123	— 8068	308
6	0,99479	— 4432	0,36970	— 1440	— 7008	509
7	451	— 4813	742	— 0770	— 5956	709
8	422	— 5200	513	— 0112	— 4912	909
9	392	— 5592	285	—0,29446	— 3874	0,63107
0,80	360	— 5989	056	— 8832	— 2843	304
1	328	— 6390	0,35828	— 8209	— 1819	500
2	294	— 6787	599	— 7597	— 0800	695
3	259	— 7208	370	— 6996	—0,09788	888
4	222	— 7625	142	— 6406	— 8781	0,64080
5	185	— 8046	0,34913	— 5827	— 7780	271
6	146	— 8472	685	— 5258	— 6785	460
7	105	— 8904	457	— 4699	— 5795	648
8	063	— 9340	229	— 4149	— 4809	834
9	020	— 9781	001	— 3609	— 3828	0,65019
0,90	0,98975	—0,20227	0,34774	— 3078	— 2851	201
1	929	— 0678	546	— 2557	— 1879	383
2	881	— 1137	319	— 2045	— 0911	562
3	832	— 1594	092	— 1542	+0,00053	740
4	780	— 2060	0,33865	— 1047	1013	915
5	728	— 2531	639	— 0561	1970	0,66089
6	673	— 3006	413	— 0083	2923	261
7	617	— 3486	187	—0,19614	3873	430
8	559	— 3972	0,32962	— 9152	4820	598
9	500	— 4462	737	— 8698	5764	763

x	$\dfrac{d\,Z_1(x)}{dx}$	$\dfrac{d\,Z_2(x)}{dx}$	$\dfrac{d\,Z_3(x)}{dx}$	$\dfrac{d\,Z_4(x)}{dx}$	$\dfrac{d\,Z_5(x)}{dx}$	$\dfrac{d\,Z_6(x)}{dx}$
0,50	—0,00781	—0,24992	—0,21212	1,15852	1,40844	0,20431
1	— 829	— 5491	— 330	3158	1,38649	501
2	— 879	— 5990	— 443	0562	6552	564
3	— 930	— 6489	— 550	1,08057	4547	620
4	— 984	— 6988	— 652	5640	2628	668
5	—0,01040	— 7487	— 749	3305	0792	710
6	— 098	— 7986	— 842	1049	1,29034	744
7	— 157	— 8484	— 929	0,98866	7351	772
8	— 219	— 8983	—0,22012	6754	5737	793
9	— 283	— 9481	— 091	4709	4190	807
0,60	— 350	— 9980	— 165	2727	2706	815
1	— 418	—0,30478	— 235	0805	1283	816
2	— 489	— 0976	— 300	0,88941	1,19917	811
3	— 563	— 1474	— 362	7132	8606	800
4	— 638	— 1972	— 419	5376	7348	781
5	— 716	— 2470	— 473	3670	6140	756
6	— 797	— 2967	— 523	2012	4979	724
7	— 879	— 3465	— 568	0399	3864	687
8	— 965	— 3962	— 610	0,78831	2793	644
9	—0,02053	— 4459	— 648	7305	1764	595
0,70	— 143	— 4956	— 683	5818	0774	540
1	— 236	— 5453	— 715	4371	1,09824	479
2	— 332	— 5950	— 743	2961	8911	411
3	— 431	— 6446	— 768	1586	8032	337
4	— 532	— 6942	— 790	0245	7187	258
5	— 636	— 7438	— 809	0,68939	6377	173
6	— 743	— 7934	— 824	7665	5598	081
7	— 852	— 8430	— 837	6419	4848	0,19984
8	— 965	— 8925	— 847	5203	4128	882
9	—0,03080	— 9420	— 853	4015	3435	773
0,80	— 199	— 9915	— 857	2856	2771	658
1	— 320	—0,40409	— 859	1723	2132	538
2	— 445	— 0903	— 857	0615	1518	412
3	— 572	— 1397	— 853	0,59532	0929	281
4	— 703	— 1891	— 846	8473	0364	144
5	— 837	— 2384	— 837	7437	0,99821	001
6	— 973	— 2878	— 826	6422	9300	0,18852
7	—0,04114	— 3370	— 812	5429	8799	698
8	— 257	— 3863	— 795	4457	8320	538
9	— 404	— 4355	— 776	3507	7862	373
0,90	— 554	— 4846	— 756	2576	7422	202
1	— 707	— 5338	— 732	1664	7002	035
2	— 864	— 5828	— 707	0770	6598	0,17843
3	—0,05024	— 6319	— 680	0,49894	6213	656
4	— 188	— 6809	— 650	9035	5844	463
5	— 355	— 7299	— 619	8193	5492	264
6	— 526	— 7788	— 585	7367	5155	060
7	— 700	— 8276	— 550	6558	4834	0,16850
8	— 878	— 8765	— 513	5764	4529	635
9	—0,06059	— 9252	— 474	4984	4236	415

x	$Z_1(x)$	$Z_2(x)$	$Z_3(x)$	$Z_4(x)$	$Z_5(x)$	$Z_6(x)$
1,00	0,98438	−0,24957	0,31512	−0,18252	0,06705	0,66926
2	310	− 5961	1064	− 7383	8578	7245
4	173	− 6985	0619	− 6543	0,10442	7555
6	029	− 8028	0175	− 5731	2298	7854
8	0,97876	− 9091	0,29733	− 4946	4145	8142
1,10	714	−0,30173	9293	− 4187	5986	8421
2	543	− 1274	8855	− 3453	7821	8688
4	363	− 2395	8420	− 2744	9651	8943
6	173	− 3534	7988	− 2059	0,21476	9185
8	0,96973	− 4693	7558	− 1396	3297	9416
1,20	763	− 5870	7130	− 0755	5115	9632
2	542	− 7070	6706	− 0136	6931	9836
4	310	− 8282	6284	−0,09538	8745	0,70025
6	066	− 9516	5866	− 8950	0,30557	0200
8	0,95811	−0,40769	5450	− 8400	2369	0360
1,30	543	− 2041	5038	− 7859	4181	0505
2	263	− 3331	4628	− 7337	5993	0634
4	0,94969	− 4639	4222	− 6832	7806	0747
6	663	− 5966	3820	− 6345	9620	0843
8	342	− 7310	3420	− 5874	0,41436	0922
1,40	008	− 8673	3024	− 5419	3254	0983
2	0,93658	−0,50054	2632	− 4980	5074	1026
4	3294	− 1453	2243	− 4555	6898	1051
6	2914	− 2870	1857	− 4156	8716	1057
8	2519	− 4304	1475	− 3751	0,50553	1043
1,50	2107	− 5756	1097	− 3370	2386	1010
2	1679	− 7225	0723	− 3002	4223	0956
4	1233	− 8712	0352	− 2647	6064	0881
6	0770	−0,60215	0,19985	− 2305	7910	0785
8	0289	− 1735	9621	−0,01975	9760	0667
1,60	0,89789	− 3273	9262	− 657	0,61616	0527
2	9271	− 4826	8906	− 351	3475	0364
4	8732	− 6397	8554	− 056	5341	0178
6	8175	− 7983	8206	−0,00772	7211	0,69968
8	7596	− 9585	7862	− 498	9087	9734
1,70	6997	−0,71204	7522	− 235	0,70969	9475
2	6377	− 2838	7185	+0,00018	2856	9191
4	5735	− 4487	6853	261	4745	8882
6	5070	− 6152	6524	495	6647	8546
8	4383	− 7832	6199	720	8551	8183
1,80	3672	− 9526	5878	936	0,80462	7794
2	2938	−0,81235	5561	0,01143	2378	7377
4	2179	− 2959	5248	341	4300	6931
6	1396	− 4696	4939	531	6227	6456
8	0587	− 6447	4634	714	8161	5953
1,90	0,79752	− 8212	4333	888	0,90100	5419
2	8892	− 9990	4036	0,02055	2045	4856
4	8004	−0,91781	3742	215	3996	4261
6	7088	− 3585	3453	367	5952	3636
8	6145	− 5401	3167	513	7914	2978

x	$\dfrac{dZ_1(x)}{x}$	$\dfrac{dZ_2(x)}{x}$	$\dfrac{dZ_3(x)}{x}$	$\dfrac{dZ_4(x)}{x}$	$\dfrac{dZ_5(x)}{x}$	$\dfrac{dZ_6(x)}{x}$
1,00	—0,06245	—0,49740	—0,22432	0,44220	0,93960	0,16188
2	— 6626	—0,50713	— 345	2733	446	5719
4	— 7023	— 1683	— 251	1300	0,92983	5228
6	— 7436	— 2652	— 151	0,39919	570	4716
8	— 7864	— 3618	— 045	8586	204	4181
1,10	— 8308	— 4581	—0,21933	7300	0,91881	3625
2	— 8769	— 5541	— 815	6058	599	3046
4	— 9246	— 6499	— 692	4857	357	2446
6	— 9740	— 7453	— 564	3697	150	1824
8	—0,10252	— 8405	— 431	2575	0,90979	1179
1,20	— 0781	— 9352	— 293	1490	842	0513
2	— 1327	—0,60297	— 151	0440	736	0,09824
4	— 1892	— 1237	— 005	0,29423	660	9113
6	— 2475	— 2174	—0,20855	8430	612	8380
8	— 3077	— 3106	— 702	7485	591	7625
1,30	— 3697	— 4034	— 545	6562	596	6847
2	— 4337	— 4957	— 384	5668	625	6047
4	— 4996	— 5876	— 220	4799	675	5224
6	— 5675	— 6790	— 054	3957	746	4379
8	— 6374	— 7698	—0,19884	3141	839	3511
1,40	— 7093	— 8601	— 712	2349	950	2620
2	— 7832	— 9498	— 538	1581	0,91079	1705
4	— 8593	—0,70389	— 361	0835	224	+ 0768
6	— 9374	— 1275	— 182	0112	386	—0,00192
8	—0,20177	— 2153	— 002	0,19410	563	— 1175
1,50	— 1001	— 3025	—0,18819	8728	753	— 2182
2	— 1847	— 3890	— 635	8066	956	— 3212
4	— 2715	— 4748	— 449	7424	0,92172	— 4266
6	— 3606	— 5598	— 261	6799	397	— 5344
8	— 4519	— 6440	— 073	6193	633	— 6446
1,60	— 5454	— 7274	—0,17883	5604	878	— 7572
2	— 6413	— 8100	— 692	5033	0,93133	— 8721
4	— 7396	— 8916	— 500	4477	393	— 9895
6	— 8401	— 9724	— 307	3937	661	—0,11093
8	— 9430	—0,80522	— 114	3413	935	— 2316
1,70	—0,30484	— 1311	—0,16920	2903	0,94213	— 3564
2	— 1561	— 2089	— 725	2407	496	— 4836
4	— 2663	— 2856	— 530	1927	783	— 6133
6	— 3790	— 3613	— 335	1460	0,95073	— 7455
8	— 4942	— 4359	— 139	1005	364	— 8802
1,80	— 6118	— 5093	—0,15943	0564	657	—0,20175
2	— 7320	— 5815	— 747	0135	950	— 1573
4	— 8548	— 6524	— 552	0,09719	0,96243	— 2996
6	— 9801	— 7221	— 356	9314	535	— 4445
8	—0,41079	— 7904	— 160	8921	825	— 5919
1,90	— 2384	— 8574	—0,14965	8539	0,97113	— 7420
2	— 3716	— 9229	— 770	8168	397	— 8946
4	— 5073	— 9870	— 575	7807	677	—0,30499
6	— 6458	—0,90496	— 381	7457	953	— 2077
8	— 7869	— 1107	— 187	7117	0,98221	— 3682

x	$Z_1(x)$
2,0	0,75173
1	0,6987
2	0,6377
3	0,5680
4	0,4890
5	0,4000
6	0,3001
7	0,1887
8	+0,0651
9	—0,0714
3,0	—0,2214
1	—0,3855
2	—0,5644
3	—0,7584
4	—0,9680
5	—1,1936
6	—1,4353
7	—1,6933
8	—1,9674
9	—2,2576
4,0	—2,5634
1	—2,8843
2	—3,2195
3	—3,5679
4	—3,9283
5	—4,2991
6	—4,6784
7	—5,0639
8	—5,4531
9	—5,8429
5,0	—6,2301
1	—6,6107
2	—6,9803
3	—7,3344
4	—7,6674
5	—7,9736
6	—8,2466
7	—8,4794
8	—8,6644
9	—8,7937
6,0	—8,8583

x	$Z_2(x)$	$\dfrac{dZ_1(x)}{dx}$	$\dfrac{dZ_2(x)}{dx}$
2,0	—0,97229	—0,49307	—0,91701
1	—1,0654	—0,5690	—0,9442
2	—1,1610	—0,6520	—0,9661
3	—1,2585	—0,7420	—0,9836
4	—1,3575	—0,8392	—0,9944
5	—1,4572	—0,9436	—0,9983
6	—1,5569	—1,0552	—0,9943
7	—1,6557	—1,1737	—0,9815
8	—1,7529	—1,2993	—0,9589
9	—1,8472	—1,4315	—0,9256
3,0	—1,9376	—1,5698	—0,8804
1	—2,0228	—1,7141	—0,8223
2	—2,1016	—1,8636	—0,7499
3	—2,1723	—2,0177	—0,6621
4	—2,2334	—2,1755	—0,5577
5	—2,2832	—2,3361	—0,4353
6	—2,3199	—2,4983	—0,2936
7	—2,3413	—2,6608	—0,1315
8	—2,3454	—2,8221	+0,0526
9	—2,3300	—2,9808	0,2596
4,0	—2,2927	—3,1346	0,4912
1	—2,2309	—3,2819	0,7482
2	—2,1422	—3,4199	1,0318
3	—2,0236	—3,5465	1,3433
4	—1,8726	—3,6587	1,6833
5	—1,6860	—3,7536	2,0526
6	—1,4610	—3,8280	2,4520
7	—1,1946	—3,8782	2,8818
8	—0,8837	—3,9006	3,3422
9	—0,5251	—3,8910	3,8330
5,0	—0,1160	—3,8454	4,3542
1	+0,3467	—3,7589	4,9046
2	0,8658	—3,6270	5,4835
3	1,4443	—3,4446	6,0893
4	2,0845	—3,2063	6,7198
5	2,7890	—2,9070	7,3729
6	3,5597	—2,5409	8,0453
7	4,3986	—2,1024	8,7336
8	5,3068	—1,5856	9,4332
9	6,2854	—0,9844	10,1394
6,0	7,3347	—0,2931	10,3462

x	$Z_3(x)$	$Z_4(x)$	$\dfrac{dZ_3(x)}{dx}$	$\dfrac{dZ_4(x)}{dx}$
2,0	0,12886	0,02651	—0,13993	0,06786
2	0,1026	3712	— 2103	3969
4	0,08039	4290	— 0320	1892
6	6136	4463	—0,08676	+ 0391
8	4553	4474	— 7186	—0,00662
3,0	3256	4267	— 5860	— 1367
2	2202	3944	— 4697	— 1805
4	1366	3557	— 3692	— 2041
6	0715	3139	— 2836	— 2127
8	+ 0215	2605	— 2117	— 2103
4,0	—0,00140	2304	— 1521	— 2004
2	— 394	1917	— 1039	— 1855
4	— 562	1564	— 0652	— 1676
6	— 661	1248	— 0350	— 1482
8	— 707	0971	— 0119	— 1286
5,0	— 712	0731	+0,00522	— 1095
2	— 689	0533	1735	— 0915
4	— 646	0366	2546	— 0750
6	— 589	0231	3036	— 0601
8	— 526	0124	3276	— 0471
6,0	— 459	0142	3326	— 0359

x	$Z_5(x)$	$Z_6(x)$	$\dfrac{dZ_5(x)}{dx}$	$\dfrac{dZ_6(x)}{dx}$
2,0	0,99881	0,62288	0,98488	—0,35313
2	1,1981	0,5351	1,0058	—0,5310
4	1,4004	0,4087	1,0133	—0,7360
6	1,6015	0,2387	0,9982	—0,9684
8	1,7976	+0,0196	0,9523	—1,2274
3,0	1,9803	—0,2539	0,8667	—1,5112
2	2,1410	—0,5864	0,7319	—1,8166
4	2,2690	—0,9817	0,5373	—2,1386
6	2,3513	—1,4425	+ 0,2723	—2,4699
8	2,3715	—1,9696	— 0,0736	—2,8009
4,0	2,3157	—2,5620	— 0,5112	—3,1194
2	2,1613	—3,2155	— 1,0504	—3,4095
4	1,8882	—3,9227	— 1,7001	—3,6522
6	1,4735	—4,6717	— 2,4668	—3,8245
8	0,8934	—5,4460	— 3,3551	—3,8994
5,0	+0,1232	—6,2230	— 4,3651	—3,8459
2	—0,8605	—6,9735	— 5,4926	—3,6287
4	—2,0809	—7,6609	— 6,7273	—3,2088
6	—3,5574	—8,2407	— 8,0513	—2,5439
8	—5,3056	—8,6592	— 9,4379	—1,5889
6,0	—7,3343	—8,8629	—10,3498	—0,2964

XXIII Werte der Fresnelschen Integrale

$$C(x) = \frac{1}{2} \int_0^x J_{-\frac{1}{2}}(t)\, dt, \qquad S(x) = \frac{1}{2} \int_0^x J_{\frac{1}{2}}(t)\, dt.$$

x	C(x)	S(x)	x	C(x)	S(x)	x	C(x)	S(x)
0	0	0				25,5	0,52690	0,42580
0,02	0,11283	0,00075	1,0	0,72171	0,24756	26,0	5863	4830
4	5955	0213	1,5	0,77908	0,41535	26,5	7552	8293
6	9537	0391	2,0	0,75330	0,56285	27,0	7377	0,52105
8	0,22553	0602	2,5	0,67099	0,66579	27,5	5413	5337
0,10	5206	0840	3,0	0,56102	0,71169	28,0	2170	7214
2	7600	1104	3,5	0,45205	0,70018	28,5	0,48457	7306
4	9796	1391	4,0	0,36819	0,64212	29,0	5183	5621
6	0,31834	1699	4,5	0,32525	0,55649	29,5	3136	2600
8	3742	2026	5,0	0,32846	0,46594	30,0	2791	0,48997
0,20	5540	2372	5,5	0,37244	0,39183	30,5	4203	5697
2	7243	2735	6,0	0,44327	0,34985	31,0	7002	3497
4	8864	3114	6,5	0,52220	0,34710	31,5	0,50484	2913
6	0,40410	3509	7,0	0,59012	0,38120	32,0	3794	4061
8	1890	3919	7,5	0,63185	0,44149	32,5	6131	6634
0,30	3310	4342	8,0	0,63930	0,51201	33,0	6941	9987
2	4675	4779	8,5	0,61287	0,57546	33,5	6051	0,53293
4	5989	5229	9,0	0,56080	0,61721	34,0	3703	5749
6	7256	5692	9,5	0,49690	0,62857	34,5	0488	6771
8	8479	6166	10,0	0,43696	0,60844	35,0	0,47201	6131
0,40	9661	6652	10,5	0,39509	0,56318	35,5	4642	4009
2	0,50804	7149	11,0	0,38039	0,50478	36,0	3421	0942
4	1910	7656	11,5	0,39515	0,44781	36,5	3818	0,47687
6	2981	8173	12,0	0,43456	0,40581	37,0	5714	5040
8	4019	8700	12,5	0,48815	0,38822	37,5	8627	3635
0,50	5025	9237	13,0	0,54251	0,39827	38,0	0,51836	3797
2	6000	9782	13,5	0,58458	0,43249	38,5	4556	5467
4	6946	0,10336	14,0	0,60472	0,48177	39,0	6132	8219
6	7863	0898	14,5	0,59887	0,53374	39,5	6196	0,51369
8	8753	1469	15,0	0,56934	0,57580	40,0	4750	4146
0,60	9616	2047	15,5	0,52401	0,59818	40,5	2166	5880
2	0,60453	2632	16,0	0,47431	0,59613	41,0	0,49087	6161
4	1265	3224	16,5	0,43234	0,57089	41,5	6267	4938
6	2053	3823	17,0	0,40799	0,52926	42,0	4390	2528
8	2817	4428	17,5	0,40659	0,48175	42,5	3901	0,49531
0,70	3558	5040	18,0	0,42784	0,43999	43,0	4903	6683
2	4276	5657	18,5	0,46597	0,41389	43,5	7134	4676
4	4972	6280	19,0	0,51133	0,40934	44,0	0,50038	3988
6	5646	6908	19,5	0,55277	0,42685	44,5	2900	4772
8	6299	7541	20,0	0,58040	0,46165	45,0	5024	6821
0,80	6931	8178	20,5	0,58785	0,50488	45,5	5900	9622
2	7542	8820	21,0	0,57384	0,54589	46,0	5330	0,52484
4	8133	9467	21,5	0,54227	0,57481	46,5	3468	4710
6	8704	0,20117	22,0	0,50117	0,58494	47,0	0780	5765
8	9256	0771	22,5	0,46071	0,57425	47,5	0,47931	5404
0,90	9788	1428	23,0	0,43066	0,54578	48,0	5616	3731
2	0,70302	2088	23,5	0,41808	0,50682	48,5	4393	1166
4	0796	2751	24,0	0,42564	0,46703	49,0	4549	0,48343
6	1273	3417	24,5	0,45108	0,43605	49,5	6031	5952
8	1731	4085	25,0	0,48788	0,42122	50,0	8466	4572

120

Rekursionsformel:

$$(n+1)\,P_{n+1} = (2\,n+1)\,x\,P_n - n\,P_{n-1}$$

oder

$$P_{n+1} = x\,P_n + \frac{n}{n+1}\,[x\,P_n - P_{n-1}].$$

Die ersten neun Kugelfunktionen sind:

$$P_0(x) = 1, \qquad\qquad P_2(x) = \frac{1}{2}\,[3\,x^2 - 1],$$

$$P_1(x) = x, \qquad\qquad P_3(x) = \frac{1}{2}\,[5\,x^3 - 3\,x],$$

$$P_4(x) = \frac{1}{8}\,[35\,x^4 - 30\,x^2 + 3],$$

$$P_5(x) = \frac{1}{8}\,[63\,x^5 - 70\,x^3 + 15\,x],$$

$$P_6(x) = \frac{1}{16}\,[231\,x^6 - 315\,x^4 + 105\,x^2 - 5],$$

$$P_7(x) = \frac{1}{16}\,[429\,x^7 - 693\,x^5 + 315\,x^3 - 35\,x],$$

$$P_8(x) = \frac{1}{128}\,[6435\,x^8 - 12012\,x^6 + 6930\,x^4 - 1260\,x^2 + 35];$$

$$P_0(\cos\vartheta) = 1, \qquad\qquad P_2(\cos\vartheta) = \frac{1}{4}\,[3\cos 2\,\vartheta + 1],$$

$$P_1(\cos\vartheta) = \cos\vartheta, \qquad\qquad P_3(\cos\vartheta) = \frac{1}{8}\,[5\cos 3\,\vartheta + 3\cos\vartheta],$$

$$P_4(\cos\vartheta) = \frac{1}{64}\,[35\cos 4\,\vartheta + 20\cos 2\,\vartheta + 9),$$

$$P_5(\cos\vartheta) = \frac{1}{128}\,[63\cos 5\,\vartheta + 35\cos 3\,\vartheta + 30\cos\vartheta],$$

$$P_6(\cos\vartheta) = \frac{1}{512}\,[231\cos 6\,\vartheta + 126\cos 4\,\vartheta + 105\cos 2\,\vartheta + 50],$$

$$P_7(\cos\vartheta) = \frac{1}{1024}\,[429\cos 7\,\vartheta + 231\cos 5\,\vartheta + 189\cos 3\,\vartheta + 175\cos\vartheta],$$

$$P_8(\cos\vartheta) = \frac{1}{16384}\,[6435\cos 8\,\vartheta + 3432\cos 6\,\vartheta + 2772\cos 4\,\vartheta + 2520\cos 2\,\vartheta$$
$$+ 1225].$$

Reihenentwicklung nach Kugelfunktionen. Jede eindeutige Funktion $f(z)$, die im Innern einer Ellipse mit den Brennpunkten $+1$, -1 endlich und stetig ist, läßt sich eindeutig in eine Reihe der Form

$$f(z) = a_0\,P_0(z) + a_1\,P_1(z) + \cdots$$

entwickeln, worin

$$a_n = \frac{2\,n+1}{2}\int_{-1}^{+1} f(z)\,P_n(z)\,dz.$$

XXVI

Werte von $P_n(x)$, $P_n(\cos \vartheta)$ $[n = 0 - 10]$

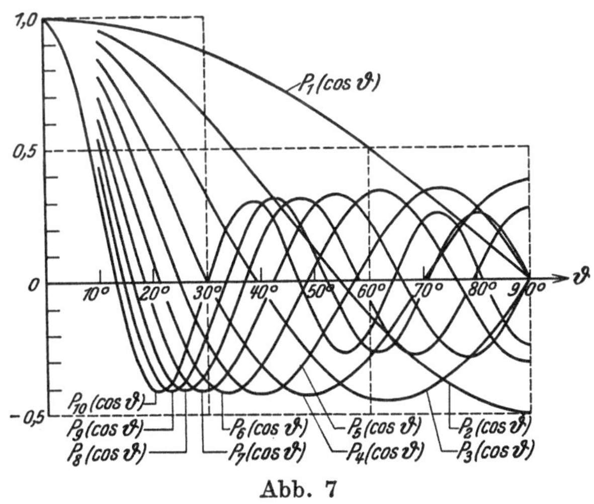

Abb. 7

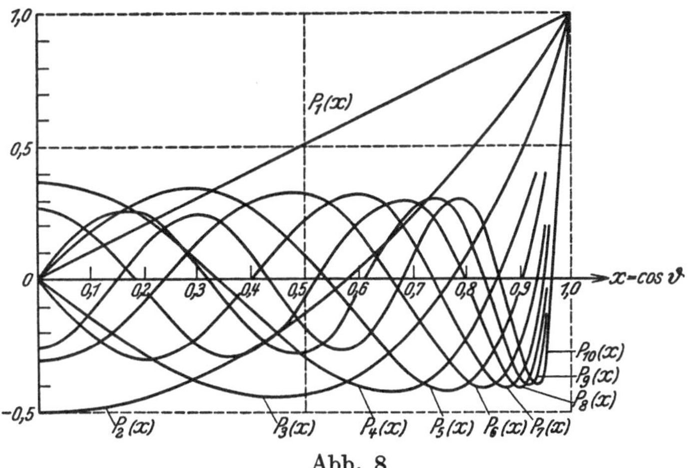

Abb. 8

$x = P_1(x)$	$P_2(x)$	$P_3(x)$	$P_4(x)$	$P_5(x)$	$P_6(x)$	$P_7(x)$	$P_8(x)$	$P_9(x)$	$P_{10}(x)$
0	−0,5	0	0,37500	0	−0,31250	0	0,27344	0	−0,24609
0,01	−0,49985	−0,01500	7463	0,01874	1184	−0,02186	7245	0,02457	4474
2	9940	2998	7350	3743	0988	4359	6951	4893	4070
3	9865	4493	7163	5601	0661	6509	6462	7286	3401
4	9760	5984	6901	7444	0205	8624	5783	9614	2474
5	9625	7469	6565	9266	−0,29622	−0,10693	4917	0,11858	1298
6	9460	8946	6156	0,11062	8913	2703	3870	3997	−0,19887
7	9265	−0,10414	5673	2826	8081	4644	2649	6012	8255
8	9040	1872	5118	4555	7130	6506	1263	7885	6418
9	8785	3318	4491	6242	6063	8278	0,19721	9599	4397
0,10	8500	4750	3794	7883	4883	9949	8032	0,21139	2213
1	8185	6167	3027	9473	3595	−0,21511	6209	2489	−0,09888
2	7840	7568	2191	0,21008	2204	2955	4264	3637	7448
3	7465	8951	1287	2482	0715	4271	2209	4573	4919
4	7060	−0,20314	0318	3891	−0,19133	5453	0060	5285	2328
5	6625	1656	0,29284	5232	7465	6492	0,07831	5767	+0,00196
6	6160	2976	8187	6499	5716	7383	5537	6014	2925
7	5665	4274	7028	7688	3894	8119	3194	6020	5530
8	5140	5542	5809	8796	2005	8695	+ 0820	5786	8081
9	4585	6785	4533	9818	0057	9107	−0,01569	5310	0,10549
0,20	4000	8000	3200	0,30752	−0,08058	9352	3956	4596	2907
1	3385	9185	1813	1593	6014	9426	6324	3648	5127
2	2740	−0,30338	0375	2339	3936	9327	8654	2472	7182
3	2065	1458	0,18887	2986	− 1830	9055	−0,10929	1079	9047
4	1360	2544	7352	3531	+0,00294	8610	3132	0,19478	0,20700
5	0625	3594	5771	3972	2428	7992	5245	7682	2120
6	−0,39860	4606	4149	4307	4562	7203	7253	5707	3287
7	9065	5579	2488	4532	6687	6246	9138	3569	4186
8	8240	6512	0789	4647	8795	5124	−0,20886	1287	4802
9	7385	7403	0,09057	4650	0,10875	3843	2480	0,08880	5125
0,30	6500	8250	7294	4539	2918	2407	3907	6370	5148
1	5585	9052	5503	4312	4915	0824	5155	3781	4866
2	4640	9808	3688	3970	6856	−0,19100	6209	+ 1136	4279
3	3665	−0,40516	+ 1851	3512	8732	7244	7061	−0,01540	3389
4	2660	1174	−0,00004	2937	0,20534	5266	7699	4219	2204
5	1625	1781	1872	2245	2251	3176	8116	6876	0732
6	0560	2336	3752	1438	3875	0984	8305	9484	0,18988
7	−0,29465	2837	5638	0514	5397	−0,08704	8261	−0,12015	6988
8	8340	3282	7528	0,29477	6808	6347	7979	4441	4755
9	7185	3670	9416	8326	8100	3927	7459	6737	2311
0,40	6000	4000	−0,11300	7064	9264	− 1459	6700	8876	0,09684
1	4785	4270	3175	5693	0,30291	+0,01042	5704	−0,20833	6905
2	3540	4478	5036	4215	1176	3561	4474	2582	4006
3	2265	4623	6880	2633	1909	6082	3017	4101	+ 1025
4	0960	4704	8702	0951	2486	8587	1340	5369	−0,02002
5	−0,19625	4719	−0,20497	0,19173	2898	0,11060	−0,19454	6367	−0,05035
6	8260	4666	2261	7301	3141	3483	7369	7077	−0,08033
7	6865	4544	3989	5341	3209	5838	5101	7485	−0,10953
8	5440	4352	5676	3298	3098	8107	2665	7578	−0,13753
9	3985	4088	7316	1177	2804	0,20272	0079	7348	−0,16390

$x = P_1(x)$	$P_2(x)$	$P_3(x)$	$P_4(x)$	$P_5(x)$	$P_6(x)$	$P_7(x)$	$P_8(x)$	$P_9(x)$	$P_{10}(x)$
0,50	−0,12500	−0,43750	−0,28906	0,08984	0,32324	0,22314	−0,07364	−0,26790	−0,18823
1	−0,10985	3337	−0,30440	0,06726	0,31655	4217	−0,04541	5901	−0,21011
2	−0,09440	2848	1912	0,04409	0,30796	5961	−0,01635	4682	2915
3	7865	2281	3317	+0,02041	0,29747	7530	+0,01330	3140	4499
4	6260	1634	4649	−0,00372	8506	8906	0,04325	1283	5729
5	4625	0906	5904	2819	7077	0,30074	0,07321	−0,19126	6576
6	2960	0096	7074	5294	5460	1016	0,10289	6686	7014
7	− 1265	−0,39202	8155	7786	3660	1719	3197	3986	7024
8	+0,00460	8222	9140	−0,10285	1681	2169	6013	1051	6590
9	2215	7155	−0,40024	2781	0,19528	2353	8703	−0,07914	5705
0,60	4000	6000	0800	5264	7210	2260	0,21334	−0,04497	4327
1	5815	4755	1462	7721	4733	1880	3572	−0,01178	2580
2	7660	3418	2004	−0,20142	2109	1207	5682	+0,02338	0360
3	9535	1988	2418	2512	0,09348	0232	7533	0,05891	−0,17728
4	0,11440	0464	2700	4819	0,06462	0,28954	9091	0,09430	−0,14714
5	3375	−0,28844	2841	7049	0,03467	7371	0,30324	0,12902	−0,11358
6	5340	7126	2836	9188	+0,00379	5483	1203	0,16249	−0,07707
7	7335	5309	2676	−0,31220	−0,02785	3295	1701	0,19413	−0,03818
8	9360	3392	2356	3131	−0,06006	0813	1792	0,22334	+0,00243
9	0,21415	1373	1869	4903	−0,09261	0,18049	1455	4952	0,04403
0,70	3500	−0,19250	1206	6520	−0,12529	0,15016	0670	7206	0,08581
1	5615	7022	0361	7964	−0,15782	0,11731	0,29426	9036	0,12686
2	7760	4688	−0,39327	9217	−0,18994	0,08217	0,27712	0,30385	0,16626
3	9935	2246	−0,38095	−0,40260	−0,22136	0,04499	0,25527	1200	0,20300
4	0,32140	−0,09694	6659	1074	−0,25175	+0,00609	0,22873	1430	3605
5	4375	7031	5010	1638	−0,28078	−0,03418	0,19761	1033	6437
6	6640	4256	3140	1931	−0,30807	−0,07541	0,16210	0,29974	8693
7	8935	− 1367	1043	1932	3325	−0,11713	0,12249	8227	0,30272
8	0,41260	+0,01638	−0,28709	1618	5589	−0,15881	0,07914	5777	1079
9	3615	0,04760	6131	0966	7557	−0,19987	+0,03256	2625	1030
0,80	6000	0,08000	3300	−0,39952	9180	−0,23965	−0,01666	0,18786	0053
1	8415	0,11360	0208	8552	−0,40409	−0,27743	−0,06776	0,14293	0,28095
2	0,50860	0,14842	−0,16847	6739	1193	−0,31240	−0,11987	0,09202	0,25125
3	3335	0,18447	−0,13207	4489	1475	4368	−0,17195	+0,03591	0,19420
4	5840	0,22176	−0,09281	1774	1198	7033	−0,22279	−0,02432	0,16170
5	8375	0,26031	−0,05060	−0,28566	0300	9130	−0,27102	−0,08731	0,10291
6	0,60940	0,30014	−0,00534	−0,24838	−0,38716	−0,40545	−0,31503	−0,15134	+0,03623
7	3535	0,34126	+0,04305	−0,20559	−0,36379	−0,41156	−0,35304	−0,21434	−0,03656
8	6160	0,38368	0,09467	−0,15699	−0,33217	−0,40829	−0,38304	−0,27377	−0,11300
9	8815	0,42742	0,14960	−0,10228	−0,29156	−0,39423	−0,40276	−0,32666	−0,18989
0,90	0,71500	0,47250	0,20794	−0,04114	−0,24116	−0,36782	−0,40969	−0,36951	−0,26315
1	4215	0,51893	0,26978	+0,02676	−0,18018	−0,32743	−0,40103	−0,39827	−0,32769
2	6960	0,56672	0,33522	0,10175	−0,10774	−0,27129	−0,37370	−0,40826	−0,37732
3	9735	0,61589	0,40435	0,18417	−0,02295	−0,19749	−0,32430	−0,39414	−0,40457
4	0,82540	0,66646	0,47728	0,27438	+0,07512	−0,10404	−0,24910	−0,34982	−0,40058
5	0,85375	0,71844	0,55409	0,37274	0,18745	+0,01123	−0,14402	−0,26842	−0,35488
6	0,88240	0,77184	0,63489	0,47962	0,31506	0,15060	−0,00460	−0,14220	−0,25524
7	0,91135	0,82668	0,71978	0,59539	0,45899	0,31650	+0,17402	−0,03750	−0,08749
8	0,94060	0,88298	0,80886	0,72045	0,62035	0,51151	0,39710	−0,28040	+0,16471
9	0,97015	0,94075	0,90223	0,85518	0,80029	0,73838	0,67064	−0,59725	0,52009
1,00	1	1	1	1	1	1	1	1	1

ϑ	$P_1(\cos\vartheta)$	$P_2(\cos\vartheta)$	$P_3(\cos\vartheta)$	$P_4(\cos\vartheta)$	$P_5(\cos\vartheta)$	$P_6(\cos\vartheta)$	$P_7(\cos\vartheta)$	$P_8(\cos\vartheta)$	$P_9(\cos\vartheta)$	$P_{10}(\cos\vartheta)$
0°	1	1	1	1	1	1	1	1	1	1
1	0,99985	0,99954	0,99909	0,99848	0,99772	0,99680	0,99574	0,99452	0,99316	0,99164
2	939	9817	9635	9392	9088	8725	8301	7819	0,97277	0,96677
3	863	9589	9179	8634	7954	7142	6198·	5125	0,93925	0,92601
4	756	9270	8543	7577	6377	4947	3291	1416	0,89329	0,87037
5	619	8861	7728	6227	4368	2160	0,89616	0,86751	0,83580	0,80123
6	452	8361	6736	4589	1939	0,88808	0,85220	0,81205	0,76797	0,72029
7	255	7772	5569	2670	0,89108	0,84922	0,80158	0,74869	0,69114	0,62955
8	027	7095	4232	0480	0,85893	0,80538	0,74493	0,67844	0,60687	0,53123
9	0,98769	6329	2726	0,88026	0,82315	0,75698	0,68296	0,60242	0,51682	0,42769
10	8481	5477	1057	0,85321	0,78399	0,70447	0,61644	0,52185	0,42279	0,32144
11	8163	4539	0,89228	0,82376	0,74170	0,64833	0,54619	0,43799	0,32661	0,21498
12	7815	3516	7244	0,79204	0,69656	0,58909	0,47307	0,35216	0,23016	0,11080
13	7437	2410	5111	0,75819	0,64888	0,52729	0,39798	0,26571	0,13527	+0,01129
14	7030	1221	2833	0,72235	0,59895	0,46350	0,32183	0,17995	+0,04373	−0,08133
15	6593	0,89952	0416	0,68470	0,54713	0,39831	0,24554	0,09618	−0,04277	−0,16506
16	6126	8604	0,77868	0,64537	0,49373	0,33229	0,17001	+0,01567	−0,12267	−0,23815
17	5630	7178	5194	0,60456	0,43911	0,26606	0,09614	−0,06042	−0,19460	−0,29920
18	5106	5676	2401	0,56244	0,38363	0,20020	+0,02477	−0,13100	−0,25735	−0,34713
19	4552	4101	0,69497	0,51918	0,32763	0,13529	−0,04327	−0,19509	−0,30996	−0,38126
20	3969	2453	6488	0,47498	0,27149	0,07190	−0,10723	−0,25184	−0,35170	−0,40127
21	3358	0736	3384	0,43002	0,21556	+0,01059	−0,16640	−0,30055	−0,38208	−0,40725
22	2718	0,78950	0190	0,38450	0,16019	−0,04813	−0,22017	4066	−0,40090	−0,39965
23	2050	7099	0,56917	0,33862	0,10573	−0,10376	−0,26800	7177	−0,40818	7930
24	1355	5185	0,53572	0,29256	0,05252	−0,15585	−0,30942	9364	−0,40422	4735
25	0631	3209	0,50163	0,24653	+0,00088	−0,20398	4408	−0,40623	−0,38958	0524
26	0,89879	1175	0,46699	0,20072	−0,04887	−0,24779	7172	−0,40962	−0,36500	−0,25466
27	9101	0,69084	0,43190	0,15531	−0,09642	−0,28694	9216	−0,40408	−0,33149	−0,19751
28	8295	6939	0,39644	0,11051	−0,14151	−0,32117	−0,40534	−0,39003	−0,29018	−0,13579
29	7462	4744	0,36069	0,06649	−0,18388	−0,35025	1130	6803	−0,24240	−0,07159
30	6603	2500	0,32476	+0,02344	−0,22327	−0,37402	1018	3878	−0,18956	−0,00702
31	5717	0210	0,28873	−0,01847	−0,25949	−0,39238	0221	0309	−0,13321	+0,05589
32	4805	0,57878	0,25269	−0,05907	−0,29233	−0,40527	−0,38771	−0,26188	−0,07487	0,11505
33	3867	5505	0,21673	−0,09820	−0,32163	−0,41269	6710	−0,21616	−0,01612	0,16886
34	2904	3095	0,18094	−0,13570	4726	−0,41471	4086	−0,16697	+0,04151	0,21566
35	1915	0652	0,14542	−0,17142	6910	−0,41145	0956	−0,11544	0,09655	0,25416
36	0902	0,48176	0,11025	−0,20524	8707	−0,40307	−0,27382	−0,06268	0,14762	0,28332
37	0,79864	5673	0,07551	3701	−0,40113	−0,38980	−0,23432	−0,00981	0,19349	0,30243
38	8801	3144	0,04129	6664	1124	−0,37191	−0,19178	+0,04206	0,23308	0,31111
39	7715	0593	+0,00769	9400	1741	−0,34972	−0,14695	0,09187	0,26548	0,30932
40	6604	0,38024	−0,02523	−0,31900	1968	−0,32357	−0,10060	0,13863	0,29001	0,29735
41	5471	5438	−0,05738	4157	1811	−0,29387	−0,05351	0,18142	0,30619	7578
42	4314	2840	−0,08869	6163	1279	−0,26104	−0,00645	0,21943	1375	4552
43	3135	0232	−0,11907	7913	0385	−0,22554	+0,03982	0,25195	1266	0771
44	1934	0,27617	−0,14845	9401	−0,39141	−0,18784	0,08455	0,27840	0312	0,16373
45	0711	0,25000	−0,17678	−0,40625	7565	−0,14844	0,12706	0,29834	0,28554	0,11511
46	0,69466	0,22383	−0,20397	1582	5677	−0,10783	0,16668	0,31146	0,26051	0,06352
47	8200	0,19768	2997	2273	3496	−0,06654	0,20283	0,31759	0,22884	+0,01069
48	6913	0,17160	5471	2696	1048	−0,02508	0,23497	0,31673	0,19147	−0,04164
49	5606	0,14562	7815	2856	−0,28357	+0,01606	0,26263	0,30901	0,14948	−0,09178

ϑ	$P_1(\cos\vartheta)$	$P_2(\cos\vartheta)$	$P_3(\cos\vartheta)$	$P_4(\cos\vartheta)$	$P_5(\cos\vartheta)$	$P_6(\cos\vartheta)$	$P_7(\cos\vartheta)$	$P_8(\cos\vartheta)$	$P_9(\cos\vartheta)$	$P_{10}(\cos\vartheta)$
50°	0,64279	0,11976	−0,30022	−0,42753	−0,25449	0,05638	0,28543	0,29468	0,10407	−0,13811
51	2932	0,09407	2088	2394	−0,22353	0,09539	0,30308	7416	0,05649	−0,17920
52	1566	0,06856	4009	1784	−0,19097	0,13265	1535	4797	+0,00805	−0,21375
53	0182	0,04327	5781	0929	−0,15712	0,16772	2213	1674	−0,03996	4075
54	0,58779	+0,01824	7399	−0,39837	−0,12229	0,20020	2336	0,18120	−0,08625	5940
55	7358	−0,00651	8861	8519	−0,08679	2972	1910	0,14217	−0,12961	6920
56	5919	3095	−0,40164	6983	−0,05093	5597	0949	0,10052	−0,16893	6995
57	4464	5505	1307	5241	−0,01503	7866	0,29475	0,05716	−0,20319	6171
58	2992	7878	2286	3306	+0,02060	9756	7518	+0,01306	3154	4487
59	1504	−0,10210	3100	1189	0,05566	0,31246	5117	−0,03086	5328	2008
60	0,5	2500	3750	−0,28906	0,08984	2324	2314	−0,07364	6790	−0,18823
61	0,48481	4744	4234	6471	0,12287	2980	0,19162	−0,11439	7508	−0,15044
62	6947	6939	4552	3899	0,15446	3210	0,15715	−0,15225	7471	−0,10801
63	5399	9084	4706	1205	0,18436	3016	0,12034	−0,18645	6686	−0,06238
64	3837	−0,21175	4695	−0,18407	0,21232	2403	0,08181	−0,21628	5181	−0,01508
65	2262	3209	4522	−0,15521	3811	1383	0,04222	4114	3003	+0,03232
66	0674	5185	4188	−0,12564	6152	0,29971	+0,00223	6055	0216	0,07826
67	0,39073	7099	3696	−0,09554	8238	8189	−0,03748	7412	−0,16900	0,12125
68	7461	8950	3049	−0,06508	0,30051	6062	−0,07627	8161	−0,13147	0,15987
69	5837	−0,30736	2249	−0,03444	1577	3617	−0,11348	8290	−0,09063	0,19290
70	4202	2453	1301	−0,00380	2807	0888	−0,14853	7802	−0,04759	0,21929
71	2557	4101	0208	+0,02667	3730	0,17910	−0,18082	6709	−0,00352	3821
72	0902	5676	−0,38975	0,05680	4340	4721	−0,20986	5040	+0,04038	4907
73	0,29237	7178	7608	0,08641	4634	1363	3516	2834	0,08293	5158
74	7564	8604	6110	0,11534	4611	0,07878	5634	0141	0,12299	4568
75	5882	9952	4488	4343	4273	0,04310	7305	−0,17022	0,15949	3163
76	4192	−0,41221	2749	7051	3624	+0,00704	8504	−0,13545	0,19148	0992
77	2495	2410	0897	9644	2672	−0,02896	9214	−0,09788	0,21809	0,18131
78	0791	3516	−0,28940	0,22107	1425	−0,06444	9424	−0,05832	3865	0,14676
79	0,19081	4539	6885	4427	0,29897	−0,09897	9133	−0,01763	5261	0,10745
80	7365	5477	4738	6590	8102	−0,13212	8348	+0,02331	5963	0,06468
81	5643	6329	2508	8585	6056	−0,16348	7083	0,06361	5953	+0,01989
82	3917	7095	0202	0,30401	3777	−0,19267	5360	0,10241	5235	−0,02544
83	2187	7772	−0,17828	2027	1288	−0,21933	3211	0,13887	3829	−0,06981
84	0453	8361	5394	3455	0,18610	4313	0671	0,17222	1774	−0,11176
85	0,08716	8861	2908	4677	0,15766	6378	−0,17784	0,20175	0,19129	−0,14989
86	6976	9270	0379	5686	0,12784	8103	−0,14598	2681	0,15965	−0,18297
87	5234	9589	−0,07815	6476	0,09688	9467	−0,11168	4688	0,12368	−0,20989
88	3490	9817	−0,05224	7044	0,06507	−0,30454	−0,07551	6153	0,08436	2978
89	1745	9954	−0,02617	7386	0,03268	1050	−0,03807	7044	0,04277	4198
90°	0	−0,50000	0	7500	0	1250	0	7344	0	− 4609

XXIX Tabelle für ϑ (Winkelmaß) bei gegebenem k² [k = sin ϑ]

k²	ϑ	k²	ϑ	k²	ϑ	k²	ϑ	k²	ϑ
0	0	0,20	26° 33′ 50″,4	0,40	39° 13′ 50″,3	0,60	50° 46′ 00″,7	0,80	63°66′ 00″6
0,01	5° 44′ 20″,1	1	27 16 20,9	1	39 48 50,4	1	51 21 10,6	1	64 09 20,9
2	8 07 40,8	2	27 58 11,0	2	40 23 40,8	2	50 56 30,6	2	64 53 40,5
3	9 58 20,7	3	28 39 20,9	3	40 58 30,4	3	52 32 00,6	3	65 38 51,0
4	11 32 10,3	4	29 20 00,2	4	41 33 10,4	4	53 07 40,8	4	66 25 10,9
5	12 55 10,6	5	30	5	42 07 41,0	5	53 43 40,4	5	67 12 40,9
6	14 10 40,4	6	30 39 20,6	6	42 42 20,6	6	54 19 50,3	6	68 01 30,8
7	15 20 30,0	7	31 18 20,3	7	43 16 40,8	7	54 56 10,8	7	68 51 50,7
8	16 25 40,8	8	31 56 50,3	8	44 51 10,4	8	55 33 00,0	8	69 43 50,6
9	17 27 20,7	9	32 34 50,8	9	45 25 30,7	9	56 10 00,6	9	70 37 40,9
0,10	18 26 00,6	0,30	33 12 30,9	0,50	45 00 00,0	0,70	56 47 20,1	0,90	71 33 50,4
1	19 22 10,1	1	33 49 50,9	1	45 34 20,3	1	57 25 00,2	1	72 32 30,3
2	20 16 00,4	2	34 26 51,0	2	46 08 40,6	2	58 03 00,7	2	73 34 10,2
3	21 08 00,3	3	35 03 40,2	3	46 43 10,2	3	58 41 30,7	3	74 39 21,0
4	21 58 20,2	4	35 40 00,7	4	47 17 30,9	4	59 20 30,2	4	75 49 10,6
5	22 47 10,1	5	36 16 10,6	5	47 52 10,1	5	60	5	77 04 40,4
6	23 34 40,1	6	36 52 10,2	6	48 26 40,6	6	60 39 50,8	6	78 27 40,7
7	24 21 00,0	7	37 27 50,4	7	49 01 20,6	7	61 20 30,1	7	80 01 30,3
8	25 06 10,5	8	38 03 20,4	8	49 36 10,2	8	62 01 40,0	8	81 30 40,7
9	25 50 30,1	9	38 38 40,4	9	50 11 00,6	9	62 43 30,1	9	84 15 30,9
								1,00	90

Legendre-Jacobische Normalformen:

1. Gattung
$$\int_0^x \frac{dx}{\sqrt{(1-x^2)(1-k^2 x^2)}} = \int_0^\varphi \frac{d\varphi}{\sqrt{1-k^2 \sin^2\varphi}} = F(\varphi, k),$$

2. Gattung
$$\int_0^x \frac{(1-k^2 x^2)\, dx}{\sqrt{(1-x^2)(1-k^2 x^2)}} = \int_0^\varphi \sqrt{1-k^2 \sin^2\varphi}\, d\varphi = E(\varphi, k),$$

3. Gattung
$$\int_0^x \frac{dx}{(1+n x^2)\sqrt{(1-x^2)(1-k^2 x^2)}} = \int_0^\varphi \frac{d\varphi}{(1+n \sin^2\varphi)\sqrt{1-k^2 \sin^2\varphi}}$$
$$= \Pi(\varphi, k, n).$$

Die Integrale $K = F\left(\dfrac{\pi}{2}, k\right)$, $K' = F\left(\dfrac{\pi}{2}, k'\right)$, $E = E\left(\dfrac{\pi}{2}, k\right)$, $E' = E\left(\dfrac{\pi}{2}, k'\right)$, in denen $k' = \sqrt{1-k^2}$ gesetzt und der Integrationsweg geradlinig anzunehmen ist, heißen vollständige Integrale der Legendreschen Normalform. Es besteht die Legendresche Beziehung

$$E K' + K E' - K K' = \frac{\pi}{2}.$$

	Nullstellen	Unendlichkeitsstellen	primitive Perioden
sn	$0,\, 2K$	$iK',\, 2K+iK'$	$4K,\, 2iK'$
cn	$K,\, -K$	$iK',\, 2K+iK'$	$4K,\, 2K+2iK'$
dn	$K+iK'$	$iK',\, 2K+iK'$	$2K,\, 4iK'$

XXVII

Tafel des elliptischen Integrals erster Gattung

$$F(\varphi, k) = \int\limits_0^{\varphi} \frac{d\varphi}{\sqrt{1 - k^2 \sin^2 \varphi}}$$

$$[k = \sin \vartheta]$$

XXX

Tafel der vollständigen elliptischen Integrale K, K′, E, E′ mit k² als Argument

$$K = \int\limits_0^{\frac{\pi}{2}} \frac{d\varphi}{\sqrt{1 - k^2 \sin^2 \varphi}},$$

$$K' = \int\limits_0^{\frac{\pi}{2}} \frac{d\varphi}{\sqrt{1 - k'^2 \sin^2 \varphi}},$$

$$E = \int\limits_0^{\frac{\pi}{2}} \sqrt{1 - k^2 \sin^2 \varphi}\, d\varphi,$$

$$E' = \int\limits_0^{\frac{\pi}{2}} \sqrt{1 - k'^2 \sin^2 \varphi}\, d\varphi.$$

$$k^2 + k'^2 = 1.$$

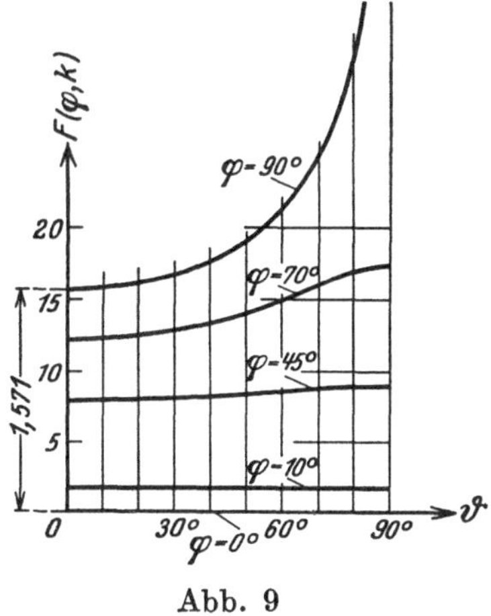

Abb. 9

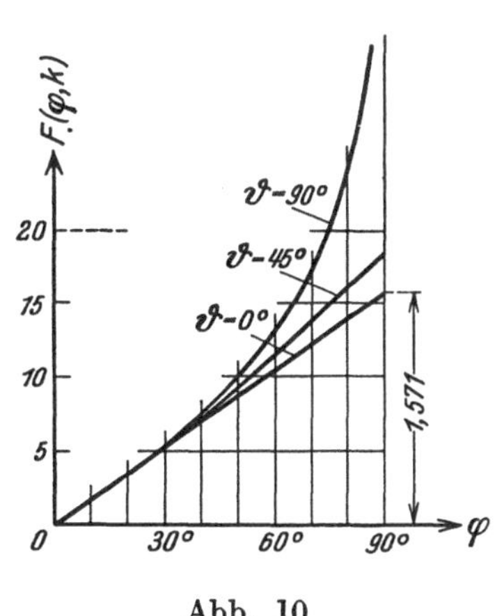

Abb. 10

Werte von F (φ, k)

[k = sin ϑ]

φ	$x=\sin\varphi$	$\vartheta = 0°$	$5°$	$10°$	$15°$	$20°$	$25°$	$30°$
	$k=\sin\vartheta \rightarrow$	0	0,08716	0,17365	0,25882	0,34202	0,42262	0,50000
0°	0	0	0	0	0	0	0	0
1	0,01745	0,01745	0,01745	0,01745	0,01745	0,01745	0,01745	0,01745
2	3940	3491	3491	3491	3491	3491	3491	3491
3	5234	5236	5236	5236	5236	5236	5236	5237
4	6976	6981	6981	6981	6982	6982	6982	6983
5	8716	8727	8727	8727	8727	8728	8729	8729
6	0,10453	0,10472	0,10472	0,10473	0,10473	0,10474	0,10475	0,10477
7	2187	2217	2218	2218	2219	2221	2223	2225
8	3917	3963	3963	3964	3966	3968	3971	3974
9	5643	5708	5708	5710	5712	5715	5719	5724
10	7365	7453	7454	7456	7459	7464	7469	7475
11	9081	9199	9200	9202	9206	9212	9220	9228
12	0,20791	0,20944	0,20945	0,20949	0,20954	0,20962	0,20971	0,20982
13	2495	2689	2691	2695	2702	2712	2724	2738
14	4192	4435	4436	4442	4451	4463	4478	4495
15	5882	6180	6182	6189	6200	6215	6233	6254
16	7564	7925	7928	7936	7949	7967	7989	8015
17	9237	9671	9674	9684	9699	9721	9748	9779
18	0,30902	0,31416	0,31420	0,31431	0,31450	0,31475	0,31507	0,31544
19	2557	3161	3166	3179	3201	3231	3268	3312
20	4202	4907	4912	4927	4953	4988	5031	5082
21	5837	6652	6658	6676	6706	6746	6796	6855
22	7461	8397	8404	8425	8459	8505	8563	8630
23	9073	0,40143	0,40151	0,40174	0,40213	0,40266	0,40331	0,40408
24	0,40674	1888	1897	1924	1968	2027	2102	2189
25	2262	3633	3643	3674	3723	3791	3875	3973
26	3837	5379	5390	5424	5479	5555	5650	5761
27	5399	7124	7137	7174	7236	7321	7427	7551
28	6947	8869	8883	8925	8994	9089	9207	9345
29	8481	0,50615	0,50630	0,50677	0,50753	0,50858	0,50988	0,51142
30	0,50000	2360	2377	2428	2513	2628	2773	2943
31	1504	4105	4124	4181	4273	4401	4560	4747
32	2992	5851	5871	5933	6035	6175	6349	6555
33	4464	7596	7619	7686	7797	7950	8141	8367
34	5919	9341	9366	9439	9561	9727	9936	0,60183
35	7358	0,61087	0,61113	0,61193	0,61325	0,61506	0,61734	2003
36	8779	2832	2861	2948	3090	3287	3534	3827
37	0,60182	4577	4609	4702	4857	5070	5337	5655
38	1566	6323	6356	6457	6624	6854	7144	7487
39	2932	8068	8104	8213	8393	8641	8953	9324

35°	40°	45°
0,57358	0,64279	0,70711
0	0	0
0,01745	0,01745	0,01745
3491	3491	3491
5237	5237	5237
6983	6984	6984
8730	8731	8732
0,10478	0,10480	0,10482
2227	2230	2233
3978	3981	3985
5729	5735	5740
7482	7490	7498
9237	9247	9258
0,20994	0,21007	0,21021
2753	2770	2787
4514	4535	4556
6278	6303	6330
8044	8075	8107
9813	9850	9889
0,31585	0,31629	0,31675
3360	3412	3466
5138	5199	5262
6920	6990	7063
8705	8786	8871
0,40494	0,40587	0,40683
2287	2392	2503
4084	4203	4328
5885	6020	6161
7690	7841	8000
9500	9669	9846
0,51315	0,51503	0,51700
3134	3343	3562
4959	5189	5432
6788	7042	7310
8623	8902	9197
0,60463	0,60769	0,61093
2308	2643	2998
4159	4524	4912
6016	6413	6836
7879	8309	8769
9747	0,70214	0,70713

k^2	K	K'	E	E'	k'^2
0	1,57080	∞	1,57080	1	1
0,001	119	4,84113	040	1,00217	0,999
2	158	49535	001	400	8
3	198	29334	1,56962	569	7
4	237	15018	922	730	6
5	277	03926	883	885	5
6	316	3,94872	844	1,01035	4
7	356	87225	804	181	3
8	395	80608	765	324	2
9	435	74776	726	463	1
0,010	475	69564	686	599	0,990
1	514	64853	647	734	0,989
2	554	60556	607	866	8
3	594	56607	568	995	7
4	634	52953	528	1,02124	6
5	674	49554	489	250	5
6	714	46378	449	375	4
7	754	43396	410	499	3
8	794	40587.	370	620	2
9	834	37931	331	740	1
0,020	874	35414	291	859	0,980
1	914	33022	252	978	0,979
2	954	30742	212	1,03094	8
3	995	28565	173	210	7
4	1,58035	26482	133	325	6
5	075	24486	093	439	5
6	116	22569	054	552	4
7	156	20726	014	664	3
8	197	18951	1,55974	775	2
9	237	17240	935	885	1
0,030	278	15588	895	995	0,970
1	319	13990	855	1,04103	0,969
2	359	12445	815	211	8
3	400	10948	776	319	7
4	441	09496	736	425	6
5	482	08088	696	531	5
6	523	06720	656	636	4
7	564	05390	616	740	3
8	605	04097	577	844	2
9	646	02838	537	948	1
0,040	687	01611	497	1,05050	0,960
1	728	00416	457	152	0,959
2	769	2,99250	417	254	8
3	810	8112	377	355	7
4	852	7001	337	455	6
5	893	5915	297	555	5
6	934	4854	257	655	4
7	976	3816	217	754	3
8	1,59017	2801	177	852	2
9	059	1807	137	950	1
k'^2	K'	K	E'	E	k^2

Werte von F(φ, k)
[k = sin ϑ]

φ \ ϑ	50°	55°	60°	65°	70°	75°
k=sinϑ	0,76604	0,81915	0,86603	0,90631	0,93969	0,96593
0°	0	0	0	0	0	0
1	0,01745	0,01745	0,01745	0,01745	0,01745	0,01745
2	3491	3491	3491	3491	3491	3491
3	5237	5238	5238	5238	5238	5238
4	6985	6985	6986	6986	6986	6987
5	8733	8734	8735	8736	8736	8737
6	0,10483	0,10485	0,10486	0,10488	0,10489	0,10490
7	2235	2238	2240	2242	2244	2246
8	3989	3993	3997	4000	4003	4005
9	5746	5751	5757	5761	5765	5769
10	7505	7513	7520	7526	7532	7537
11	9268	9278	9288	9296	9304	9310
12	0,21034	0,21047	0,21059	0,21071	0,21080	0,21088
13	2804	2821	2836	2851	2863	2873
14	4578	4599	4618	4636	4652	4664
15	6356	6382	6406	6428	6448	6463
16	8139	8171	8200	8227	8251	8270
17	9927	9965	0,30001	0,30034	0,30062	0,30085
18	0,31721	0,31766	1809	1848	1881	1909
19	3520	3574	3624	3670	3710	3742
20	5326	5388	5447	5501	5548	5586
21	7137	7210	7279	7342	7396	7441
22	8956	9040	9119	9192	9255	9307
23	0,40782	0,40878	0,40969	0,41053	0,41126	0,41186
24	2614	2724	2829	2925	3008	3077
25	4455	4580	4699	4808	4904	4982
26	6304	6445	6580	6704	6812	6901
27	8161	8320	8472	8612	8735	8835
28	0,50027	0,50206	0,50377	0,50534	0,50672	0,50785
29	1902	2102	2293	2470	2624	2752
30	3787	4009	4223	4420	4593	4736
31	5681	5928	6166	6386	6579	6739
32	7586	7860	8123	8367	8582	8760
33	9501	9803	0,60095	0,60365	0,60604	0,60802
34	0,61427	0,61760	2082	2381	2646	2865
35	3364	3730	4085	4415	4707	4950
36	5313	5715	6104	6468	6790	7058
37	7273	7713	8141	8541	8895	9191
38	9246	9727	0,70195	0,70633	0,71023	0,71349
39	0,71232	0,71756	2267	2746	3175	3563

80°	85°	90°
0,98481	0,99619	1
o	o	o
0,01745	0,01745	0,01745
3491	3491	3491
5238	5238	5238
6987	6987	6987
8737	8738	8738
0,10491	0,10491	0,10491
2247	2248	2248
4007	4008	4008
5771	5772	5773
7540	7542	7543
9314	9317	9318
0,21094	0,21098	0,21099
2880	2885	2886
4674	4680	4681
6475	6482	6484
8284	8293	8295
0,30102	0,30112	0,30116
1929	1942	1946
3766	3781	3786
5615	5632	5638
7474	7494	7501
9346	9369	9377
0,41230	0,41257	0,41266
3128	3159	3169
5040	5075	5088
6967	7008	7021
8910	8956	8972
0,50870	0,50922	0,50939
2847	2905	2925
4843	4908	4931
6858	6931	6956
8893	8975	9003
0,60950	0,61042	0,61073
3029	3131	3166
6132	5245	5284
7260	7385	7428
9414	9552	9599
0,71594	1747	0,71799
3804	3972	4029

k^2	K	K'	E	E'	k'^2
0,050	1,59100	2,90834	1,55097	1,06047	**0,950**
1	141	2,89880	057	144	0,949
2	184	8946	017	241	8
3	225	8030	1,54977	337	7
4	267	7131	937	433	6
5	309	6249	897	528	5
6	351	5384	857	623	4
7	393	4535	817	718	3
8	435	3700	777	812	2
9	477	2881	736	905	1
0,060	519	2075	696	999	**0,940**
1	561	1283	656	1,07092	0,939
2	603	0505	616	184	8
3	645	2,79739	576	276	7
4	688	8986	535	368	6
5	730	8245	495	460	5.
6	772	7515	455	551	4
7	815	6797	415	642	3
8	857	6090	374	732	2
9	900	5394	334	822	1
0,070	942	4707	294	912	**0,930**
1	985	4031	253	1,08002	0,929
2	1,60028	3365	213	091	8
3	070	2708	172	180	7
4	113	2060	132	268	6
5	156	1422	092	357	5
6	199	0792	051	445	4
7	242	0170	011	532	3
8	285	2,69557	1,53974	620	2
9	328	8952	930	707	1
0,080	371	8355	889	794	**0,920**
1	414	7766	849	880	0,919
2	457	7184	808	967	8
3	501	6609	768	1,09053	7
4	344	6042	727	139	6
5	587	5481	687	224	5
6	631	4927	646	309	4
7	674	4380	605	394	3
8	718	3840	565	479	2
9	761	3305	524	564	1
0,090	805	2777	483	648	**0,910**
1	849	2255	443	732	0,909
2	892	1739	402	816	8
3	936	1229	361	899	7
4	980	0724	321	982	6
5	1,61024	0225	280	1,10066	5
6	068	2,59732	239	148	4
7	112	9243	198	231	3
8	156	8760	157	313	2
9	200	8282	117	396	1
k'^2	K'	K	E'	E	k^2

Werte von F (φ, k)

$$[k = \sin \vartheta]$$

φ	x = sin φ	0°	5°	10°	15°	20°	25°	30°
40°	0,64279	0,69813	0,69852	0,69969	0,70162	0,70429	0,70765	0,71165
41	5606	0,71558	0,71600	0,71726	1933	2219	2580	3010
42	6913	3304	3349	3483	3704	4011	4398	4860
43	8200	5049	5097	5240	5477	5805	6219	6714
44	9466	6794	6846	6998	7251	7600	8043	8573
45	0,70711	8540	8594	8756	9025	9398	9871	0,80437
46	1934	0,80285	0,80343	0,80515	0,80801	0,81198	0,81701	2305
47	3135	2030	2092	2275	2578	2999	3535	4178
48	4314	3776	3841	4035	4356	4803	5371	6055
49	5471	5521	5590	5795	6135	6609	7211	7937
50	6604	7266	7339	7556	7915	8416	9054	9825
51	7715	9012	9088	9317	9697	0,90226	0,90901	0,91716
52	8801	0,90757	0,90838	0,91078	0,91479	2037	2750	3613
53	9864	2502	2587	2841	3262	3850	4603	5514
54	0,80902	4248	4337	4603	5047	5666	6458	7420
55	1915	5993	6086	6366	6832	7483	8317	9331
56	2904	7738	7836	8130	8618	9302	1,00179	1,01247
57	3867	9484	9586	9894	1,00406	1,01123	2044	3167
58	4805	1,01229	1,01336	1,01658	2194	2946	3912	5092
59	5717	2974	3086	3423	3984	4770	5783	7021
60	6603	4720	4837	5188	5774	6597	7657	8955
61	7462	6465	6587	6954	7566	8425	9534	1,10894
62	8295	8210	8338	8720	9358	1,10255	1,11414	2837
63	9101	9956	1,10088	1,10486	1,11151	2087	3296	4784
64	9879	1,11701	1839	2253	2945	3920	5182	6735
65	0,90631	3446	3590	4020	4740	5755	7070	8691
66	1355	5192	5340	5787	6536	7592	8961	1,20651
67	2050	6937	7091	7555	8332	9430	1,20854	2615
68	2718	8682	8842	9324	1,20130	1,21269	2750	4583
69	3358	1,20428	1,20593	1,21092	1928	3110	4648	6555
70	3969	2173	2345	2861	3727	4953	6548	8530
71	4552	3918	4096	4630	5527	6796	8451	1,30509
72	5106	5664	5847	6400	7328	8641	1,30356	2491
73	5630	7409	7599	8169	9129	1,30488	2263	4477
74	6126	9154	9350	9939	1,30930	2335	4172	6466
75	6593	1,30900	1,31102	1,31710	2733	4184	6083	8457
76	7030	2645	2853	3480	4535	6034	7996	1,40452
77	7437	4390	4605	5251	6339	7884	9911	2449
78	7815	6136	6356	7022	8143	9736	1,41827	4449
79	8163	7881	8108	8793	9947	1,41588	3744	6451
80	8481	9626	9860	1,40564	1,41752	3442	5663	8455
81	8769	1,41372	1,41612	2336	3557	5296	7583	1,50462
82	9027	3117	3364	4108	5362	7150	9504	2470
83	9255	4862	5115	5879	7168	9005	1,51426	4479
84	9452	6608	6867	7651	8974	1,50861	3350	6490
85	9619	8353	8619	9423	1,50781	2717	5273	8503
86	9756	1,50098	1,50371	1,51195	2587	4574	7198	1,60516
87	9863	1844	2123	2968	4394	6431	9123	2530
88	9939	3589	3875	4740	6200	8288	1,61048	4545
89	0,99985	5334	5627	6512	8007	1,60145	2974	6560
90	1	7080	7379	8284	9814	2003	4900	8575

35°	40°	45°
0,71622	0,72126	0,72667
3502	4047	4632
5389	5976	6608
7282	7914	8594
9182	9860	0,80592
0,81088	0,81815	2602
3001	3779	4623
4920	5752	6656
6846	7734	8701
8779	9725	0,90759
0,90719	0,91725	2829
2665	3735	4912
4618	5755	7007
6578	7784	9115
8545	9822	1,01237
1,00519	1,01871	3371
2499	3928	5519
4487	5996	7680
6481	8073	9854
8482	1,10159	1,12042
1,10490	2256	4243
2504	4361	6457
4525	6476	8685
6552	8601	1,20926
8586	1,20735	3180
1,20626	2877	5447
2672	5029	7727
4724	7190	1,30020
6782	9359	2325
8846	1,31537	4642
1,30915	3723	6972
2990	5917	9313
5070	8118	1,41666
7155	1,40327	4030
9244	2544	6404
1,41339	4767	8788
3437	6997	1,51183
5540	9232	3586
7647	1,51474	5999
9757	3721	8419
1,51870	5973	1,60848
3987	8230	3083
6106	1,60491	5725
8228	2756	8172
1,60352	5024	1,70625
2478	7295	3082
4605	9569	5542
6734	1,71844	8006
8864	4121	1,80472
1,70994	6399	2939
3125	8677	5407

k²	K	K'	E	E'	k'²
0,100	1,61244	2,57809	1,53076	1,10478	0,900
1	288	7341	035	559	0,899
2	333	6878	1,52994	641	8
3	377	6419	953	722	7
4	421	5965	912	803	6
5	466	5516	871	884	5
6	510	5071	830	965	4
7	555	4630	790	1,11045	3
8	600	4194	749	126	2
9	644	3762	708	206	1
0,110	689	3333	667	286	0,890
1	734	2909	626	365	0,889
2	779	2489	585	445	8
3	823	2073	543	524	7
4	868	1661	502	603	6
5	913	1252	461	682	5
6	958	0847	402	761	4
7	1,62004	0446	379	840	3
8	049	0048	338	918	2
9	094	2,49654	297	996	1
0,120	139	9264	256	1,12074	0,880
1	185	8876	214	152	0,879
2	230	8492	173	230	8
3	276	8111	132	307	7
4	321	7734	091	385	6
5	367	7360	049	462	5
6	412	6988	008	539	4
7	458	6620	1,51967	616	3
8	504	6255	926	692	2
9	550	4893	884	769	1
0,130	595	5534	843	845	0,870
1	641	5177	802	921	0,869
2	687	4824	760	997	8
3	733	4473	719	1,13073	7
4	780	4125	677	149	6
5	826	3780	636	224	5
6	872	3438	594	300	4
7	918	3098	553	375	3
8	964	2760	511	450	2
9	1,63011	2426	470	525	1
0,140	058	2093	428	600	0,860
1	104	1764	387	674	0,859
2	151	1436	345	749	8
3	197	1111	304	823	7
4	244	0789	262	897	6
5	291	0469	221	972	5
6	338	0151	179	1,14045	4
7	385	2,39835	137	119	3
8	432	9522	096	193	2
9	479	9211	054	266	1
k'²	K'	K	E'	E	k²

Werte von F (φ, k)

$$[k' = \sin \vartheta]$$

φ \ ϑ	50°	55°	60°	65°	70°	75°
40°	0,73231	0,73801	0,74358	0,74882	0,75352	0,75745
41	5243	5862	6469	7041	7555	7987
42	7269	7940	8600	9224	9786	0,80258
43	9308	0,80035	0,80752	0,81432	0,82045	2562
44	0,81362	2149	2926	3665	4333	4898
45	3431	4281	5122	5925	6651	7270
46	5515	6431	7342	8213	9005	9678
47	7614	8601	9585	0,90529	0,91390	0,92124
47	9729	0,90791	0,91853	2875	3811	4610
49	0,91860	3001	4146	5252	6267	7139
50	4008	5232	6465	7660	8762	9711
51	6171	7484	8811	1,00102	1,01297	1,02329
52	8352	9759	1,01185	2578	3872	4995
53	1,00550	1,02055	3587	5089	6491	7711
54	2765	4374	6018	7637	9155	1,10481
55	4998	6716	8479	1,10223	1,11865	3307
56	7248	9082	1,10971	2848	4624	6190
57	9517	1,11472	3494	5513	7433	9136
58	1,11803	3886	6050	8220	1,20295	1,22145
59	4108	6324	8638	1,20970	3212	5223
60	6432	8788	1,21254	3764	6186	8371
61	8773	1,21277	1,23916	6604	9219	1,31594
62	1,21134	3792	1,26606	9490	1,32314	1,34896
63	3513	6332	1,29332	1,32425	1,35473	1,38281
64	5910	8898	1,32094	1,35409	1,38699	1,41753
65	8326	1,31491	1,34893	1,38443	1,41994	1,43316
66	1,30760	4109	1,37728	1,41529	1,45360	1,48976
67	3212	6753	1,40600	1,44668	1,48800	1,52738
68	5683	9423	1,43510	1,47860	1,52317	1,56606
69	8171	1,42119	1,46457	1,51107	1,55913	1,60586
70	1,40677	1,44840	1,49441	1,54410	1,59591	1,64684
71	3200	1,47587	1,52463	1,57768	1,63352	1,68905
72	5739	1,50359	1,55522	1,61182	1,67198	1,73256
73	8296	3155	1,58618	1,64653	1,71132	1,77743
74	1,50867	5974	1,61750	1,68180	1,75155	1,82371
75	3455	8817	1,64918	1,71763	1,79269	1,87145
76	6056	1,61682	1,68120	1,75401	1,83473	1,92073
77	8672	1,64559	1,71356	1,79094	1,87768	1,97157
78	1,61302	1,67476	1,74625	1,82840	1,92154	2,02403
79	3943	1,70403	1,77924	1,86637	1,96630	2,07813
80	6597	3347	1,81253	1,90484	2,01193	2,13390
81	9261	6309	1,84609	1,94377	2,05840	2,19131
82	1,71935	9286	1,87991	1,98313	2,10568	2,25035
83	4618	1,82278	1,91395	2,02290	2,15371	2,31097
84	7309	1,85281	1,94821	2,06303	2,20244	2,37309
85	1,80006	1,88296	1,98264	2,10348	2,25178	2,43658
86	2710	1,91320	2,01723	2,14421	2,30166	2,50129
87	5418	1,94351	2,05194	2,18515	2,35198	2,56703
88	8129	1,97388	2,08674	2,22627	2,40265	2,63357
89	1,90843	2,00429	2,12161	2,26750	2,45354	2,70068
90	3558	2,03472	2,15652	2,30879	2,50455	2,76806

80⁰	85⁰	90⁰
0,76043	0,76228	0,76291
8313	8517	8586
0,80617	0,80841	0,80917
2954	3200	3284
5329	5598	5690
7741	8037	8137
0,90193	0,90517	0,90628
2687	3042	3163
5226	5614	5747
7810	8235	8381
1,00444	1,00909	1,01068
3129	3638	3812
5868	6425	6616
8665	9274	9483
1,11521	1,12188	1,12418
4442	5171	5423
7430	8229	8505
1,20488	1,21364	1,21667
3623	4582	4916
6837	7890	8257
1,30135	1,31292	1,31696
1,33524	1,34795	1,35240
1,37008	1,38407	1,38899
1,40594	1,42135	1,42679
1,44288	1,45989	1,46591
1,48098	1,49977	1,50645
1,52031	1,54113	1,54855
1,56096	1,58404	1,59232
1,60303	1,62868	1,63794
1,64661	1,67518	1,68557
1,69181	1,72372	1,73542
1,73877	1,77450	1,78771
1,78759	1,82774	1,84273
1,83844	1,88370	1,90079
1,89146	1,94267	1,96226
1,94682	2,00499	2,02759
2,00470	2,07106	2,09732
2,06529	2,14136	2,17212
2,12878	2,21644	2,25280
2,19538	2,29694	2,34040
2,26527	2,38365	2,43625
2,33866	2,47748	2,54209
2,41569	2,57954	2,66031
2,49648	2,69109	2,79422
2,58105	2,81362	2,94870
2,66935	2,94869	3,13130
2,76116	3,09782	3,35467
2,85612	3,26198	3,64253
2,95366	3,44116	4,04813
3,05304	3,63279	4,74135
3,15339	3,83174	∞

k²	K	K′	E	E′	k′²
0,150	1,63526	2,38902	1,51012	1,14340	**0,850**
1	573	595	1,50971	413	0,849
2	620	290	929	486	8
3	667	2,37988	887	559	7
4	715	687	845	632	6
5	762	389	803	704	5
6	810	092	762	777	4
7	857	2,36799	720	849	3
8	905	505	678	921	2
9	952	215	636	994	1
0,160	1,64000	2,35926	594	1,15066	**0,840**
1	048	640	552	137	0,839
2	096	355	510	209	8
3	144	072	468	281	7
4	191	2,34791	426	352	6
5	240	511	385	424	5
6	288	234	343	495	4
7	336	2,33958	301	566	3
8	384	684	258	637	2
9	432	412	216	708	1
0,170	481	140	174	779	**0,830**
1	529	2,32871	132	849	0,829
2	578	604	091	920	8
3	626	339	048	990	7
4	675	075	006	1,16061	6
5	723	2,31812	1,49964	131	5
6	772	551	922	201	4
7	821	292	879	271	3
8	870	034	837	340	2
9	919	2,30778	795	410	1
0,180	968	523	753	480	**0,820**
1	1,65017	270	710	549	0,819
2	066	018	668	619	8
3	164	2,29768	626	688	7
4	214	519	583	757	6
5	263	271	541	826	5
6	313	025	499	895	4
7	362	2,28781	456	964	3
8	412	537	414		2
9	462	295	372	1,17033	1
0,190	511	055	329	101	**0,810**
1	561	2,27816	287	170	0,809
2	611	578	244	238	8
3	661	341	202	306	7
4	711	106	159	375	6
5	761	2,26872	117	443	5
6	811	639	074	511	4
7	862	408	031	579	3
8	912	177	1,48989	646	2
9	962	2,25948	946	714	1
k′²	K′	K	E′	E	k²

XXVIII Tafel des elliptischen Integrals zweiter Gattung

$$E(\varphi, k) = \int_0^\varphi \sqrt{1 - k^2 \sin^2\varphi}\; d\varphi$$

$$[k = \sin \vartheta]$$

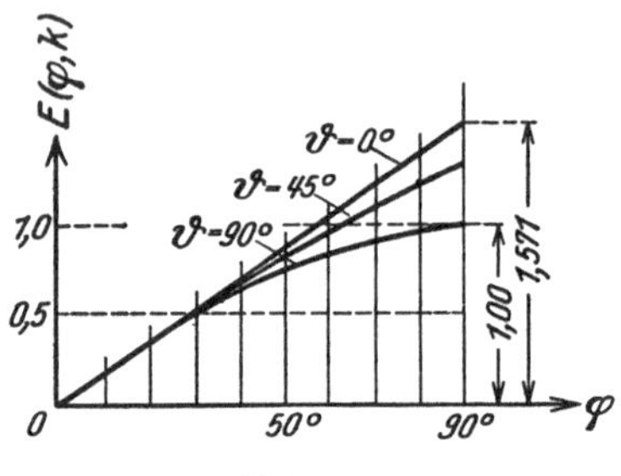

Abb. 11

φ \ ϑ	0°	5°	10°	15°	20°	25°	30°
0°	o	o	o	o	o	o	o
1	0,01745	0,01745	0,01745	0,01745	0,01745	0,01745	0,01745
2	3491	3491	3491	3491	3491	3491	3490
3	5236	5236	5236	5236	5236	5236	5235
4	6981	6981	6981	6981	6981	6980	6980
5	8727	8727	8726	8726	8725	8725	8724
6	0,10472	0,10472	0,10471	0,10471	0,10470	0,10469	0,10467
7	2217	2217	2216	2215	2214	2212	2210
8	3963	3962	3961	3960	3957	3955	3951
9	5708	5707	5706	5704	5700	5696	5692
10	7453	7453	7451	7447	7443	7438	7431
11	9199	9198	9195	9191	9185	9178	9169
12	0,20944	0,20943	0,20939	0,20934	0,20926	0,20917	0,20906
13	2689	2688	2683	2676	2667	2655	2641
14	4435	4433	4427	4419	4406	4392	4374
15	6180	6178	6171	6160	6145	6127	6106
16	7925	7923	7914	7901	7883	7861	7836
17	9671	9667	9658	9642	9620	9594	9563
18	0,31416	0,31412	0,31401	0,31382	0,31357	0,31325	0,31289
19	3161	3157	3143	3121	3092	3055	3012
20	4907	4901	4886	4860	4825	4783	4733
21	6652	6646	6628	6598	6558	6509	6451
22	8397	8390	8370	8336	8290	8233	8167
23	0,40143	0,40135	0,40111	0,40073	0,40020	9955	9880
24	1888	1879	1852	1809	1749	0,41676	0,41590
25	3633	3623	3593	3544	3477	3394	3298
26	5379	5367	5333	5278	5203	5110	5002
27	7124	7111	7074	7012	6928	6824	6703
28	8869	8855	8813	8745	8651	8536	8402
29	0,50615	0,50599	0,50553	0,50477	0,50373	0,50245	0,50097
30	2360	2343	2292	2208	2094	1953	1788
31	4105	4086	4030	3938	3813	3657	3476
32	5851	5830	5768	5667	5530	5360	5161
33	7596	7573	7506	7396	7245	7059	6842
34	9341	9317	9243	9123	8959	8756	8520
35	0,61087	0,61060	0,60980	0,60850	0,60672	0,60451	0,60194
36	2832	2803	2716	2575	2382	2143	1864
37	4577	4546	4452	4300	4091	3832	3530
38	6323	6289	6188	6023	5798	5519	5193
39	8068	8031	7923	7746	7503	7203	6851

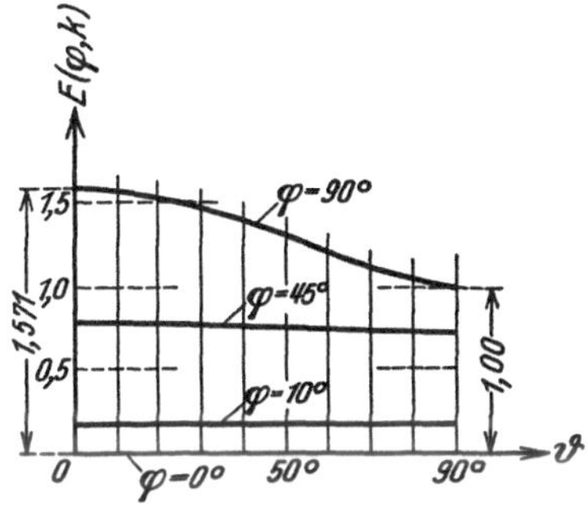

Abb. 12

35°	40°	45°
0,01745	0,01745	0,01745
3490	3490	3490
5235	5235	5235
6979	6979	6978
8723	8722	8721
0,10466	0,10464	0,10462
2207	2205	2202
3948	3944	3940
5687	5681	5676
7427	7417	7409
9160	9150	9140
0,20894	0,20881	0,20868
2626	2609	2593
4355	4335	4314
6083	6058	6032
7807	7777	7746
9529	9493	9455
0,31248	0,31205	0,31161
2965	2914	2862
4678	4619	4558
6387	6319	6249
8094	8015	7934
9796	9707	9614
0,41496	0,41394	0,41289
3191	3076	2958
4882	4753	4620
6569	6425	6276
8252	8092	7926
9931	9753	9569
0,51605	0,51409	0,51205
3275	3059	2834
4940	4703	4456
6600	6341	6070
8256	7972	7677
9907	9598	9276
0,61552	0,61217	0,60868
3193	2830	2451
4828	4436	4027
6459	6035	5594

k^2	K	K′	E	E′	k'^2
0,200	1,65962	2,25721	1,48904	1,17849	**0,800**
1	1,66013	494	861	916	0,799
2	063	269	818	984	8
3	114	044	776	1,18051	7
4	165	2,24821	733	118	6
5	215	599	690	185	5
6	266	379	647	252	4
7	317	159	605	319	3
8	368	2,23940	562	385	2
9	419	723	519	452	1
0,210	470	507	476	518	**0,790**
1	521	292	433	585	0,789
2	572	077	390	651	8
3	624	2,22864	347	717	7
4	675	652	305	783	6
5	727	442	262	849	5
6	778	232	219	915	4
7	830	023	176	981	3
8	881	2,21815	133	1,19047	2
9	933	608	090	113	1
0,220	985	402	047	178	**0,780**
1	1,67037	197	004	244	0,779
2	089	2,20994	1,47961	309	8
3	141	791	917	374	7
4	193	589	874	440	6
5	245	388	831	505	5
6	298	188	788	570	4
7	350	2,19989	750	635	3
8	402	791	702	700	2
9	455	593	659	764	1
0,230	507	397	615	829	**0,770**
1	560	202	572	894	0,769
2	613	007	529	958	8
3	666	2,18814	485	1,20023	7
4	718	621	442	087	6
5	771	429	399	151	5
6	824	238	355	215	4
7	877	048	312	280	3
8	931	2,17859	269	344	2
9	984	670	225	408	1
0,240	1,68037	483	182	471	**0,760**
1	091	296	138	535	0,759
2	144	110	095	600	8
3	198	2,16925	051	663	7
4	251	741	008	726	6
5	305	557	1,46964	790	5
6	359	374	921	853	4
7	413	193	877	916	3
8	467	011	834	979	2
9	521	2,15831	790	1,21043	1
k'^2	K′	K	E′	E	k^2

Werte von E(φ, k)

$[k = \sin \vartheta]$

φ \ ϑ	50°	55°	60°	65°	70°	75°	80°
0°	0	0	0	0	0	0	0
1	0,01745	0,01745	0,01745	0,01745	0,01745	0,01745	0,01745
2	3490	3490	3490	3490	3490	3490	3490
3	5235	5234	5234	5234	5234	5234	5234
4	6978	6978	6977	6977	6976	6976	6976
5	8720	8719	8718	8718	8717	8716	8716
6	0,10461	0,10459	0,10458	0,10456	0,10455	0,10454	0,10453
7	2199	2197	2195	2192	2190	2189	2188
8	3936	3932	3929	3925	3923	3920	3919
9	5670	5665	5660	5655	5651	5648	5645
10	7401	7394	7387	7381	7375	7371	7367
11	9130	9120	9110	9102	9055	9089	9084
12	0,20855	0,20842	0,20830	0,20819	0,20809	0,20801	0,20796
13	2576	2559	2544	2530	2518	2508	2501
14	4293	4272	4253	4236	4221	4209	4200
15	6006	5981	5957	5936	5917	5902	5891
16	7714	7684	7655	7629	7606	7588	7575
17	9418	9381	9347	9315	9288	9267	9250
18	0,31116	0,31073	0,31032	0,30995	0,30963	0,30937	0,30917
19	2809	2758	2710	2666	2629	2598	2575
20	4496	4437	4381	4330	4286	4250	4224
21	6178	6109	6044	5985	5934	5892	5862
22	7853	7773	7699	7631	7522	7525	7490
23	9521	9431	9345	9268	9201	9146	9106
24	0,41183	0,41080	0,40983	0,40895	0,40819	0,40757	0,40711
25	2838	2722	2612	2513	2426	2356	2304
26	4486	4355	4232	4120	4023	3944	3885
27	6126	5980	5842	5716	5607	5518	5453
28	7759	7595	7441	7301	7180	7081	7007
29	9383	9202	9031	8875	8740	8629	8548
30	0,51000	0,50799	0,50609	0,50437	0,50287	0,50165	0,50074
31	2608	2386	2177	1986	1821	1686	1586
32	4207	3964	3733	3524	3341	3193	3082
33	5798	5531	5278	5048	4848	4684	4563
34	7379	7087	6811	6559	6340	6161	6028
35	8952	8634	8332	8057	7818	7622	7477
36	0,60515	0,60169	9841	9541	9280	9067	8909
37	2068	1693	0,61337	0,61011	0,60727	0,60495	0,60323
38	3612	3206	2820	2467	2159	1907	1720
39	5146	4707	4290	3908	3574	3302	3099

85°	90°
o	o
0,01745	0,01745
3490	3490
5234	5234
6976	6976
8716	8716
0,10453	0,10453
2187	2187
3918	3917
5644	5643
7365	7365
9082	9081
0,20792	0,20791
2497	2495
4194	4192
5884	5882
7567	7564
9241	9237
0,30906	0,30902
2561	2557
4207	4202
5843	5837
7468	7461
9081	9073
0,40683	0,40674
2273	2262
3849	3837
5413	5399
6962	6947
8498	8481
0,50019	0,50000
1525	1504
3015	2992
4489	4464
5947	5919
7388	7358
8811	8779
0,60217	0,60182
1605	1566
2974	2932

k^2	K	K'	E	E'	k'^2
0,250	1,68575	2,15652	1,46746	1,21106	0,750
1	629	473	703	169	0,749
2	684	295	659	232	8
3	738	117	615	294	7
4	792	2,14941	571	357	6
5	847	765	528	420	5
6	902	590	484	482	4
7	956	416	440	545	3
8	1,69011	242	396	607	2
9	066	069	353	670	1
0,260	121	2,13897	309	732	0,740
1	176	726	265	794	0,739
2	231	555	221	857	8
3	286	385	177	919	7
4	341	215	133	981	6
5	397	047	089	1,22043	5
6	452	2,12879	045	104	4
7	508	711	001	166	3
8	563	545	1,45957	228	2
9	619	379	913	290	1
0,270	675	213	869	351	0,730
1	731	048	825	413	0,729
2	787	2,11884	781	474	8
3	843	721	737	536	7
4	899	558	692	597	6
5	955	396	648	658	5
6	1,70011	235	604	719	4
7	068	074	560	780	3
8	124	2,10913	516	841	2
9	181	754	471	902	1
0,280	237	595	427	963	0,720
1	294	436	383	1,23024	0,719
2	351	279	338	085	8
3	408	121	294	146	7
4	465	2,09965	250	206	6
5	522	809	205	267	5
6	579	653	161	327	4
7	636	498	116	388	3
8	694	344	072	448	2
9	751	190	027	508	1
0,290	809	037	1,44983	568	0,710
1	866	2,08885	938	629	0,709
2	924	733	894	689	8
3	982	581	849	749	7
4	1,71040	430	804	809	6
5	098	280	760	869	5
6	156	130	715	928	4
7	214	2,07981	671	988	3
8	272	832	626	1,24048	2
9	331	684	581	108	1
k'^2	K'	K	E'	E	k^2

Werte von E(φ, k)
[k = sin ϑ]

φ \ ϑ	0°	5°	10°	15°	20°	25°	30°
40°	0,69813	0,69774	0,69658	0,69467	0,69207	0,68884	0,68506
41	0,71558	0,71517	0,71392	1188	0,70909	0,70562	0,70157
42	3304	3259	3126	2907	2609	2238	1804
43	5049	5001	4859	4626	4307	3910	3446
44	6794	6744	6592	6343	6003	5580	5085
45	8540	8486	8324	8059	7697	7247	6720
46	0,80285	0,80228	0,80056	9775	9390	8911	8350
47	2030	1969	1787	0,81489	0,81081	0,80573	9977
48	3776	3711	3518	3202	2770	2231	0,81599
49	5521	5453	5249	4914	4457	3887	3217
50	7266	7194	6979	6626	6142	5539	4832
51	9012	8936	8709	8336	7826	7189	6442
52	0,90757	0,90677	0,90438	0,90045	9507	8836	8048
53	2502	2418	2166	1753	0,91187	0,90481	9650
54	4248	4159	3895	3450	2865	2122	0,91248
55	5993	5900	5622	5166	4541	3761	2843
56	7738	7641	7350	6872	6216	5397	4433
57	9484	9381	9077	8576	7889	7030	6019
58	1,01229	1,01122	1,00803	1,00279	9560	8661	7602
59	2974	2863	2529	1981	1,01229	1,00289	9180
60	4720	4603	4255	3683	2897	1915	1,00256
61	6465	6343	5980	5383	4563	3538	2327
62	8210	8084	7705	7083	6228	5158	3895
63	9956	9824	9430	8781	7891	6776	5459
64	1,11701	1,11564	1,11154	1,10479	9553	8392	7020
65	3446	3304	2878	2176	1,11213	1,10005	8577
66	5192	5043	4601	3873	2871	1616	1,10132
67	6937	6783	6324	5568	4529	3225	1683
68	8682	8523	8047	7263	6185	4832	3231
69	1,20428	1,20262	9769	8957	7839	6437	4776
70	2173	2002	1,21491	1,20650	9493	8040	6318
71	3918	3741	3213	2343	1,21145	9640	7857
72	5664	5481	4935	4034	2796	1,21239	9394
73	7409	7220	6656	5726	4446	2837	1,20298
74	9154	8959	8377	7417	6094	4432	2459
75	1,30900	1,30698	1,30097	9107	7742	6026	3989
76	2645	2437	1818	1,30796	9389	7619	5516
77	4390	4176	3538	2486	1,31035	9210	7041
78	6136	5915	5258	4174	2680	1,30800	8566
79	7881	7654	6978	5862	4325	2389	1,30086
80	9626	9393	8698	7550	5968	3976	1606
81	1,41372	1,41132	1,40417	9238	7611	5563	3124
82	3117	2871	2137	1,40925	9254	7148	4641
83	4862	4610	3856	2612	1,40896	8733	6157
84	6608	6349	5575	4299	2537	1,40317	7672
85	8353	8087	7294	5985	4178	1900	9186
86	1,50098	9826	9013	7671	5819	3483	1,40699
87	1844	1,51565	1,50732	9357	7459	5066	2211
88	3589	3304	2451	1,51043	9100	6648	3723
89	5334	5042	4170	2729	1,50740	8230	5235
90	7080	6781	5889	4415	2380	9811	6746

35°	40°	45°
0,68084	0,67628	0,67153
9703	9214	8703
0,71318	0,70793	0,70245
2927	2365	1778
4530	3931	3303
6128	5489	4819
7721	7040	6326
9308	8584	7824
0,80890	0,80121	9313
2466	1651	0,80794
4036	3173	2265
5601	4689	3728
7161	6197	5182
8715	7698	6627
0,90264	9193	8063
1807	0,90680	9490
3345	2160	0,90908
4875	3634	2318
6405	5100	3719
7928	6560	5111
9445	8013	6495
1,00957	9460	7871
2465	1,00900	9238
3967	2334	1,00598
5465	3762	1949
6958	5183	3293
8447	6599	4629
9932	8009	5957
1,11412	9413	7279
2888	1,10812	8593
4360	2205	9901
5828	3594	1,11202
7293	4977	2497
8754	6356	3786
1,20211	7731	5068
1666	9101	6346
3117	1,20467	7618
4566	1830	8885
6012	3189	1,20148
7456	4544	1407
8897	4897	2661
1,30336	7246	3912
1773	8594	5159
3209	9939	6404
4643	1,31282	7646
6076	2623	8886
7508	3963	1,30124
8939	5302	1360
1,40369	6640	2596
1799	7977	3830
3229	9314	5064

k^2	K	K′	E	E′	k'^2
0,300	1,71389	2,07536	1,44536	1,24167	**0,700**
1	448	389	492	227	0,699
2	506	243	447	286	8
3	565	097	402	345	7
4	624	2,06951	357	405	6
5	683	806	312	464	5
6	742	661	267	523	4
7	801	517	223	582	3
8	860	374	178	642	2
9	919	231	133	701	1
0,310	979	088	088	760	**0,690**
1	1,72038	2,05946	043	814	0,689
2	098	805	1,43998	877	8
3	157	664	953	936	7
4	217	523	908	995	6
5	277	383	862	1,25053	5
6	337	243	817	112	4
7	397	104	772	171	3
8	457	2,04965	727	229	2
9	517	827	682	287	1
0,320	578	689	637	346	**0,680**
1	638	552	591	404	0,679
2	699	415	546	462	8
3	759	279	501	521	7
4	820	143	456	579	6
5	881	008	410	637	5
6	942	2,03873	365	695	4
7	1,73003	738	320	753	3
8	064	604	274	811	2
9	125	470	229	869	1
0,330	187	337	183	926	**0,670**
1	248	204	138	984	0,669
2	310	072	092	1,26042	8
3	371	2,02940	047	099	7
4	433	808	001	157	6
5	495	677	1,42956	215	5
6	557	547	910	272	4
7	619	416	864	329	3
8	681	286	819	387	2
9	743	157	773	444	1
0,340	806	028	727	501	**0,660**
1	868	2,01899	682	559	0,659
2	931	771	636	616	8
3	993	643	590	673	7
4	1,74056	516	544	730	6
5	119	389	499	787	5
6	182	262	453	844	4
7	245	136	407	901	3
8	308	010	361	957	2
9	372	2,00885	315	1,27014	1
k'^2	K′	K	E′	E	k^2

Werte von E (φ, k)
[k = sin ϑ]

φ \ ϑ	50°	55°	60°	65°	70°	75°	80°
40°	0,66671	0,66197	0,65746	0,65334	0,64974	0,64679	0,64459
41	8185	7675	7189	6745	6356	6038	5801
42	9688	9140	8619	8140	7722	7379	7124
43	0,71182	0,70594	0,70034	9520	9070	8701	8426
44	2665	2036	1435	0,70884	0,70401	0,70005	9710
45	4137	3465	2822	2232	1715	1289	0,70972
46	5599	4881	4195	3564	3010	2554	2215
47	7050	6285	5553	4879	4287	3800	3436
48	8490	7676	6896	6177	5546	5025	4636
49	9920	9054	8225	7459	6786	6230	5815
50	0,81338	0,80419	9538	8724	8007	7414	6971
51	2746	1772	0,80836	9971	9208	8578	8106
52	4143	3111	2120	0,81202	0,80391	9720	9218
53	5529	4438	3388	2415	1554	0,80842	0,80307
54	6904	5752	4641	3610	2698	1941	1374
55	8269	7052	5879	4788	3822	3020	2417
56	9622	8340	7101	5949	4926	4076	3436
57	0,90965	9614	8308	7092	6011	5110	4432
58	2297	0,90876	9500	8217	7075	6122	5404
59	3619	2125	0,90677	9325	8119	7112	6352
60	4930	3362	1839	0,90415	9144	8080	7276
61	6231	4586	2986	1488	0,90148	9025	8175
62	7521	5797	4118	2543	1132	9948	9049
63	8802	6996	5236	3581	2096	0,90848	9898
64	1,00072	8183	6339	4602	3041	1725	0,90273
65	1333	9358	7427	5606	3965	2580	1523
66	2585	1,00522	8502	6593	4870	3412	2297
67	3827	1674	9562	7564	5756	4222	3047
68	5060	2815	1,00609	8518	6622	5010	3771
69	6284	3945	1643	9456	7469	5775	4470
70	7500	5064	2664	1,00379	8298	6519	5144
71	8707	6173	3672	1286	9108	7240	5793
72	9907	7272	4668	2178	9900	7940	6417
73	1,11098	8362	5651	3056	1,00674	8619	7016
74	2283	9442	6624	3919	1431	9278	7590
75	3460	1,10513	7586	4769	2172	9916	8141
76	4631	1577	8537	5607	2896	1,00534	8667
77	5795	2632	9478	6432	3605	1133	9170
78	6954	3680	1,10410	7245	4300	1714	9650
79	8107	4721	1333	8047	4981	2277	1,00107
80	9255	5755	2249	8839	5648	2823	0543
81	1,20399	6784	3156	9621	6304	3354	0958
82	1538	7807	4057	1,10395	6948	3870	1354
83	2673	8825	4952	1161	7582	4372	1731
84	3805	9839	5841	1920	8207	4843	2091
85	4934	1,20850	6726	2673	8825	5343	2436
86	6061	1857	7606	3421	9435	5813	2768
87	7186	2862	8484	4165	1,10041	6277	3089
88	8310	3865	9359	4906	0642	6735	3401
89	9432	4867	1,20233	5645	1241	7188	3708
90	1,30554	5868	1106	6383	1838	7641	4011

85°	90°
0,64324	0,64279
5655	5606
6966	6913
8257	8200
9527	9466
0,70777	0,70711
2005	1934
3211	3135
4396	4314
5558	5471
6697	6604
7814	7715
8907	8801
9976	9864
0,81021	0,80902
2042	1915
3039	2904
4010	3867
4957	4805
5878	5717
6773	6603
7643	7462
8486	8295
9303	9101
0,90094	9879
0858	0,90631
1595	1355
2305	2050
2987	2718
3642	3358
4270	3969
4870	4552
5442	5106
5987	5630
6503	6126
6992	6593
7453	7030
7887	7437
8293	7815
8671	8163
9023	8481
9348	8769
9646	9027
9920	9255
1,00168	9452
0394	9619
0598	9756
0784	9863
0954	9939
1113	9985
1266	1

k^2	K	K′	E	E′	k'^2
0,350	1,74435	2,00760	1,42269	1,27071	**0,650**
1	499	635	223	127	0,649
2	562	511	177	184	8
3	626	387	131	241	7
4	690	264	085	297	6
5	754	140	039	354	5
6	818	018.	1,41993	410	4
7	882	1,99895	947	466	3
8	947	773	901	523	2
9	1,75011	652	855	579	1
0,360	075	530	808	635	**0,640**
1	140	409	762	691	0,639
2	205	289	716	747	8
3	270	169	670	803	7
4	335	049	623	859	6
5	400	1,98929	577	915	5
6	465	810	531	971	4
7	530	691	484	1,28027	3
8	596	573	438	083	2
9	661	455	392	189	1
0,370	727	337	345	194	**0,630**
1	793	220	299	250	0,629
2	859	103	252	305	8
3	925	1,97986	206	361	7
4	991	870	159	417	6
5	1,76057	754	112	472	5
6	123	638	066	527	4
7	190	523	019	583	3
8	256	407	1,40973	638	2
9	323	293	926	693	1
0,380	390	178	879	748	**0,620**
1	457	064	832	804	0,619
2	524	1,96951	786	859	8
3	591	837	739	914	7
4	658	724	692	969	6
5	726	611	645	1,29024	5
6	793	499	598	079	4
7	861	387	551	134	3
8	929	275	504	188	2
9	997	163	476	243	1
0,390	1,77065	052	411	298	**0,610**
1	133	1,95941	364	353	0,609
2	201	831	317	407	8
3	270	720	269	462	7
4	338	610	222	516	6
5	407	501	175	571	5
6	476	391	128	625	4
7	545	282	081	680	3
8	614	174	034	734	2
9	683	065	1,39987	789	1
k'^2	K′	K	E′	E	k^2

k^2	K	K'	E	E'	k'^2
0,400	1,77752	1,94957	1,39939	1,29843	**0,600**
1	821	849	892	897	0,599
2	891	741	845	951	8
3	961	634	797	1,30005	7
4	1,78030	527	750	060	6
5	100	420	703	114	5
6	170	314	655	168	4
7	241	208	608	222	3
8	311	102	560	276	2
9	381	1,93996	513	329	1
0,410	452	891	465	383	**0,590**
1	523	786	418	437	0,589
2	593	681	370	491	8
3	664	577	322	545	7
4	736	472	275	598	6
5	807	368	227	652	5
6	878	265	179	705	4
7	950	161	132	759	3
8	1,79021	058	084	812	2
9	093	1,92955	036	866	1
0,420	165	853	1,38988	919	**0,580**
1	237	750	941	973	0,579
2	309	648	893	1,31026	8
3	382	546	845	079	7
4	454	445	797	133	6
5	527	344	749	186	5
6	599	243	701	239	4
7	672	142	653	292	3
8	745	041	605	345	2
9	818	1,91941	557	398	1
0,430	892	841	509	451	**0,570**
1	965	741	460	504	0,569
2	1,80039	642	412	557	8
3	113	543	364	610	7
4	187	444	316	663	6
5	260	345	268	715	5
6	335	246	219	768	4
7	409	148	171	821	3
8	483	050	123	874	2
9	558	1,90952	074	926	1
0,440	633	855	026	979	**0,560**
1	708	757	1,37978	1,32031	0,559
2	783	660	929	084	8
3	858	564	881	136	6
4	933	467	832	189	7
5	1,81009	371	783	241	5
6	084	245	735	294	4
7	160	179	686	346	3
8	236	083	638	398	2
9	312	1,89988	589	450	1
k'^2	K'	K	E'	E	k^2

k^2	K	K'	E	E'	k'^2
0,450	1,81388	1,89893	1,37540	1,32503	**0,550**
1	465	798	492	555	0,549
2	541	703	443	607	8
3	618	608	394	659	7
4	695	514	345	711	6
5	772	420	296	763	5
6	849	326	247	815	4
7	926	233	198	867	3
8	1,82004	139	149	919	2
9	082	046	101	971	1
0,460	159	1,88953	052	1,33022	**0,540**
1	237	861	002	074	0,539
2	315	768	1,36953	126	8
3	394	676	904	177	7
4	472	584	855	229	6
5	551	492	806	281	5
6	629	400	757	332	4
7	708	309	708	384	3
8	787	218	658	435	2
9	867	127	609	487	1
0,470	946	036	560	538	**0,530**
1	1,83026	1,87946	510	590	0,529
2	105	855	461	641	8
3	185	765	411	692	7
4	265	675	362	744	6
5	345	586	312	795	5
6	426	496	263	846	4
7	506	407	213	897	3
8	587	318	164	948	2
9	668	229	114	1,34000	1
0,480	749	140	065	051	**0,520**
1	830	052	015	102	0,519
2	912	1,86963	1,35965	153	8
3	993	875	915	204	7
4	1,84075	787	866	254	6
5	157	700	816	305	5
6	239	612	766	356	4
7	322	525	716	407	3
8	404	438	666	458	2
9	487	351	616	509	1
0,490	569	264	566	559	**0,510**
1	652	178	516	610	0,509
2	736	091	466	661	8
3	819	005	416	711	7
4	902	1,85919	366	762	6
5	986	833	316	812	5
6	1,85070	748	266	863	4
7	154	662	215	913	3
8	238	577	165	964	2
9	323	492	115	1,35014	1
0,500	408	408	064	064	**0,500**
k'^2	K'	K	E'	E	k^2

XXXI Tafel von K, E mit ϑ als Argument

$$K = \int_0^{\frac{\pi}{2}} \frac{d\varphi}{\sqrt{1 - \sin^2\vartheta \sin^2\varphi}}, \qquad E = \int_0^{\frac{\pi}{2}} \sqrt{1 - \sin^2\vartheta \sin^2\varphi}\, d\varphi$$

$k^2 = \sin^2\vartheta$	K	E	ϑ	$k^2 = \sin^2\vartheta$	K	E	ϑ	$k^2 = \sin^2\vartheta$	K	E
0	1,57080	1,57080	50°	0,58682	1,93558	1,30554	82°,0	0,98063	3,36987	1,02784
0,00030	092	068	51	0,60396	5386	1,29628	82,2	158	3,39457	670
0122	127	032	52	2096	7288	8695	82,4	251	3,41994	558
0274	187	1,56972	53	3782	9267	7757	82,6	341	3,44601	447
0487	271	888	54	5451	2,01327	6815	82,8	429	3,47282	338
0760	379	781	55	7101	3472	5868	83,0	515	3,50042	231
0,01093	511	650	56	8730	5706	4918	83,2	598	2884	126
1485	668	495	57	0,70337	8036	3966	83,4	680	5814	023
1937	849	296	58	1919	2,10466	3013	83,6	757	8837	1,01921
2447	1,58054	114	59	3474	3002	2059	83,8	834	3,61959	821
3015	8284	1,55889	60	5000	5652	1106	84,0	907	3,65186	724
3641	8539	5640	61	6496	8421	0154	84,2	979	3,68525	628
4323	8820	5368	62	7960	2,21319	1,19205	84,4	0,99048	3,71984	534
5060	9125	5073	63	9389	4355	8259	84,6	114	3,75572	443
5853	9457	4755	64	0,80783	7538	7318	84,8	178	3,79298	354
6699	9814	4415	65	2139	2,30879	6383	85,0	240	3,83174	266
7598	1,60198	4052	66	3457	2,34390	5455	85,2	300	3,87211	181
8548	0608	3667	67	4733	2,38087	4535	85,4	357	3,91423	099
9549	1045	3260	68	5967	2,41984	3624	85,6	411	3,95827	018
0,10599	1510	2831	69	7157	2,46100	2725	85,8	464	4,00437	1,00940
1698	2003	2380	70,0	8302	2,50455	1838	86,0	513	4,05276	865
2843	2523	1908	70,5	8857	2729	1399	86,2	561	4,10366	792
4033	3073	1415	71,0	9401	5073	0964	86,4	606	4,15736	721
5267	3632	0901	71,5	9932	7490	0533	86,6	648	4,21416	653
6543	4260	0366	72,0	0,90451	9982	0106	86,8	688	4,27444	588
7861	4900	1,49811	72,5	0958	2,62555	1,09683	87,0	726	4,33865	526
9217	5570	9237	73,0	1452	2,65214	9265	87,2	761	4,40733	466
0,20611	6272	8643	73,5	1934	2,67962	8851	87,4	794	4,48115	410
2040	7006	8029	74,0	2402	2,70807	8443	87,6	825	4,56190	356
3504	7773	7397	74,5	2858	3752	8039	87,8	854	4,64765	306
5000	8575	6746	75,0	3301	6806	7641	88,0	878	4,74272	258
6526	9411	6077	75,5	3731	9975	7248	88,2	901	4,84785	215
8081	1,70284	5391	76,0	4147	2,83267	6861	88,4	922	4,96542	174
9663	1192	4687	76,5	4550	2,86691	6480	88,6	940	5,09876	137
0,31266	2139	3966	77,0	4940	2,90256	6106	88,8	956	5,25274	104
2899	3125	3229	77,5	5315	2,93974	5738	89,0	970	5,43491	075
4549	4150	2476	78,0	5677	2,97857	5378	89,1	975	5,54020	062
6218	5217	1707	78,5	6025	3,01918	5024	89,2	981	5,65792	050
7904	6326	0924	79,0	6359	3,06173	4679	89,3	985	5,79140	049
9604	7479	0126	79,5	6679	3,10640	4341	89,4	989	5,94550	030
0,41318	8677	1,39314	80,0	6985	5339	4011	89,5	992	6,12778	021
3041	9922	8489	80,2	7103	7288	3882	89,6	995	6,35038	014
4774	1,81216	7650	80,4	7219	9280	3754	89,7	997	6,63854	008
6512	2560	6800	80,6	7332	3,21317	3628	89,8	999	7,04398	004
8255	3957	5938	80,8	7444	3400	3503	89,9	1,00000	7,73711	001
0,50000	5407	5064	81,0	7553	5530	3379	90	1	∞	1
1745	6915	4181	81,2	7660	7711	3257				
3488	8481	3287	81,4	7764	9945	3126				
5226	1,90108	2384	81,6	7866	3,32234	3017				
6959	1800	1473	81,8	7966	3,34580	2900				

Die vier **Thetafunktionen** sind:

$$\vartheta_0(v, q) = 1 - 2\,q\cos 2\,\pi\,v + 2\,q^4\cos 4\,\pi\,v - 2\,q^9\cos 6\,\pi\,v + \cdots,$$

$$\vartheta_1(v, q) = 2\,q^{\frac{1}{4}}\sin \pi\,v - 2\,q^{\frac{9}{4}}\sin 3\,\pi\,v + 2\,q^{\frac{25}{4}}\sin 5\,\pi\,v - \cdots,$$

$$\vartheta_2(v, q) = 2\,q^{\frac{1}{4}}\cos \pi\,v + 2\,q^{\frac{9}{4}}\cos 3\,\pi\,v + 2\,q^{\frac{25}{4}}\cos 5\,\pi\,v + \cdots,$$

$$\vartheta_3(v, q) = 1 + 2\,q\cos 2\,\pi\,v + 2\,q^4\cos 4\,\pi\,v + 2\,q^9\cos 6\,\pi\,v + \cdots.$$

$$\left[q = e^{-\pi\frac{K'}{K}} \right]$$

Die Pruduktentwicklungen lauten:

$$\vartheta_0(v, q) = \prod_{n=1}^{\infty}(1 - q^{2n})\prod_{n=1}^{\infty}(1 - 2\,q^{2n-1}\cos 2\,\pi\,v + q^{4n-2}),$$

$$\vartheta_1(v, q) = 2\,q^{\frac{1}{4}}\sin \pi\,v \cdot \prod_{n=1}^{\infty}(1 - q^{2n})\prod_{n=1}^{\infty}(1 - 2\,q^{2n}\cos 2\,\pi\,v + q^{4n}),$$

$$\vartheta_2(v, q) = 2\,q^{\frac{1}{4}}\cos \pi\,v \cdot \prod_{n=1}^{\infty}(1 - q^{2n})\prod_{n=1}^{\infty}(1 + 2\,q^{2n}\cos 2\,\pi\,v + q^{4n}),$$

$$\vartheta_3(v, q) = \prod_{n=1}^{\infty}(1 - q^{2n})\prod_{n=1}^{\infty}(1 + 2\,q^{2n-1}\cos 2\,\pi\,v + q^{4n-2}).$$

Setzt man in den drei Thetafunktionen $v = 0$, so ergeben sich die drei durch $\vartheta_0(0)$, $\vartheta_2(0)$, $\vartheta_3(0)$ bezeichneten **„Thetanullwerte"**:

$$\vartheta_0(0) = 1 - 2\,q + 2\,q^4 - 2\,q^9 + 2\,q^{16} - \cdots,$$

$$\vartheta_2(0) = 2\,q^{\frac{1}{4}} + 2\,q^{\frac{9}{4}} + 2\,q^{\frac{25}{4}} + \cdots,$$

$$\vartheta_3(0) = 1 + 2\,q + 2\,q^4 + 2\,q^9 + 2\,q^{16} + \cdots.$$

Der Nullwert der ersten Ableitung von $\vartheta_1(v, q)$ ist:

$$\vartheta_1'(0) = 2\,\pi\left[q^{\frac{1}{4}} - 3\,q^{\frac{9}{4}} + 5\,q^{\frac{25}{4}} - \cdots \right].$$

Für die logarithmische Berechnung gilt:

$$\vartheta_1'(0) = 2\,\pi\,q^{\frac{1}{4}}\prod_{n=1}^{\infty}(1 - q^{2n})^3,$$

$$\vartheta_2(0) = 2\,\pi\,q^{\frac{1}{4}}\prod_{n=1}^{\infty}(1 + q^{2n})^2\,(1 - q^{2n}),$$

$$\vartheta_3(0) = \prod_{n=1}^{\infty}(1 + q^{2n-1})^2\,(1 - q^{2n}),$$

$$\vartheta_0(0) = \prod_{n=1}^{\infty}(1 - q^{2n-1})^2\,(1 - q^{2n}).$$

XXXII

Tafel der Funktionen $\vartheta_1'(0)$, $\vartheta_2(0)$, $\vartheta_3(0)$, $\vartheta_0(0)$ nebst den Werten von q

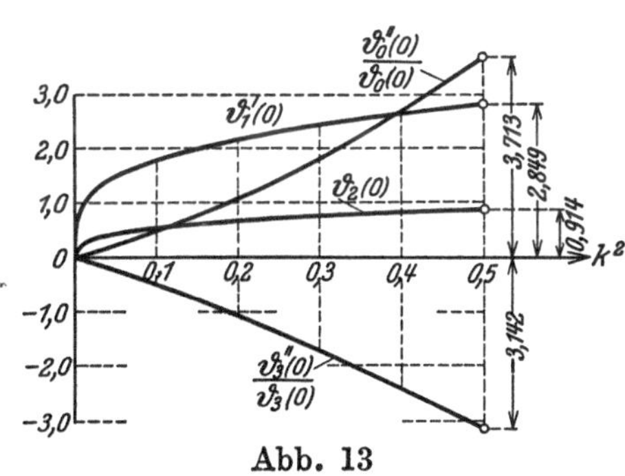

Abb. 13

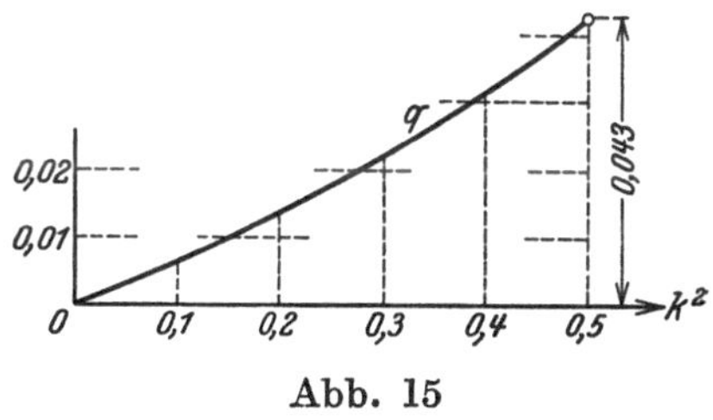

Abb. 15

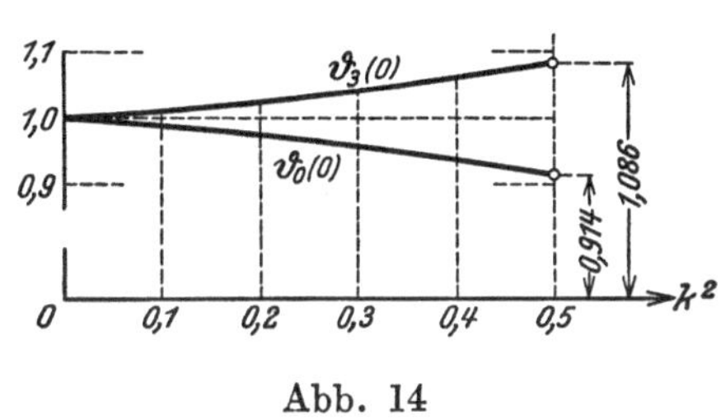

Abb. 14

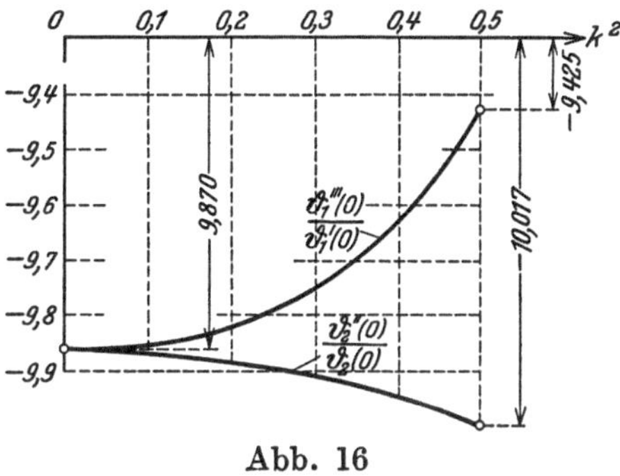

Abb. 16

148

k^2	q	$\vartheta_1'(0)$	$\vartheta_2(0)$	$\vartheta_3(0)$	$\vartheta_0(0)$	k^2	q	$\vartheta_1'(0)$	$\vartheta_2(0)$
0	0	0	0	1	1	0,050	0,00321	1,49503	0,47590
0,001	0,00006	0,55873	0,17785	1,00013	0,99987	1	27	1,50264	833
2	13	0,66453	0,21153	25	75	2	34	1015	0,48072
3	19	0,73552	3412	38	62	3	40	1756	308
4	25	0,79046	5161	50	50	4	47	2486	540
5	31	0,83592	6608	63	37	5	54	3207	770
6	38	0,87501	7853	75	25	6	60	3919	996
7	44	0,90951	8950	88	12	7	67	4621	0,49220
8	50	4050	9937	1,00100	00	8	73	5315	441
9	57	6872	0,30836	13	0,99887	9	80	6001	659
0,010	63	9471	1663	26	74	0,060	87	6678	875
1	69	1,01882	2430	38	62	1	93	7347	0,50088
2	75	4135	3147	51	49	2	0,00400	8009	299
3	82	6254	3822	64	36	3	07	8663	507
4	88	8254	4459	76	24	4	13	9309	713
5	94	1,10152	5062	89	11	5	20	9949	917
6	0,00101	1957	5637	1,00202	0,99798	6	27	1,60581	0,51118
7	07	3682	6186	14	86	7	33	1207	318
8	14	5332	6712	27	73	8	40	1826	515
9	20	6917	7216	40	60	9	47	2439	710
0,020	26	8440	7701	53	47	0,070	54	3046	903
1	33	9909	8169	65	35	1	60	3647	0,52095
2	39	1,21327	8620	78	22	2	67	4241	284
3	45	2699	9056	01	09	3	74	4830	472
4	52	4027	9479	1,00304	0,99696	4	80	5414	658
5	58	5315	9889	16	84	5	87	5991	842
6	65	6566	0,40288	29	71	6	94	6564	0,53024
7	71	7782	0675	42	58	7	0,00501	7131	205
8	77	8965	1051	55	45	8	08	7693	384
9	84	1,30118	1418	68	32	9	14	8250	561
0,030	90	1242	1776	81	19	0,080	21	8802	737
1	97	2340	2126	94	06	1	28	9350	912
2	0,00203	3411	2467	1,00407	0,99593	2	35	9892	0,54085
3	10	4459	2800	19	81	3	42	1,70430	256
4	16	5483	3126	32	68	4	48	0964	426
5	23	6486	3446	45	55	5	55	1493	595
6	29	7468	3758	58	42	6	62	2018	762
7	36	8431	4065	71	29	7	69	2539	928
8	42	9375	4365	84	16	8	76	3055	0,55093
9	49	1,40301	4660	97	03	9	83	3568	256
0,040	55	1210	4950	1,00510	0,99490	0,090	89	4076	418
1	62	2102	5234	23	77	1	96	4581	579
2	68	2979	5513	36	64	2	0,00603	5082	739
3	75	3841	5787	49	51	3	10	5579	897
4	81	4689	6057	62	38	4	17	6073	0,56054
5	88	5523	6323	76	24	5	24	6562	210
6	94	6343	6584	89	11	6	31	7049	365
7	0,00301	7151	6841	1,00602	0,99398	7	38	7532	519
8	07	7947	7095	15	85	8	45	8011	672
9	14	8731	7344	28	72	9	52	8487	824

$\vartheta_3(0)$	$\vartheta_0(0)$	k^2	q	$\vartheta'_1(0)$	$\vartheta_2(0)$	$\vartheta_3(0)$	$\vartheta_0(0)$
1,00641	0,99359	**0,100**	0,00658	1,78960	0,56975	1,01317	0,98683
54	46	1	·65	9430	0,57124	31	69
67	33	2	72	9896	273	45	55
81	19	3	79	1,80360	421	59	41
94	06	4	86	0820	568	73	27
1,00707	0,99293	5	93	1278	714	87	13
20	80	6	0,00700	1732	858	1,01401	0,98599
34	66	7	07	2183	0,58002	15	85
47	53	8	14	2632	145	29	71
60	40	9	21	3078	288	43	57
73	27	**0,110**	28	3521	429	57	43
87	13	1	35	3962	569	71	29
1,00800	00	2	42	4399	709	85	15
13	0,99187	3	49	4834	848	99	01
27	73	4	56	5267	986	1,01513	0,98487
40	60	5	63	5697	0,59123	27	73
53	47	6	71	6124	259	41	59
67	33	7	78	6549	395	55	45
80	20	8	85	6972	560	69	31
94	06	9	92	7392	664	84	16
1,00907	0,99093	**0,120**	99	7810	797	98	02
21	79	1	0,00806	8225	930	1,01612	0,98388
34	66	2	13	8639	0,60061	26	74
47	52	3	20	9050	193	40	60
61	39	4	27	9458	323	55	45
74	26	5	34	9865	453	69	31
88	12	6	42	1,90269	582	83	17
1,01002	0,98998	7	49	0672	710	98	02
15	85	8	56	1072	838	12	0,98288
29	71	9	63	1470	965	1,01726	74
42	58	**0,130**	70	1866	0,61091	41	59
56	44	1	77	2260	217	55	45
69	31	2	85	2652	342	69	31
83	17	3	92	3043	467	84	16
97	03	4	99	3431	591	98	02
1,01110	0,98890	5	0,00906	3817	714	1,01813	0,98187
24	76	6	14	4202	837	27	73
38	62	7	21	4584	959	42	58
51	49	8	28	4965	0,62081	56	44
65	35	9	35	5344	202	71	29
79	21	**0,140**	43	5721	322	85	15
93	07	1	50	6097	442	99	00
1,01206	0,98794	2	57	6470	561	1,01914	0,98086
20	80	3	64	6843	680	29	71
34	66	4	72	7213	799	43	57
48	52	5	79	7582	916	58	42
62	38	6	86	7949	0,63034	73	27
75	25	7	94	8314	150	87	13
89	11	8	0,01001	8678	266	1,02002	0,97998
1,01303	0,98697	9	08	9040	382	17	83

k^2	q	$\vartheta_1'(0)$	$\vartheta_2(0)$	$\vartheta_3(0)$	$\vartheta_0(0)$	k^2	q	$\vartheta_1'(0)$	$\vartheta_2(0)$
0,150	0,01016	1,99401	0,63498	1,02031	0,97969	**0,200**	0,01394	2,15782	0,68739
1	23	9760	612	46	54	1	0,01402	6082	835
2	30	2,00117	726	61	39	2	10	6381	931
3	38	0473	840	75	25	3	18	6679	0,69027
4	45	0828	953	90	10	4	26	6977	122
5	52	1181	0,64066	1,02105	0,97895	5	33	7274	217
6	60	1533	179	20	80	6	41	7569	312
7	67	1883	291	35	65	7	49	7864	407
8	75	2232	402	49	51	8	57	8158	501
9	82	2579	513	64	36	9	65	8452	595
0,160	90	2925	624	79	21	**0,210**	73	8744	689
1	97	3270	734	94	06	1	81	9035	782
2	0,01104	3613	844	1,02209	0,97791	2	89	9326	876
3	12	3955	953	24	76	3	97	9616	969
4	19	4295	0,65062	39	61	4	0,01505	9905	0,70061
5	27	4635	170	54	46	5	12	2,20194	154
6	34	4973	278	69	31	6	20	0481	246
7	42	5309	386	84	16	7	28	0768	338
8	49	5645	493	99	01	8	36	1054	430
9	57	5979	600	1,02314	0,97686	9	44	1339	522
0,170	64	6312	707	29	71	**0,220**	52	1623	613
1	72	6643	813	44	56	1	60	1907	704
2	79	6974	919	59	41	2	68	2190	795
3	87	7303	0,66024	74	26	3	76	2472	886
4	95	7631	129	89	11	4	84	2754	976
5	0,01202	7958	233	1,02404	0,97596	5	93	3034	0,71066
6	10	8284	338	19	81	6	0,01601	3314	156
7	17	8609	442	35	65	7	09	3594	246
8	25	8932	545	50	50	8	17	3872	335
9	32	9254	648	65	35	9	25	4150	425
0,180	40	9575	751	80	20	**0,230**	33	4427	514
1	48	9896	853	95	05	1	41	4704	603
2	55	2,10215	956	1,02511	0,97489	2	49	4979	691
3	63	0533	0,67057	26	74	3	57	5255	780
4	71	0849	159	41	59	4	65	5529	865
5	78	1165	260	57	43	5	74	5803	956
6	86	1480	361	72	28	6	82	6076	0,72044
7	94	1794	461	87	13	7	90	6348	131
8	0,01301	2106	561	1,02603	0,97397	8	98	6620	219
9	09	2418	661	18	82	9	0,01706	6891	306
0,190	17	2729	761	33	67	**0,240**	15	7162	393
1	24	3038	860	49	51	1	23	7431	480
2	32	3345	959	64	36	2	31	7701	566
3	40	3655	0,68057	80	20	3	39	7969	653
4	48	3961	155	95	05	4	48	8237	739
5	55	4267	253	1,02711	0,97289	5	56	8504	825
6	63	4572	351	26	74	6	64	8771	911
7	71	4876	448	42	58	7	72	9037	996
8	79	5179	546	57	43	8	81	9303	0,73082
9	86	5481	642	73	27	9	89	9568	167

$\vartheta_3(0)$	$\vartheta_0(0)$	k^2	q	$\vartheta_1'(0)$	$\vartheta_2(0)$	$\vartheta_3(0)$	$\vartheta_0(0)$
1,02789	0,97211	0,250	0,01797	2,29832	0,73252	1,03594	0,96406
1,02804	0,97196	1	0,01806	2,30096	337	1,03611	0,96389
20	80	2	14	359	422	28	72
36	65	3	22	621	507	45	56
51	49	4	31	883	591	61	39
67	33	5	39	2,31145	675	78	22
83	17	6	47	405	759	95	05
98	02	7	56	666	843	1,03712	0,96288
1,02914	0,97086	8	64	925	927	28	72
30	70	9	73	2,32185	0,74010	45	55
46	54	0,260	81	443	094	62	38
62	39	1	89	701	177	79	21
77	23	2	98	959	260	96	04
93	07	3	0,01906	2,33216	343	1,03813	0,96187
1,03009	0,96991	4	15	472	426	30	70
25	75	5	23	728	508	47	53
41	59	6	32	984	591	64	36
57	43	7	40	2,34238	673	81	19
73	27	8	49	493	755	98	02
89	11	9	57	747	837	1,03915	0,96085
1,03104	0,96895	0,270	66	2,35000	919	32	68
21	79	1	74	253	0,75000	49	51
37	63	2	83	505	082	66	34
53	47	3	92	757	163	83	17
69	31	4	0,02000	2,36008	244	1,04000	00
85	15	5	09	259	325	18	0,95982
1,03201	0,96799	6	17	510	406	35	65
17	83	7	26	760	487	52	48
34	67	8	35	2,37009	567	69	31
50	50	9	43	258	648	87	13
66	34	0,280	52	506	728	1,04104	0,95896
82	18	1	61	754	808	21	79
98	02	2	69	2,38002	888	39	61
1,03315	0,96685	3	78	249	968	56	44
31	69	4	87	495	0,76048	74	27
47	53	5	95	742	127	91	09
64	36	6	0,02104	987	207	1,04208	0,95792
80	20	7	13	2,39233	286	26	74
96	04	8	22	477	365	43	57
1,03413	0,96587	9	30	722	445	61	39
29	71	0,290	39	966	523	79	22
46	54	1	48	2,40209	602	96	04
62	38	2	57	452	681	1,04314	0,95686
79	22	3	66	695	759	31	69
95	05	4	75	937	838	49	51
1,03512	0,96488	5	83	2,41179	916	67	33
28	72	6	92	420	994	84	16
45	55	7	0,02201	661	0,77072	1,04402	0,95598
61	39	8	10	901	150	20	80
78	22	9	19	2,42142	228	38	62

152

k^2	q	$\vartheta_1'(0)$	$\vartheta_2(0)$	$\vartheta_3(0)$	$\vartheta_0(0)$	k^2	q	$\vartheta_1'(0)$	$\vartheta_2(0)$
0,300	0,02228	2,42381	0,77306	1,04456	0,95545	0,350	0,02690	2,53902	0,81054
1	37	621	383	73	27	1	99	2,54124	127
2	46	859	461	91	09	2	0,02709	346	199
3	55	2,43098	538	1,04509	0,95491	3	19	568	271
4	63	336	615	27	73	4	28	789	344
5	72	574	692	45	55	5	38	2,55010	416
6	81	811	769	63	37	6	48	231	488
7	90	2,44048	846	81	19	7	57	451	560
8	99	284	923	99	01	8	67	671	633
9	0,02308	521	999	1,04617	0,95383	9	77	891	705
0,310	17	756	0,78076	35	65	0,360	86	2,56111	776
1	27	992	152	53	47	1	96	330	848
2	36	2,45227	229	71	29	2	0,02806	550	920
3	45	461	305	89	11	3	16	768	992
4	54	696	381	1,04708	0,95293	4	25	987	0,82063
5	63	929	457	26	74	5	35	2,57205	135
6	72	2,46163	533	44	56	6	45	423	206
7	81	396	608	62	38	7	55	641	278
8	90	629	684	80	20	8	65	859	349
9	99	861	760	99	01	9	75	2,58076	420
0,320	0,02409	2,47093	835	1,04817	0,95183	0,370	85	293	492
1	18	325	910	35	65	1	94	510	563
2	27	557	986	54	46	2	0,02904	726	634
3	36	788	0,79061	72	28	3	14	943	705
4	45	2,48018	136	91	09	4	24	2,59159	776
5	55	249	211	1,04909	0,95091	5	34	375	847
6	64	479	286	28	72	6	44	590	917
7	73	708	360	46	54	7	54	805	988
8	82	938	435	65	35	8	64	2,60020	0,83059
9	92	2,49167	510	83	17	9	74	235	129
0,330	0,02501	395	584	1,05002	0,94998	0,380	84	450	200
1	10	624	658	20	80	1	94	664	270
2	20	852	733	39	61	2	0,03004	878	341
3	29	2,50079	807	58	42	3	14	2,61092	411
4	38	307	881	77	24	4	24	306	481
5	48	534	955	95	05	5	35	519	552
6	57	760	0,80029	1,05114	0,94886	6	45	733	622
7	66	987	102	33	67	7	55	946	692
8	76	2,51213	176	52	49	8	65	2,62158	762
9	85	439	250	70	30	9	75	371	832
0,340	95	664	323	89	11	0,390	85	583	902
1	0,02604	889	397	1,05208	0,94792	1	96	795	972
2	14	2,52114	470	27	73	2	0,03106	2,63007	0,84042
3	23	339	543	46	54	3	16	219	111
4	33	563	617	65	35	4	26	430	181
5	42	787	690	84	16	5	37	641	251
6	52	2,53010	763	1,05303	0,94697	6	47	852	320
7	61	234	836	22	78	7	57	2,64063	390
8	71	457	908	41	59	8	68	274	460
9	80	680	981	61	40	9	78	484	529

$\vartheta_3(0)$	$\vartheta_0(0)$	k^2	q	$\vartheta_1'(0)$	$\vartheta_2(0)$	$\vartheta_3(0)$	$\vartheta_0(0)$
1,05380	0,94621	**0,400**	0,03188	2,64694	0,84598	1,06377	0,93624
99	01	1	99	904	668	98	03
1,05418	0,94582	2	0,03209	2,65114	737	1,06418	0,93582
37	63	3	20	323	806	39	61
57	44	4	30	533	876	60	40
76	24	5	40	742	945	81	19
95	05	6	51	951	0,85014	1,06502	0,93498
1,05515	0,94486	7	61	2,66160	083	23	77
34	66	8	92	368	152	44	56
53	47	9	82	576	221	65	35
73	27	**0,410**	93	785	290	86	14
92	08	1	0,03303	993	359	1,06607	0,93393
1,05612	0,94388	2	14	2,67200	427	28	72
31	69	3	25	408	496	50	51
51	49	4	35	615	565	71	30
71	30	5	46	822	634	92	08
90	10	6	57	2,68029	702	1,06713	0,93287
1,05710	0,94290	7	67	236	771	35	66
30	71	8	78	443	839	56	44
49	51	9	89	649	908	77	23
69	31	**0,420**	99	856	976	99	02
89	11	1	0,03410	2,69062	0,86045	1,06820	0,93180
1,05809	0,94191	2	21	268	113	42	59
29	72	3	32	473	182	63	37
49	52	4	42	679	250	85	16
68	32	5	53	884	318	1,06907	0,93094
88	12	6	64	2,70090	386	28	72
1,05908	0,94092	7	75	295	454	50	51
28	72	8	86	499	523	72	29
48	52	9	97	704	591	93	07
69	32	**0,430**	0,03507	909	659	1,07015	0,92985
89	12	1	18	2,71113	727	37	63
1,06009	0,93992	2	29	317	795	59	42
29	71	3	40	521	863	81	20
49	51	4	51	725	931	1,07103	0,92898
69	31	5	62	929	999	25	76
90	11	6	73	2,72132	0,87067	47	54
1,06110	0,93890	7	84	336	134	69	32
30	70	8	95	539	202	91	10
51	50	9	0,03606	742	270	1,07213	0,92787
71	29	**0,440**	18	945	338	35	65
91	09	1	29	2,73148	405	58	43
1,06212	0,93788	2	40	350	473	80	21
32	68	3	51	553	541	1,07302	0,92698
53	47	4	62	755	608	25	76
74	27	5	73	957	676	47	54
94	06	6	85	2,74159	743	69	31
1,06315	0,93686	7	96	361	811	92	09
35	65	8	0,03707	563	878	1,07414	0,92586
56	44	9	18	764	946	37	64

k^2	q	$\vartheta'_1(0)$	$\vartheta_2(0)$	$\vartheta_3(0)$	$\vartheta_0(0)$	k^2	q	$\vartheta'_1(0)$	$\vartheta_2(0)$
0,450	0,03730	2,74965	0,88013	1,07459	0,92541	**0,480**	0,04078	2,80944	0,90025
1	41	2,75167	081	82	19	1	90	2,81141	092
2	52	368	147	1,07505	0,92496	2	0,04102	338	158
3	64	569	215	27	73	3	14	535	225
4	75	769	283	50	51	4	26	732	292
5	86	970	350	73	28	5	38	929	359
6	98	2,76171	417	96	05	6	50	2,82126	425
7	0,03809	371	484	1,07619	0,92382	7	62	323	492
8	21	571	552	42	59	8	74	519	559
9	32	771	619	65	36	9	86	716	625
0,460	44	971	686	87	13	**0,490**	98	912	692
1	55	2,77171	753	1,07711	0,92290	1	0,04211	2,83108	759
2	67	371	820	34	67	2	23	304	825
3	78	570	887	57	44	3	35	500	892
4	90	770	954	80	21	4	47	696	958
5	0,03901	968	0,89022	1,07803	0,92198	5	60	892	0,91025
6	13	2,78168	089	26	74	6	72	2,84088	092
7	25	367	156	49	51	7	84	283	158
8	36	566	223	73	28	8	97	479	225
9	48	765	290	96	05	9	0,04309	674	291
0,470	60	964	356	1,07920	0,92081	**0,500**	21	869	358
1	71	2,79162	423	43	58				
2	83	361	490	67	34				
3	95	559	557	90	11				
4	0,04007	757	624	1,08014	0,91987				
5	19	955	691	37	63				
6	30	2,80153	758	61	40				
7	42	351	825	85	16				
8	54	549	891	1,08109	0,91892				
9	66	746	958	33	68				

Gammafunktion. Gauß hat die Bezeichnung $\Pi(x)$ eingeführt. Zwischen $\Gamma(x)$ und $\Pi(x)$ gilt die Beziehung $\Pi(x) = \Gamma(1 + x)$.

Allgemein ergibt sich:

$$\Gamma(x + 1) = x\,\Gamma(x), \qquad \Pi(x + 1) = (x + 1)\,\Pi(x),$$

$$\Gamma(x)\,\Gamma(1 - x) = \frac{\pi}{\sin \pi x} = \Pi(-x)\,\Pi(x - 1).$$

Wenn daher $\Gamma(x)$ in einem Intervall zwischen zwei ganzen Zahlen bzw. in einem vertikalen Parallelstreifen der komplexen Ebene (z. B. zwischen 1 und 2) bekannt ist, kann $\Gamma(x)$ für beliebige Werte von x leicht berechnet werden.

Gaußscher Multiplikationssatz:

$$\sqrt{n}\, n^{nx} \prod_{\lambda=0}^{n-1} \Pi\left(x - \frac{\lambda}{n}\right) = (2\pi)^{\frac{n-1}{2}} \Pi(nx),$$

$$2^{nx}\, \Pi(x)\, \Pi\left(x - \frac{1}{2}\right) = \sqrt{\pi}\, \Pi(2x).$$

$\vartheta_3(0)$	$\vartheta_0(0)$
1,08157	0,91845
80	21
1,08204	0,91797
28	73
52	49
77	25
1,08301	05
25	0,91676
49	52
73	28
98	04
1,08422	0,91579
46	55
70	30
95	06
1,08520	0,91481
45	57
69	32
94	07
1,08619	0,91383
43	58

XXXIII

Tafel der Gammafunktion

$$\Gamma(\mathrm{x}) = \lim_{\mathrm{m}=\infty}\left[\frac{\mathrm{m}!\,\mathrm{m}^{\mathrm{x}-1}}{\mathrm{x}\,(\mathrm{x}+1)\cdots(\mathrm{x}+\mathrm{m}-1)}\right]$$

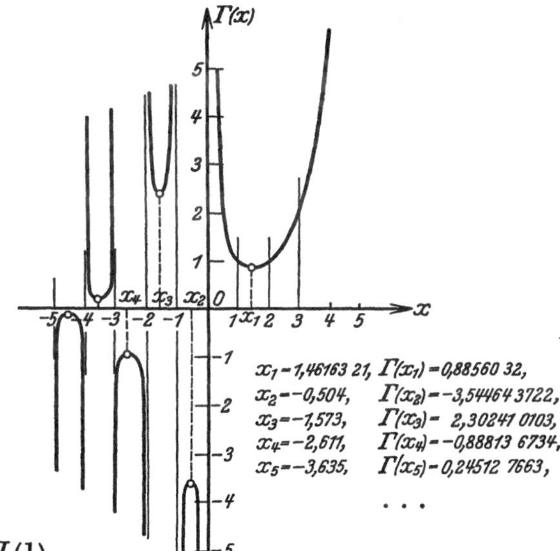

Abb. 17

Spezielle Werte:

$$\Gamma(1) = \Gamma(2) = 1 = \Pi(0) = \Pi(1),$$

$$\Gamma\left(\frac{1}{2}\right) = \sqrt{\pi} = \Pi\left(-\frac{1}{2}\right),$$

$$\Gamma\left(\frac{3}{2}\right) = \frac{1}{2}\sqrt{\pi} = \Pi\left(\frac{1}{2}\right), \qquad \Gamma\left(-\frac{1}{2}\right) = -2\sqrt{\pi} = \Pi\left(-\frac{3}{2}\right),$$

$$\frac{1}{\Gamma(0)} = 0,$$

$$\frac{1}{\Gamma(-n)} = 0, \text{ wo } n \text{ eine positive ganze Zahl ist;}$$

$$\Gamma(x+n) = (x+n-1)(x+n-2)\cdots x\,\Gamma(x).$$

Für sehr große positive x ist

$$\log_e \Pi(x) \sim \left(x + \frac{1}{2}\right)\log_e x - x + \log_e \sqrt{2\pi}.$$

VIII

Tafel der Kreisfunktionen $\sin\frac{\mathrm{x}\,\pi}{2}$, $\cos\frac{\mathrm{x}\,\pi}{2}$

$\Gamma(x)$

x	9	8	7	6	5	4	3	2
−5,0								
−4,9	− 0,84780	− 0,43140	− 0,29277	− 0,22360	− 0,18222	− 0,15472	− 0,13518	− 0,12060
−4,8	− 0,09314	− 0,08716	− 0,08216	− 0,07794	− 0,07433	− 0,07123	− 0,06855	− 0,06623
−4,7	− 0,06087	− 0,05951	− 0,05833	− 0,05729	− 0,05639	− 0,05562	− 0,05495	− 0,05439
−4,6	− 0,05322	− 0,05302	− 0,05287	− 0,05279	− 0,05278	− 0,05284	− 0,05295	− 0,05313
−4,5	− 0,05402	− 0,05444	− 0,05492	− 0,05545	− 0,05605	− 0,05671	− 0,05744	− 0,05823
−4,4	− 0,06102	− 0,06211	− 0,06327	− 0,06451	− 0,06585	− 0,06728	− 0,06881	− 0,07045
−4,3	− 0,07607	− 0,07821	− 0,08050	− 0,08295	− 0,08558	− 0,08840	− 0,09143	− 0,09469
−4,2	− 0,10607	− 0,11049	− 0,11528	− 0,12050	− 0,12618	− 0,13238	− 0,13918	− 0,14666
−4,1	− 0,17424	− 0,18563	− 0,19843	− 0,21293	− 0,22946	− 0,24846	− 0,27049	− 0,29632
−4,0	− 0,40935	− 0,46628	− 0,53973	− 0,63796	− 0,77586	− 0,98718	− 1,32937	− 2,02276
−3,9	4,23055	2,14836	1,45509	1 10907	0,90197	0,76434	0,66642	0,59333
−3,8	0,45545	0,42534	0,40013	0,37877	0,36051	0,34477	0,33111	0,31921
−3,7	0,29158	0,28448	0,27822	0,27271	0,26787	0,26362	0,25992	0,25672
−3,6	0,24971	0,24814	0,24692	0,24602	0,24544	0,24516	0,24517	0,24546
−3,5	0,24796	0,24933	0,25096	0,25286	0,25503	0,25747	0,26019	0,26320
−3,4	0,27400	0,27823	0,28280	0,28773	0,29303	0,29872	0,30482	0,31137
−3,3	0,33393	0,34255	0,35178	0,36167	0,37228	0,38367	0,39590	0,40906
−3,2	0,45503	0,47289	0,49226	0,51332	0,53625	0,56130	0,58875	0,61892
−3,1	0,73007	0,77592	0,82747	0,88580	0,95226	1,02860	1,11712	1,22885
−3,0	1,67423	1,90242	2,19670	2,59012	3,14222	3,97204	5,35734	8,13148
−2,9	− 16,87988	− 8,55048	− 5,77671	− 4,39192	− 3,56277	− 3,01149	− 2,61902	− 2,32587
−2,8	− 1,77170	− 1,65032	− 1,54850	− 1,46205	− 1,38795	− 1,32390	− 1,26816	− 1,21937
−2,7	− 1,10507	− 1,07532	− 1,04889	− 1,02539	− 1,00450	− 0,98595	− 0,96951	− 0,95500
−2,6	− 0,92143	− 0,91316	− 0,90619	− 0,90045	− 0,89586	− 0,89238	− 0,88996	− 0,88855
−2,5	− 0,89018	− 0,89259	− 0,89593	− 0,90019	− 0,90536	− 0,91145	− 0,91848	− 0,92645
−2,4	− 0,95625	− 0,96824	− 0,98133	− 0,99554	− 1,01095	− 1,02759	− 1,04555	− 1,06488
−2,3	− 1,13204	− 1,15782	− 1,18549	− 1,21522	− 1,24714	− 1,28145	− 1,31836	− 1,35809
−2,2	− 1,49704	− 1,55109	− 1,60970	− 1,67341	− 1,74281	− 1,81862	− 1,90166	− 1,99291
−2,1	− 2,32891	− 2,46742	− 2,62308	− 2,79912	− 2,99962	− 3,22982	− 3,49658	− 3,80906
−2,0	− 5,17338	− 5,85946	− 6,74386	− 7,92577	− 9,58377	−12,07499	−16,23275	−24,55706
−1,9	50,47083	25,48042	17,15684	13,00008	10,51017	8,85377	7,67374	6,79153
−1,8	5,12020	4,75293	4,44418	4,18147	3,95566	3,75988	3,58890	3,43864
−1,7	3,08315	2,98940	2,90542	2,83007	2,76237	2,70150	2,64677	2,59759
−1,6	2,47863	2,44726	2,41952	2,39518	2,37403	2,35588	2,34059	2,32801
−1,5	2,30555	2,30289	2,30255	2,30448	2,30866	2,31509	2,32375	2,33465
−1,4	2,38106	2,40124	2,42388	2,44904	2,47682	2,50733	2,54068	2,57701
−1,3	2,70557	2,75560	2,80962	2,86791	2,93078	2,99860	3,07178	3,15077
−1,2	3,42822	3,53648	3,65403	3,78191	3,92133	4,07371	4,24069	4,42426
−1,1	5,10031	5,37897	5,69209	6,04611	6,44918	6,91181	7,44771	8,07521
−1,0	10,81237	12,18768	13,95979	16,32709	19,64673	24,63298	32,95249	49,60526
−0,9	− 100,43695	− 50,45123	− 33,79897	− 25,48016	− 20,49483	− 17,17631	− 14,81032	− 13,03975
−0,8	− 9,67718	− 8,93551	− 8,31062	− 7,77754	− 7,31797	− 6,91818	− 6 56768	− 6,25832
−0,7	− 5,51885	− 5,32113	− 5,14260	− 4,98093	− 4,83415	− 4,70061	− 4,57891	− 4,46785
−0,6	− 4,18889	− 4,11140	− 4,04061	− 3,97600	− 3,91715	− 3,86365	− 3,81516	− 3,77138
−0,5	− 3,66583	− 3,63857	− 3,61500	− 3,59499	− 3,57843	− 3,56523	− 3,55533	− 3,54867
−0,4	− 3,54779	− 3,55384	− 3,56310	− 3,57559	− 3,59139	− 3,61055	− 3,63317	− 3,65936
−0,3	− 3,76074	− 3,80273	− 3,84918	− 3,90036	− 3,95656	− 4,01813	− 4,08547	− 4,15901
−0,2	− 4,42240	− 4,52669	− 4,64062	− 4,76521	− 4,90167	− 5,05140	− 5,21605	− 5,39760
−0,1	− 6,06937	− 6,34719	− 6,65975	− 7,01348	− 7,41656	− 7,87946	− 8,41592	− 9,04423
0	− 11,78548	− 13,16269	− 14,93697	− 17,30672	− 20,62907	− 25,61830	− 33,94106	− 50,59737

1	0
	−∞
− 0,10933	− 0,10039
− 0,06420	− 0,06242
− 0,05392	− 0,05354
− 0,05367	− 0,05366
− 0,05909	− 0,06002
− 0,07220	− 0,07407
− 0,09820	− 0,10198
− 0,15492	− 0,16406
− 0,32700	− 0,36397
− 4,10501	∓∞
0,53682	0,49191
0,30879	0,29963
0,25397	0,25164
0,24602	0,24686
0,26649	0,27009
0,31838	0,32589
0,42323	0,43852
0,65220	0,68906
1,34397	1,49229
16,46110	±∞
− 2,09895	− 1,91843
− 1,17647	− 1,13860
− 0,94223	− 0,93108
− 0,88814	− 0,88869
− 0,93538	− 0,94531
− 1,08568	− 1,10803
− 1,40091	− 1,44711
− 2,09355	− 2,20498
− 4,17974	− 4,62610
− 49,54790	∓∞
6,10794	5,56345
3,30589	3,18809
2,55345	2,51392
2,31804	2,31058
2,34781	2,36327
2,61649	2,65927
3,23609	3,32835
4,62674	4,85096
8,81925	9,71481
99,59129	±∞
− 11,66617	−10,57056
− 5,98366	− 5,73855
− 4,36640	− 4,27367
− 3,73205	− 3,69693
− 3,54160	− 3,54491
− 3,68924	− 3,72298
− 4,23928	− 4,32685
− 5,59836	− 5,82115
− 9,78937	−10,68629
−100,58720	∓∞

x	$\sin\dfrac{x\pi}{2}$	$\cos\dfrac{x\pi}{2}$	x	$\sin\dfrac{x\pi}{2}$	$\cos\dfrac{x\pi}{2}$
0	0	1	0,050	0,07846	0,99692
0,001	0,00157	1,00000	1	0,08002	79
2	314	1,00000	2	159	67
3	471	0,99999	3	316	54
4	628	8	4	472	40
5	785	7	5	629	27
6	942	6	6	785	13
7	0,01100	4	7	942	0,99599
8	257	2	8	0,09098	85
9	414	0	9	254	71
0,010	571	0,99988	0,060	411	56
1	728	85	1	567	41
2	885	82	2	724	26
3	0,02042	79	3	880	11
4	199	76	4	0,10036	0,99495
5	356	72	5	192	79
6	513	68	6	349	63
7	670	64	7	505	47
8	827	60	8	661	30
9	984	55	9	817	13
0,020	0,03141	51	0,070	973	0,99396
1	298	46	1	0,11130	79
2	455	40	2	286	61
3	612	35	3	442	43
4	769	29	4	598	25
5	926	23	5	754	07
6	0,04083	17	6	910	0,99288
7	240	10	7	0,12066	69
8	307	03	8	222	50
9	554	0,99896	9	377	31
0,030	711	89	0,080	533	11
1	868	81	1	689	0,99192
2	0,05024	74	2	845	72
3	181	66	3	0,13001	51
4	338	57	4	156	31
5	495	49	5	312	10
6	652	40	6	468	0,99089
7	809	31	7	623	68
8	965	22	8	779	46
9	0,06122	12	9	935	24
0,040	279	03	0,090	0,14090	02
1	436	0,99793	1	246	0,98980
2	593	82	2	401	58
3	749	72	3	557	35
4	906	61	4	712	12
5	0,07063	50	5	867	0,98889
6	219	39	6	0,15023	65
7	376	28	7	178	41
8	533	16	8	333	17
9	689	04	9	488	0,98793

$$\Gamma\;(x)$$

x	0	1	2	3	4	5	6	7
0,0	$\mp\infty$	99,43259	49,44221	32,78500	24,46096	19,47009	16,14573	13,77360
1	9,51351	8,61269	7,86325	7,23024	6,68869	6,22027	5,81127	5,45117
2	4,59084	4,35989	4,15048	3,95980	3,78550	3,62561	3,47845	3,34260
3	2,99157	2,89034	2,79575	2,70721	2,62416	2,54615	2,47273	2,40355
4	2,21816	2,16284	2,11037	2,06055	2,01319	1,96814	1,92523	1,88433
5	1,77245	1,73842	1,70584	1,67466	1,64477	1,61612	1,58864	1,56226
6	1,48919	1,46669	1,44504	1,42420	1,40413	1,38480	1,36616	1,34820
7	1,29806	1,28250	1,26747	1,25297	1,23895	1,22542	1,21234	1,19969
8	1,16423	1,15318	1,14249	1,13216	1,12216	1,11248	1,10312	1,09407
9	1,06863	1,06069	1,05302	1,04559	1,03840	1,03145	1,02473	1,01823
1,00	1	0,99942	0,99885	0,99828	0,99771	0,99714	0,99657	0,99601
1	0,99433	9377	9321	9266	9211	9156	9101	9047
2	8884	8831	8777	8724	8670	8617	8565	8512
3	8355	8303	8251	8200	8148	8097	8046	7995
4	7844	7794	7744	7694	7644	7595	7546	7497
5	7350	7302	7254	7206	7158	7110	7063	7015
6	6874	6828	6781	6735	6689	6643	6597	6551
7	6415	6370	6325	6281	6236	6192	6148	6104
8	5973	5929	5886	5843	5800	5757	5715	5672
9	.5546	5504	5463	5421	5380	5339	5298	5257
1,10	5135	5095	5055	5015	4975	4935	4896	4857
1	4740	4701	4662	4624	4586	4547	4509	4472
2	4359	4322	4285	4248	4211	4174	4138	4101
3	3993	3957	3922	3886	3851	3816	3781	3746
4	3642	3607	3573	3539	3505	3471	3437	3404
5	3304	3271	3238	3206	3173	3141	3108	3076
6	2980	2949	2917	2886	2855	2823	2793	2762
7	2670	2640	2609	2579	2550	2520	2490	2461
8	2373	2344	2315	2286	2258	2229	2201	2172
9	2089	2061	2033	2006	1978	1951	1924	1897
1,20	1817	1790	1764	1738	1712	1686	1660	1634
1	1558	1532	1507	1482	1457	1433	1408	1383
2	1311	1287	1263	1239	1215	1192	1168	1145
3	1075	1053	1030	1007	0985	0962	0940	0918
4	0852	0830	0809	0787	0766	0745	0724	0703
5	0640	0620	0599	0579	0559	0539	0519	0499
6	0440	0422	0401	0382	0363	0344	0325	0306
7	0250	0232	0214	0196	0178	0160	0142	0124
8	0072	0055	0037	0020	0003	* 9987	* 9970	* 9953
9	0,89904	9888	9872	9856	9840	9824	9809	9793
1,30	9747	9732	9717	9702	9687	9672	9658	9643
1	9600	9586	9572	9558	9545	9531	9517	9504
2	9464	9451	9438	9425	9412	9400	9387	9375
3	9338	9326	9314	9302	9290	9278	9267	9255
4	9222	9210	9199	9189	9178	9167	9157	9146
5	9115	9105	9095	9085	9075	9066	9056	9046
6	9018	9009	9000	8991	8982	8974	8965	8956
7	8931	8923	8915	8907	8899	8891	8884	8876
8	8854	8846	8839	8832	8825	8818	8812	8805
9	8785	8779	8773	8767	8761	8755	8749	8743

8	9
11,99657	10,61622
5,13182	4,84676
3,21685	3,10014
2,33826	2,27655
1,84531	1,80805
1,53693	1,51259
1,33088	1,31418
1,18747	1,17566
1,08531	1,07683
1,01195	1,00587
0,99545	0,99488
8993	8938
8459	8407
7945	7894
7448	7399
6968	6921
6506	6460
6060	6016
5630	5588
5216	5175
4817	4778
4434	4396
4065	4029
3711	3676
3370	3337
3044	3012
2731	2700
2431	2402
2144	2116
1870	1843
1609	1583
1359	1335
1122	1098
0896	0874
0682	0661
0479	0459
0287	0269
0107	0089
*9937	*9920
9778	9762
9629	9615
9491	9477
9362	9350
9244	9233
9136	9125
9037	9028
8948	8940
8868	8861
8798	8792
8737	8732

x	$\sin \dfrac{x\pi}{2}$	$\cos \dfrac{x\pi}{2}$	x	$\sin \dfrac{x\pi}{2}$	$\cos \dfrac{x\pi}{2}$
0,100	0,15643	0,98769	0,150	0,23345	0,97237
1	799	44	1	497	200
2	954	19	2	650	163
3	0,16109	0,98694	3	802	126
4	264	69	4	955	088
5	419	43	5	0,24108	051
6	574	17	6	260	013
7	728	0,98591	7	412	0,96974
8	883	64	8	565	936
9	0,17038	38	9	717	897
0,110	193	11	0,160	869	853
1	348	0,98484	1	0,25021	819
2	502	56	2	173	780
3	657	29	3	325	740
4	812	01	4	477	700
5	966	0,98373	5	629	660
6	0,18121	45	6	781	620
7	275	16	7	932	579
8	429	0,98287	8	0,26084	538
9	584	258	9	236	497
0,120	738	229	0,170	387	456
1	892	199	1	539	414
2	0,19047	169	2	690	372
3	201	139	3	842	330
4	355	109	4	993	288
5	509	079	5	0,27144	246
6	663	048	6	295	203
7	817	017	7	446	160
8	971	0,97986	8	597	117
9	0,20125	954	9	748	073
0,130	279	922	0,180	899	029
1	433	890	1	0,28049	0,95985
2	586	858	2	201	941
3	740	826	3	351	907
4	894	793	4	502	852
5	0,21047	760	5	652	807
6	201	727	6	803	762
7	354	693	7	953	717
8	508	660	8	0,29104	671
9	661	626	9	254	625
0,140	814	592	0,190	404	579
1	968	557	1	554	533
2	0,22121	523	2	704	486
3	274	488	3	854	440
4	427	453	4	0,30004	393
5	580	417	5	154	345
6	733	382	6	304	298
7	886	346	7	453	250
8	0,23039	310	8	603	202
9	192	274	9	752	154

$$\Gamma(x)$$

x	0	1	2	3	4	5	6	7
1,40	0,88726	721	716	710	705	700	695	690
1	676	672	668	663	659	655	651	647
2	636	632	628	625	622	618	615	612
3	604	601	598	596	593	591	589	587
4	581	579	577	575	574	572	571	570
5	566	565	564	564	563	562	562	561
6	560	560	560	560	561	561	561	562
7	563	564	565	566	567	568	569	570
8	575	576	578	580	582	584	586	588
9	595	597	599	602	605	608	610	613
1,50	623	626	629	633	636	640	644	647
1	659	663	667	672	676	680	685	690
2	704	709	714	719	724	729	735	740
3	757	762	768	774	780	786	792	799
4	818	824	831	838	844	851	858	865
5	887	894	902	909	917	924	932	940
6	964	972	981	989	997	*005	*014	*023
7	0,89049	058	067	076	085	094	104	113
8	142	152	161	171	181	191	202	212
9	243	253	264	275	285	296	307	318
1,60	352	363	374	386	397	409	421	432
1	468	480	492	505	517	529	542	554
2	592	605	618	631	644	657	671	684
3	724	738	752	766	779	793	807	821
4	864	879	893	908	922	937	952	967
5	0,90012	0027	0042	0057	0073	0088	0104	0119
6	0167	0183	0199	0215	0231	0247	0264	0280
7	0330	0346	0363	0380	0397	0414	0431	0448
8	0500	0518	0535	0553	0570	0588	0606	0624
9	0678	0696	0715	0733	0752	0770	0789	0807
1,70	0864	0883	0902	0921	0940	0960	0979	0998
1	1057	1077	1097	1117	1137	1157	1177	1197
2	1258	1279	1299	1320	1341	1361	1382	1403
3	1447	1488	1509	1531	1552	1574	1595	1617
4	1683	1705	1727	1749	1771	1793	1816	1838
5	1906	1929	1952	1975	1998	2021	2044	2067
6	2137	2161	2185	2208	2232	2256	2280	2304
7	2376	2401	2425	2449	2474	2499	2523	2548
8	2623	2648	2673	2698	2723	2749	2774	2800
9	2877	2903	2928	2954	2980	3007	3033	3059
1,80	3138	3165	3192	3218	3245	3272	3299	3326
1	3408	3435	3462	3490	3517	3545	3573	3601
2	3685	3713	3741	3769	3797	3826	3854	3883
3	3969	3998	4027	4056	4085	4114	4143	4173
4	4261	4291	4321	4350	4380	4410	4440	4470
5	4561	4592	4622	4653	4683	4714	4745	4776
6	4869	4900	4931	4962	4994	5025	5057	5089
7	5184	5216	5248	5280	5312	5345	5377	5409
8	5507	5540	5573	5606	5638	5672	5705	5738
9	5838	5871	5905	5939	5972	6006	6040	6074

8	9
686	681
643	639
609	606
584	582
568	567
561	561
562	563
572	573
590	592
616	620
651	655
694	699
746	751
805	811
872	880
948	956
*031	*040
123	132
222	232
329	340
444	456
567	580
697	711
836	850
982	997
0135	0151
0296	0313
0465	0483
0642	0660
0826	0845
1018	1037
1217	1238
1424	1446
1639	1661
1861	1884
2091	2114
2328	2352
2573	2598
2825	2851
3085	3112
3353	3380
3629	3656
3912	3940
4202	4232
4501	4531
4807	4838
5120	5152
5442	5474
5771	5804
.6108	6142

x	$\sin \dfrac{x\pi}{2}$	$\cos \dfrac{x\pi}{2}$	x	$\sin \dfrac{x\pi}{2}$	$\cos \dfrac{x\pi}{2}$
0,200	0,30902	0,95106	0,250	0,38268	0,92388
1	0,31051	057	1	413	328
2	200	008	2	558	267
3	350	0,94959	3	703	207
4	499	910	4	848	146
5	648	860	5	993	085
6	797	810	6	0,39137	023
7	946	760	7	282	0,91962
8	0,32094	710	8	426	900
9	243	659	9	571	838
0,210	392	609	0,260	715	775
1	540	558	1	859	713
2	689	506	2	0,40003	650
3	837	455	3	147	587
4	986	403	4	291	524
5	0,33134	351	5	434	461
6	282	299	6	578	397
7	430	247	7	721	333
8	578	194	8	865	269
9	726	141	9	0,41008	205
0,220	874	088	0,270	151	140
1	0,34022	035	1	295	076
2	169	0,93981	2	438	011
3	317	927	3	580	0,90945
4	464	873	4	723	880
5	612	819	5	866	814
6	759	765	6	0,42009	748
7	906	710	7	151	682
8	0,35053	655	8	293	616
9	201	600	9	436	549
0,230	347	544	0,280	578	483
1	494	489	1	720	416
2	641	433	2	862	348
3	788	377	3	0,43004	281.
4	935	320	4	146	213
5	0,36081	264	5	287	146
6	228	207	6	429	077
7	374	150	7	570	009
8	520	093	8	712	0,89941
9	666	035	9	853	872
0,240	812	0,92978	0,290	994	803
1	958	920	1	0,44135	734
2	0,37104	862	2	276	664
3	250	803	3	417	594
4	396	745	4	557	525
5	542	686	5	698	454
6	687	627	6	838	384
7	833	567	7	979	314
8	978	508	8	0,45119	243
9	0,38123	448	9	259	172

$$\Gamma(\mathbf{x})$$

x	0	1	2	3	4	5	6	7
1,90	0,96177	6211	6245	6280	6314	6349	6384	6418
1	6523	6558	6593	6629	6664	6699	6735	6770
2	6877	6913	6949	6985	7021	7058	7094	7130
3	7240	7276	7313	7350	7387	7424	7461	7498
4	7610	7647	7685	7723	7760	7798	7836	7874
5	7988	8026	8065	8103	8142	8180	8219	8258
6	8374	8413	8452	8492	8531	8570	8610	8649
7	8768	8808	8848	8888	8928	8969	9009	9049
8	9171	9212	9252	9293	9334	9375	9416	9457
9	9581	9623	9664	9706	9748	9790	9832	9874
2,0	1,	00427	00862	01306	01758	02218	02687	03164
1	04649	05161	05682	06212	06751	07300	07857	08424
2	10180	10785	11399	12023	12657	13300	13954	14618
3	16671	17377	18093	18819	19557	20305	21065	21836
4	24217	25034	25863	26703	27556	28421	29298	30188
5	32934	33875	34830	35798	36779	37775	38784	39807
6	42962	44044	45140	46251	47377	48519	49677	50851
7	54469	55708	56964	58237	59528	60836	62162	63506
8	67649	69068	70506	71963	73441	74938	76456	77994
9	82736	84359	86005	87673	89363	91077	92814	94574
3,0	2,	2,01858	2,03741	2,05650	2,07585	2,09547	2,11535	2,13550
1	2,19762	2,21890	2,24046	2,26232	2,28448	2,30694	2,32971	2,35280
2	2,42397	2,44834	2,47306	2,49811	2,52351	2,54926	2,57536	2,60183
3	2,68344	2,71140	2,73975	2,76849	2,79763	2,82718	2,85714	2,88751
4	2,98121	3,01331	3,04587	3,07889	3,11236	3,14631	3,18074	3,21565
5	3,32335	3,36027	3,39771	3,43569	3,47420	3,51325	3,55286	3,59304
6	3,71702	3,75954	3,80266	3,84640	3,89076	3,93576	3,98141	4,02771
7	4,17065	4,21968	4,26942	4,31987	4,37106	4,42299	4,47567	4,52912
8	4,69417	4,75081	4,80826	4,86656	4,92572	4,98573	5,04664	5,10843
9	5,29933	5,36485	5,43134	5,49881	5,56728	5,63676	5,70728	5,77885
4,0	6,	6,07593	6,15299	6,23121	6,31060	6,39118	6,47297	6,55599
1	6,81262	6,90076	6,99024	7,08106	7,17327	7,26687	7,36190	7,45837
2	7,75669	7,85918	7,96324	8,06889	8,17617	8,28509	8,39568	8,50797
3	8,85534	8,97473	9,09596	9,21907	9,34409	9,47105	9,59998	9,73092
4	10,13610	10,27540	10,41689	10,56058	10,70653	10,85478	11,00535	11,15829
5	11,63173	11,79455	11,95995	12,12797	12,29865	12,47205	12,64819	12,82714
6	13,38129	13,57193	13,76562	13,96242	14,16237	14,36553	14,57195	14,78169
7	15,43141	15,65501	15,88223	16,11313	16,34776	16,58621	16,82852	17,07478
8	17,83786	18,10057	18,36757	18,63893	18,91475	19,19508	19,48001	19,76963
9	20,66739	20,97656	21,29084	21,61031	21,93507	22,26522	22,60083	22,94202

x	$\sin\dfrac{x\pi}{2}$	$\cos\dfrac{x\pi}{2}$	x	$\sin\dfrac{x\pi}{2}$	$\cos\dfrac{x\pi}{2}$	x	$\sin\dfrac{x\pi}{2}$	$\cos\dfrac{x\pi}{2}$
0,300	0,45399	0,89101	**0,310**	0,46792	0,88377	**0,320**	0,48175	0,87631
1	539	029	1	932	303	1	313	555
2	679	0,88958	2	0,47070	229	2	450	479
3	818	886	3	209	155	3	588	403
4	958	814	4	347	081	4	725	326
5	0,46097	741	5	486	006	5	862	250
6	237	669	6	624	0,87932	6	999	173
7	376	596	7	762	857	7	0,49136	096
8	515	523	8	900	782	8	273	018
9	654	450	9	0,48038	706	9	409	0,86941

8	9
6453	6488
6806	6842
7167	7203
7535	7573
7912	7950
8296	8335
8689	8729
9090	9130
9499	9540
9916	9958
03650	04145
09000	09585
15292	15976
22618	23412
31091	32006
40844	41896
52040	53246
64868	66249
79553	81134
98358	98167
2,15593	2,17663
2,37620	2,39992
2,62866	2,65586
2,91831	2,94954
3,25105	3,28695
3,63378	3,67511
4,07468	4,12232
4,58334	4,63836
5,17114	5,23476
5,85148	5,92519
6,64026	6,72579
7,55631	7,65574
8,62199	8,73778
9,86389	9,99894
11,31364	11,47144
13,00894	13,19364
14,99481	15,21136
17,32504	17,57938
20,06401	20,36323
23,28888	23,64150

x	$\sin\dfrac{x\pi}{2}$	$\cos\dfrac{x\pi}{2}$	x	$\sin\dfrac{x\pi}{2}$	$\cos\dfrac{x\pi}{2}$
0,350	0,52250	0,85264	**0,400**	0,58779	0,86902
1	384	182	1	906	809
2	517	099	2	0,59032	717
3	651	017	3	159	624
4	785	0,84934	4	286	531
5	918	851	5	412	438
6	0,53051	768	6	583	344
7	184	684	7	665	251
8	317	601	8	790	157
9	450	517	9	916	063
0,360	583	433	**0,410**	0,60042	0,79968
1	715	349	1	168	874
2	848	264	2	293	779
3	980	179	3	418	685
4	0,54112	094	4	543	590
5	244	009	5	668	494
6	376	0,83924	6	793	399
7	508	839	7	918	303
8	639	753	8	0,61042	208
9	778	667	9	167	112
0,370	902	581	**0,420**	291	016
1	0,55034	494	1	415	0,78919
2	165	408	2	539	823
3	296	321	3	662	726
4	426	234	4	786	629
5	557	147	5	909	532
6	688	060	6	0,62033	434
7	818	0,82972	7	156	337
8	948	884	8	279	239
9	0,56078	796	9	402	141
0,380	208	708	**0,430**	524	043
1	338	620	1	647	0,77945
2	468	531	2	769	846
3	597	442	3	891	748
4	727	353	4	0,63013	649
5	856	264	5	135	550
6	985	175	6	257	450
7	0,57114	085	7	379	351
8	243	0,81995	8	500	251
9	372	905	9	621	151
0,390	501	815	**0,440**	742	051
1	629	725	1	863	0,76951
2	757	634	2	984	851
3	885	543	3	0,64105	750
4	0,58013	452	4	225	649
5	141	361	5	346	548
6	269	269	6	466	447
7	397	178	7	586	346
8	524	086	8	706	244
9	651	0,80994	9	825	143

x	$\sin\dfrac{x\pi}{2}$	$\cos\dfrac{x\pi}{2}$	x	$\sin\dfrac{x\pi}{2}$	$\cos\dfrac{x\pi}{2}$
0,330	0,49546	0,86863	**0,340**	0,50904	0,86074
1	682	785	1	0,51039	0,85994
2	819	707	2	174	914
3	955	629	3	309	833
4	0,50091	550	4	444	753
5	227	471	5	579	672
6	362	392	6	713	591
7	498	313	7	847	509
8	633	234	8	982	428
9	769	154	9	0,52116	354

x	$\sin\dfrac{x\pi}{2}$	$\cos\dfrac{x\pi}{2}$	x	$\sin\dfrac{x\pi}{2}$	$\cos\dfrac{x\pi}{2}$	x	$\sin\dfrac{x\pi}{2}$	$\cos\dfrac{x\pi}{2}$
0,450	0,64945	0,76041	**0,470**	0,67301	0,73963	**0,490**	0,69591	0,71813
1	0,65064	0,75938	1	417	857	1	704	703
2	183	836	2	533	751	2	817	594
3	302	734	3	649	645	3	929	484
4	421	681	4	765	539	4	0,70041	374
5	540	528	5	880	432	5	153	264
6	659	425	6	995	326	6	265	154
7	777	321	7	0,68110	219	7	377	043
8	895	218	8	225	116	8	488	0,70932
9	0,66013	115	9	340	004	9	600	822
0,460	131	011	**0,480**	455	0,72897	**0,500**	711	711
1	249	0,74907	1	569	789			
2	367	803	2	683	681			
3	484	699	3	794	573			
4	601	594	4	911	465			
5	718	489	5	0,69025	357			
6	835	385	6	139	248			
7	952	279	7	252	140			
8	0,67069	174	8	365	031			
9	185	069	9	478	0,71922			

XLII

$$\frac{1}{2} = 0{,}5$$
$$\frac{1}{2\cdot4} = \frac{1}{8} = 0{,}125$$
$$\frac{1\cdot3}{2\cdot4\cdot6} = \frac{1}{16} = 0{,}0625$$
$$\frac{1\cdot3\cdot5}{2\cdot4\cdot6\cdot8} = \frac{5}{128} = 0{,}03906\,25$$
$$\frac{1\cdot3\cdot5\cdot7}{2\cdot4\cdot6\cdot8\cdot10} = \frac{7}{256} = 0{,}02734\,375$$
$$\frac{1\cdot3\cdot5\cdot7\cdot9}{2\cdot4\cdots10\cdot12} = \frac{21}{1024} = 0{,}02050\,78125$$
$$\frac{1\cdot3\cdots9\cdot11}{2\cdot4\cdots12\cdot14} = \frac{33}{2048} = 0{,}01611\,32813$$
$$\frac{1\cdot3\cdots11\cdot13}{2\cdot4\cdots14\cdot16} = \frac{429}{32768} = 0{,}01309\,20410$$
$$\frac{1\cdot3\cdots13\cdot15}{2\cdot4\cdots16\cdot18} = \frac{715}{65536} = 0{,}01091\,00342$$
$$\frac{1\cdot3\cdots15\cdot17}{2\cdot4\cdots18\cdot20} = \frac{2431}{262144} = 0{,}00927\,35291$$

$$\frac{1}{2\cdot3} = \frac{1}{6} = 0{,}16666\,66667$$
$$\frac{1\cdot3}{2\cdot4\cdot5} = \frac{3}{40} = 0{,}075$$
$$\frac{1\cdot3\cdot5}{2\cdot4\cdot6\cdot7} = \frac{5}{112} = 0{,}04464\,28571$$
$$\frac{1\cdot3\cdot5\cdot7}{2\cdot4\cdot6\cdot8\cdot9} = \frac{35}{1152} = 0{,}03038\,19444$$
$$\frac{1\cdot3\cdot5\cdot7\cdot9}{2\cdot4\cdots10\cdot11} = \frac{63}{2816} = 0{,}02237\,21591$$
$$\frac{1\cdot3\cdots9\cdot11}{2\cdot4\cdots12\cdot13} = \frac{231}{13312} = 0{,}01735\,27644$$
$$\frac{1\cdot3\cdots11\cdot13}{2\cdot4\cdots14\cdot15} = \frac{429}{30270} = 0{,}01396\,48437$$
$$\frac{1\cdot3\cdots13\cdot15}{2\cdot4\cdots16\cdot17} = \frac{6435}{557056} = 0{,}01155\,18009$$
$$\frac{1\cdot3\cdots15\cdot17}{2\cdot4\cdots18\cdot19} = \frac{12155}{1245184} = 0{,}00976\,16095$$
$$\frac{1\cdot3\cdots17\cdot19}{2\cdot4\cdots20\cdot21} = \frac{46189}{5505024} = 0{,}00839\,03358$$

$$\frac{1}{2} = 0{,}5$$
$$\frac{1\cdot3}{2\cdot4} = \frac{3}{8} = 0{,}375$$
$$\frac{1\cdot3\cdot5}{2\cdot4\cdot6} = \frac{5}{16} = 0{,}3125$$
$$\frac{1\cdot3\cdot5\cdot7}{2\cdot4\cdot6\cdot8} = \frac{35}{128} = 0{,}27343\,75$$
$$\frac{1\cdot3\cdot5\cdot7\cdot9}{2\cdot4\cdot6\cdot8\cdot10} = \frac{63}{256} = 0{,}24609\,375$$
$$\frac{1\cdot3\cdots9\cdot11}{2\cdot4\cdots10\cdot12} = \frac{231}{1024} = 0{,}22558\,59375$$
$$\frac{1\cdot3\cdots11\cdot13}{2\cdot4\cdots12\cdot14} = \frac{429}{2048} = 0{,}20947\,26562$$
$$\frac{1\cdot3\cdots13\cdot15}{2\cdot4\cdots14\cdot16} = \frac{6435}{32768} = 0{,}19638\,06152$$
$$\frac{1\cdot3\cdots15\cdot17}{2\cdot4\cdots16\cdot18} = \frac{12155}{65536} = 0{,}18547\,05811$$
$$\frac{1\cdot3\cdots17\cdot19}{2\cdot4\cdots18\cdot20} = \frac{46189}{262144} = 0{,}17619\,70520$$

$$\frac{1}{2\cdot3} = \frac{1}{6} = 0{,}16666\,66667$$
$$\frac{1}{2\cdot4\cdot5} = \frac{1}{40} = 0{,}025$$
$$\frac{1\cdot3}{2\cdot4\cdot6\cdot7} = \frac{1}{112} = 0{,}00892\,85714$$
$$\frac{1\cdot3\cdot5}{2\cdot4\cdot6\cdot8\cdot9} = \frac{5}{1152} = 0{,}00434\,02778$$
$$\frac{1\cdot3\cdot5\cdot7}{2\cdot4\cdots10\cdot11} = \frac{7}{2816} = 0{,}00248\,57954$$
$$\frac{1\cdot3\cdot5\cdot7\cdot9}{2\cdot4\cdots12\cdot13} = \frac{21}{13312} = 0{,}00157\,75240$$
$$\frac{1\cdot3\cdots9\cdot11}{2\cdot4\cdots14\cdot15} = \frac{33}{30720} = 0{,}00107\,42187$$
$$\frac{1\cdot3\cdots11\cdot13}{2\cdot4\cdots16\cdot17} = \frac{429}{557056} = 0{,}00077\,01201$$
$$\frac{1\cdot3\cdots13\cdot15}{2\cdot4\cdots18\cdot19} = \frac{715}{1245184} = 0{,}00057\,42123$$
$$\frac{1\cdot3\cdots15\cdot17}{2\cdot4\cdots20\cdot21} = \frac{2431}{5505024} = 0{,}00044\,15966$$

XXXVI Werte des Fehlerintegrals[1] $\Phi(\gamma) = \dfrac{2}{\sqrt{\pi}} \displaystyle\int_0^{\gamma} e^{-t^2}\, dt$

γ	$\Phi(\gamma)$	γ	$\Phi(\gamma)$	γ	$\Phi(\gamma)$	γ	$\Phi(\gamma)$	γ	$\Phi(\gamma)$	γ	$\Phi(\gamma)$
0	0	0,50	0,52050	1,00	0,84270	1,50	0,96611	2,00	0,99532	2,50	0,99959
0,01	0,01128	1	2924	1	4681	1	728	1	52	1	61
2	2256	2	3790	2	5084	2	841	2	72	2	63
3	3384	3	4646	3	5478	3	952	3	91	3	65
4	4511	4	5494	4	5865	4	0,97059	4	0,99609	4	67
5	5637	5	6332	5	6244	5	162	5	26	5	69
6	6762	6	7162	6	6614	6	263	6	42	6	71
7	7886	7	7982	7	6977	7	360	7	58	7	72
8	9008	8	8792	8	7333	8	455	8	73	8	74
9	0,10128	9	9594	9	7680	9	546	9	88	9	75
0,10	1246	0,60	0,60386	1,10	8021	1,60	635	2,10	0,99702	2,60	76
1	2362	1	1168	1	8353	1	721	1	15	1	78
2	3476	2	1941	2	8679	2	804	2	28	2	79
3	4587	3	2705	3	8997	3	884	3	41	3	80
4	5695	4	3459	4	9308	4	962	4	53	4	81
5	6800	5	4203	5	9612	5	0,98038	5	64	5	82
6	7901	6	4938	6	9910	6	110	6	75	6	83
7	8999	7	5663	7	0,90200	7	181	7	85	7	.84
8	0,20094	8	6378	8	0484	8	249	8	95	8	85
9	1184	9	7084	9	0761	9	315	9	0,99805	9	86
0,20	2270	0,70	7780	1,20	1031	1,70	379	2,20	14	2,70	87
1	3352	1	8467	1	1296	1	441	1	22	1	87
2	4430	2	9143	2	1553	2	500	2	31	2	88
3	5502	3	9810	3	1805	3	558	3	39	3	89
4	6570	4	0,70468	4	2051	4	613	4	46	4	89
5	7633	5	1116	5	2290	5	667	5	54	5	90
6	8690	6	1754	6	2524	6	719	6	61	6	91
7	9742	7	2382	7	2751	7	769	7	67	7	91
8	0,30788	8	3001	8	2973	8	817	8	74	8	92
9	1828	9	3610	9	3190	9	864	9	80	9	92
0,30	2863	0,80	4210	1,30	3401	1,80	909	2,30	86	2,80	92
1	3891	1	4800	1	3606	1	952	1	91	1	93
2	4913	2	5381	2	3807	2	994	2	97	2	93
3	5928	3	5952	3	4002	3	0,99035	3	0,99902	3	94
4	6936	4	6514	4	4191	4	074	4	06	4	94
5	7938	5	7067	5	4376	5	111	5	11	5	94
6	8933	6	7610	6	4556	6	147	6	15	6	95
7	9921	7	8144	7	4731	7	182	7	20	7	95
8	0,40901	8	8669	8	4902	8	216	8	24	8	95
9	1874	9	9184	9	5067	9	248	9	28	9	96
0,40	2839	0,90	9691	1,40	5229	1,90	379	2,40	31	2,90	96
1	3797	1	0,80188	1	5385	1	309	1	35	1	96
2	4747	2	0677	2	5538	2	338	2	38	2	96
3	5689	3	1156	3	5686	3	366	3	41	3	97
4	6623	4	1627	4	5830	4	392	4	44	4	97
5	7548	5	2089	5	5970	5	418	5	47	5	97
6	8466	6	2542	6	6105	6	443	6	50	6	97
7	9375	7	2987	7	6237	7	466	7	52	7	97
8	0,50275	8	3423	8	6365	8	489	8	55	8	97
9	1167	9	3851	9	6490	9	511	9	57	9	98
										3,00	98

[1] Vgl. Handbuch der Physik. Bd. 3, S. 620. Berlin: Julius Springer 1928.

XXXVII

x	x^2	x^3	x^4	x^5	x^6	x^7
0,1	0,01	0,001	0,0001	0,00001	0,00000 1	0,00000 01
0,2	0,04	0,008	0,0016	0,00032	0,00006 4	0,00001 28
0,3	0,09	0,027	0,0081	0,00243	0,00072 9	0,00021 87
0,4	0,16	0,064	0,0256	0,01024	0,00409 6	0,00163 84
0,5	0,25	0,125	0,0625	0,03125	0,01562 5	0,00781 25
0,6	0,36	0,216	0,1296	0,07776	0,04665 6	0,02799 36
0,7	0,49	0,343	0,2401	0,16807	0,11764 9	0,08235 43
0,8	0,64	0,512	0,4096	0,32768	0,26214 4	0,20971 52
0,9	0,81	0,729	0,6561	0,59049	0,53144 1	0,47829 69
1,0	1,00	1,000	1,0000	1,00000	1,00000 0	1,00000 00
1,1	1,21	1,331	1,4641	1,61051	1,77156 1	1,94871 71
1,2	1,44	1,728	2,0736	2,48832	2,98598 4	3,58318 08
1,3	1,69	2,197	2,8561	3,71293	4,82680 9	6,27485 17
1,4	1,96	2,744	3,8416	5,37824	7,52953 6	10,54135 04
1,5	2,25	3,375	5,0625	7,59375	11,39063	17,08593 75
1,6	2,56	4,096	6,5536	10,4858	16,77722	26,84354 56
1,7	2,89	4,913	8,3521	14,1986	24,13757	41,03386 73
1,8	3,24	5,832	10,4976	18,8957	34,01222	61,2220 32
1,9	3,61	6,859	13,0321	24,7610	47,04588	89,38717 39
2,0	4,00	8,000	16,0000	32,0000	64,00000	128,0000 0
2,1	4,41	9,261	19,4481	40,8410	85,76612	180,10885 4
2,2	4,84	10,648	23,4256	51,5363	113,3799	249,43578 9
2,3	5,29	12,167	27,9841	64,3634	148,0359	340,48254 5
2,4	5,76	13,824	33,1776	79,6262	191,1030	458,64714 2
2,5	6,25	15,625	39,0625	97,6563	244,1406	610,35156 3
2,6	6,76	17,576	45,6976	118,814	308,9158	803,18101 8
2,7	7,29	19,683	53,1441	143,489	387,4205	1046,03532
2,8	7,84	21,952	61,4656	172,104	481,8903	1349,29285
2,9	8,41	24,389	70,7281	205,111	594,8233	1724,98763
3,0	9,00	27,000	81,0000	243,000	729,0000	2187,00000
3,1	9,61	29,791	92,3521	286,292	887,5037	2751,26141
3,2	10,24	32,768	104,858	335,544	1073,742	3435,97384
3,3	10,89	35,937	118,592	391,354	1291,468	4261,84430
3,4	11,56	39,304	133,634	454,354	1544,804	5252,33501
3,5	12,25	42,875	150,063	525,219	1838,266	6433,92969
3,6	12,96	46,656	167,962	604,662	2176,782	7836,41641
3,7	13,69	50,653	187,416	693,440	2565,726	9493,18771
3,8	14,44	54,872	208,514	792,352	3010,936	11441,5583
3,9	15,21	59,319	231,344	902,242	3518,744	13723,1007
4,0	16,00	64,000	256,000	1024,00	4096,000	16384,0000
4,1	16,81	68,921	282,576	1158,56	4750,104	19475,4274
4,2	17,64	74,088	311,170	1306,91	5489,032	23053,9333
4,3	18,49	79,507	341,880	1470,08	6321,363	27181,8611
4,4	19,36	85,184	374,810	1649,16	7256,314	31927,7810
4,5	20,25	91,125	410,063	1845,28	8303,766	37366,9453
4,6	21,16	97,336	447,746	2059,63	9474,297	43581,7657
4,7	22,09	103,82	487,968	2293,45	10779,22	50662,3120
4,8	23,04	110,59	530,842	2548,04	12230,59	58706,8342
4,9	24,01	117,65	576,480	2824,75	13841,29	67822,3073

x^8	x^9	x^{10}
0,00000 001	0,00000 0001	0,00000 00001
0,00000 256	0,00000 0512	0,00000 01024
0,00006 561	0,00001 9683	0,00000 59049
0,00065 536	0,00026 2144	0,00010 48576
0,00390 625	0,00195 3125	0,00097 65625
0,01679 616	0,01007 7696	0,00604 66176
0,05764 801	0,04035 3607	0,02824 75249
0,16777 216	0,13421 7728	0,10737 41824
0,43046 721	0,38742 0489	0,34867 84401
1,00000 000	1,00000 0000	1,00000 00000
2,14358 881	2,35794 7691	2,59374 24601
4,29981 696	5,15978 0352	6,19173 64224
8,15730 721	10,60449 937	13,78584 9185
14,75789 056	20,66104 678	28,92546 5498
25,62890 625	38,44335 938	57,66503 9063
42,94967 296	68,71947 674	109,95116 278
69,75757 441	118,58787 65	201,59939 004
110,19960 58	198,35929 04	357,04672 266
169,83563 04	322,68769 78	613,10662 578
256,00000 00	512,00000 00	1024,00000 000
378,22859 36	794,28004 66	1667,98809 782
548,75873 54	1207,26921 8	2655,99227 914
783,10985 28	1801,15266 1	4142,65112 136
1100,75314 2	2641,80754 0	6340,33809 654
1525,87890 6	3814,69726 6	9536,74316 406
2088,27064 6	5429,50367 9	14116,70956 53
2824,29536 5	7625,59748 5	20589,11320 95
3778,01998 4	10578,45595 3	29619,67666 95
5002,46413 0	14507,14597 6	42070,72333 00
6561,00000 0	19683,00000 0	59049,00000 00
8528,91037 4	26439,62216 1	81962,82869 81
10995,11628	35184,37208 9	1 12589,99068 4
14064,08618	46411,48440 2	1 53157,89853 6
17857,93905	60716,99276 6	2 06437,77541 6
22518,75391	78815,63867 2	2 75854,73535 2
28211,09907	1 01559,95667	3 65615,84401 6
35124,79454	1 29961,73980	4 80858,43724 2
43477,92138	1 65216,10126	6 27821,18479 9
53520,09260	2 08728,36116	8 14040,60851 9
65536,00000	2 62144,00000	10 48576,00000
78949,25229	3 27381,93439	13 42265,93101
96826,51996	4 06671,38385	17 08019,81217
1 16882,0028	5 02592,61194	21 61148,23133
1 40482,2363	6 18121,83951	27 19736,09384
1 68151,2539	7 56680,64258	34 05062,89160
2 00476,1223	9 22190,16267	42 42074,74828
2 38112,8666	11 19130,4731	52 59913,22358
2 81792,8043	13 52605,4606	64 92506,21085
3 32329,3057	16 28413,5979	79 79226,62976

168

x	x^2	x^3	x^4	x^5	x^6	x^7
5,0	25,00	125,00	625,000	3125,00	15625,00	78125,0000
5,1	26,01	132,65	676,520	3450,25	17596,29	89741,0678
5,2	27,04	14,061	731,162	3802,04	19770,61	1 02807,170
5,3	28,09	148,88	789,048	4181,95	22164,36	1 17471,114
5,4	29,16	157,46	850,306	4591,65	24794,91	1 33892,521
5,5	30,25	166,38	915,063	5032,84	27680,64	1 52243,523
5,6	31,36	175,62	983,450	5507,32	30840,98	1 72709,485
5,7	32,49	185,19	1055,60	6016,92	34296,45	1 95489,749
5,8	33,64	195,11	1131,65	6563,57	38068,69	2 20798,417
5,9	34,81	205,38	1211,74	7149,24	42180,53	2 48865,148
6,0	36,00	216,00	1296,00	7776,00	46656,00	2 79936,000
6,1	37,21	226,98	1384,58	8445,96	51520,37	3 14274,284
6,2	38,44	238,33	1477,63	9161,33	56800,26	3 52161,461
6,3	39,69	250,05	1575,30	9924,37	62523,50	3 93898,064
6,4	40,96	262,14	1677,72	10737,42	68719,48	4 39804,651
6,5	42,25	274,63	1785,06	11602,91	75418,89	4 90222,789
6,6	43,56	287,50	1897,47	12523,33	82653,95	5 45516,070
6,7	44,89	300,76	2015,11	13501,25	90458,38	6 06071,161
6,8	46,24	314,43	2138,14	14539,34	98867,48	6 72298,882
6,9	47,61	328,51	2266,71	15640,31	1 07918,16	7 44635,325
7,0	49,00	343,00	2401,00	16807,00	1 17649,00	8 23543,000
7,1	50,41	357,91	2541,17	18042,29	1 28100,28	9 09512,016
7,2	51,84	373,25	2687,39	19349,18	1 39314,07	10 03061,30
7,3	53,29	389,02	2839,82	20730,72	1 51334,23	11 04739,85
7,4	54,76	405,22	2998,66	22190,07	1 64206,49	12 15128,03
7,5	56,25	421,88	3164,06	23730,47	1 77978,52	13 34838,87
7,6	57,76	438,98	3336,22	25355,25	1 92699,93	14 64519,46
7,7	59,29	456,53	3515,30	27067,84	2 08422,38	16 04852,33
7,8	60,84	474,55	3701,51	28871,74	2 25199,60	17 56556,89
7,9	62,41	493,04	3895,01	30770,56	2 43087,46	19 20390,90
8,0	64,00	512,00	4096,00	32768,00	2 62144,00	20 97152,00
8,1	65,61	531,44	4304,67	34867,84	2 82429,54	22 87679,25
8,2	67,24	551,37	4521,22	37073,98	3 04006,67	24 92854,71
8,3	68,89	571,79	4745,83	39390,41	3 26940,37	27 13605,10
8,4	70,56	592,70	4978,71	41821,19	3 51298,03	29 50903,47
8,5	72,25	614,13	5220,06	44370,53	3 77149,52	32 05770,88
8,6	73,96	636,06	5470,08	47042,70	4 04567,23	34 79278,22
8,7	75,69	658,50	5728,98	49842,09	4 33626,20	37 72547,95
8,8	77,44	681,47	5996,95	52773,19	4 64404,09	40 86755,96
8,9	79,21	704,97	6274,22	55840,59	4 96981,29	44 23133,49
9,0	81,00	729,00	6561,00	59049,00	5 31441,00	47 82969,00
9,1	82,81	753,57	6857,50	62403,21	5 67869,25	51 67610,19
9,2	84,64	778,69	7163,93	65908,15	6 06355,00	55 78466,01
9,3	86,49	804,36	7480,52	69568,84	6 46990,18	60 17008,71
9,4	88,36	830,58	7807,49	73390,40	6 89869,78	64 84775,94
9,5	90,25	857,38	8145,06	77378,09	7 35091,89	69 83372,96
9,6	92,16	884,74	8493,47	81537,27	7 82757,79	75 14474,78
9,7	94,09	912,67	8852,93	85873,40	8 32972,00	80 79828,45
9,8	96,04	941,19	9223,68	90392,08	8 85842,38	86 81255,33
9,9	98,01	970,30	9605,96	95099,00	9 41480,15	93 20653,48

x^8	x^9	x^{10}
3 90625,0000	19 53125,0000	97 65625,0000
4 57679,4457	23 34165,1731	119 04242,3828
5 34597,2853	27 79905,8836	144 55510,5949
6 22596,9041	32 99763,5918	174 88747,0366
7 23019,6134	39 04305,9123	210 83251,9265
8 37339,3789	46 05366,5840	253 29516,2119
9 67173,1157	54 16169,4481	303 30548,9096
11 14291,571	63 51461,9554	362 03333,1457
12 80630,817	74 27658,7396	430 80420,6899
14 68304,376	86 62995,8187	511 11675,3301
16 79616,000	100 77696,000	604 66176,0000
19 17073,130	116 94146,093	713 34291,1663
21 83401,056	135 37086,546	839 29936,5868
24 81557,803	156 33814,157	984 93029,1882
28 14749,767	180 14398,509	1152 92150,461
31 86448,129	207 11912,838	1346 27433,446
36 00406,063	237 62680,014	1568 33688,091
40 60676,776	272 06534,396	1822 83780,455
45 71632,397	310 87100,296	2113 92282,016
51 37983,744	354 52087,836	2446 19406,065
57 64801,000	403 53607,000	2824 75249,000
64 57535,312	458 48500,718	3255 24355,101
72 22041,363	519 98697,814	3743 90624,262
80 64600,919	588 71586,708	4297 62582,970
89 91947,402	665 40410,775	4923 99039,736
100 11291,50	750 84686,279	5631 35147,095
111 30347,87	845 90643,847	6428 88893,234
123 57362,92	951 51694,449	7326 68047,259
137 01143,71	1068 68920,91	8335 77583,124
151 71088,10	1198 51595,98	·9468 27608,263
167 77216,00	1342 17728,00	10737 41824,00
185 30201,89	1500 94635,30	12157 66545,91
204 41408,59	1676 19550,41	13744 80313,36
225 22922,32	1869 40255,27	15516 04118,72
247 87589,11	2082 15748,53·,	17490 12287,66
272 49052,50	2316 16946,28	19687 44043,41
299 21792,71	2573 27417,31	22130 15788,88
328 21167,15	2855 44154,24	24842 34141,91
359 63452,48	3164 78381,83	27850 09760,09
393 65888,06	3503 56403,71	31181 71993,00
430 46721,00	3874 20489,00	34867 84401,00
470 25252,76	4279 29800,13	38941 61181,18
513 21887,31	4721 61363,29	43438 84542,24
559 58180,97	5204 11082,99	48398 23071,79
609 56893,85	5729 94802,23	53861 51140,95
663 42043,13	6302 49409,72	59873 69392,38
721 38957,90	6925 33995,82	66483 26359,92
783 74335,93	7602 31058,65	73742 41268,95
850 76302,26	8337 47762,13	81707 28068,88
922 74469,44	9135 17247,48	90438 20750,09

XXXIX

n	2^n	3^n	4^n	5^n
1	2	3	4	5
2	4	9	16	25
3	8	27	64	125
4	16	81	256	625
5	32	243	1024	3125
6	64	729	4096	15625
7	128	2187	16384	78125
8	256	6561	65536	3 90625
9	512	19683	2 62144	19 53125
10	1024	59049	10 48576	97 65625
11	2048	1 77147	41 94304	488 28125
12	4096	5 31441	167 77216	2441 40625
13	8192	15 94323	671 08864	12207 03125
14	16384	47 82969	2684 35456	61035 15625
15	32768	143 48907	10737 41824	3 05175 78125
16	65536	430 46721	42949 67296	15 25878 90625
17	1 31072	1291 40163	1 71798 69184	76 29394 53125
18	2 62144	3874 20489	6 87194 76736	381 46972 65625
19	5 24288	11622 61467	27 48779 06944	1907 34863 28125
20	10 48576	34867 84401	109 95116 27776	9536 74316 40625
21	20 97152	1 04603 53203	439 80465 11104	47683 71582 03125
22	41 94304	3 13810 59609	1759 21860 44416	2 38418 57910 15625
23	83 88608	9 41431 78827	7036 87441 77664	11 92092 89550 78125
24	167 77216	28 24295 36481	28147 49767 10656	59 60464 47753 90625
25	335 54432	84 72886 09443	1 12589 99068 42624	298 02322 38769 53125
26	671 08864	254 18658 28329	4 50359 96273 70496	1490 11611 93847 65625
27	1342 17728	762 55974 84987	18 01439 85094 81984	˙7450 58059 69238 28125
28	2684 35456	2287 67924 54961	72 05759 40379 27936	37252 90298 46191 40625
29	5368 70912	6863 03773 64883	288 23037 61517 11744	1 86264 51492 30957 03125
30	10737 41824	20589 11320 94649	1152 92150 46068 46976	9 31322 57461 54785 15625

n	$1{,}5^n$	$2{,}5^n$
1	1,5	2,5
2	2,25	6,25
3	3,375	15,625
4	5,0625	39,0625
5	7,59375	97,65625
6	11,39062 5	244,14062 5
7	17,08593 75	610,35156 25
8	25,62890 625	1525,87890 625
9	38,44335 9375	3814,69726 5625
10	57,66503 90625	9536,74316 40625
11	86,49755 85937 5	23841,85791 01562 5
12	129,74633 78906 25	59604,64477 53906 25
13	194,61950 68359 375	1 49011,61193 84765 625
14	291,92926 02539 0625	3 72529,02984 61914 0625
15	437,89389 03808 59375	9 31322,57461 54785 15625
16	656,84083 55712 89062 5	23 28306,43653 86962 89062 5
17	985,26125 33569 33593 75	58 20766,09134 67407 22656 25
18	1477,89188 00354 00390 625	145 51915,22836 68518 06640 625
19	2216,83782 00531 00585 9375	363 79788,07091 71295 16601 5625
20	3325,25673 00796 50878 90625	909 49470,17729 28237 91503 90625
21	4987,88509 51194 76318 35937 5	2273 73675,44323 20594 78759 76562 5
22	7481,82764 26792 14477 53906 25	5684 34188,60808 01486 96899 41406 25
23	11222,74146 40188 21716 30859 375	14210 85471,52020 03717 42248 53515 625
24	16834,11219 60282 32574 46289 0625	35527 13678,80050 09293 55621 33789 0625
25	25251,16829 40423 48861 69433 59375	88817 84197,00125 23233 89053 34472 65625
26	37876,75244 10635 23292 54150 39062 5	2 22044 60492,50313 08084 72633 36181 64062 5
27	56815,12866 15952 84938 81225 58593 75	5 55111 51231,25782 70211 81583 40454 10156 25
28	85222,69299 23929 27408 21838 37890 625	13 87778 78078,14456 75529 53958 51135 25390 625
29	1 27834,03948 85893 91112 32757 56835 9375	34 69446 95195,36141 88823 84896 27838 13476 5625
30	1 91751,05923 28840 86668 49136 35253 90625	86 73617 37988,40354 72059 62240 69595 33691 40625

XLI Die Potenzsummen

$$S_n = \frac{1}{1^n} + \frac{1}{2^n} + \frac{1}{3^n} + \cdots$$

$S_1 = \infty$,

$S_2 = \dfrac{\pi^2}{6} = 1{,}64493\,40668$,

$S_3 = \dfrac{\pi^3}{25{,}79436\cdots} = 1{,}20205\,69032$,

$S_4 = \dfrac{\pi^4}{90} = 1{,}08232\,32337$,

$S_5 = \dfrac{\pi^5}{295{,}1215} = 1{,}03692\,77551$,

$S_6 = \dfrac{\pi^6}{945} = 1{,}01734\,30620$,

$S_7 = \dfrac{\pi^7}{2995{,}286\cdots} = 1{,}00834\,92774$,

$S_8 = \dfrac{\pi^8}{9450} = 1{,}00407\,73562$,

$S_9 = \dfrac{\pi^9}{29749{,}35\cdots} = 1{,}00200\,83928$,

$S_{10} = 1{,}00099\,45751$,

$S_{11} = 1{,}00049\,41886$.

n	6^n	7^n
1	6	7
2	36	49
3	216	343
4	1296	2401
5	7776	16807
6	46656	1 17649
7	2 79936	8 23543
8	16 79616	57 64801
9	100 77696	403 53607
10	604 66176	2824 75249
11	3627 97056	19773 26743
12	21767 82336	1 38412 87201
13	1 30606 94016	9 68890 10407
14	7 83641 64969	67 82230 72849
15	47 01849 84576	474 75615 09943
16	282 11099 07456	3323 29305 69601
17	1692 66594 44736	23263 05139 87207
18	10155 99566 68416	1 62841 35979 10449
19	60935 97400 10496	11 39889 51853 73143
20	3 65615 84400 62976	79 79226 62976 12001
21	21 93695 06403 77856	558 54586 40832 84007
22	131 62170 38422 67136	3909 82104 85829 88049
23	789 73022 30536 02816	27368 74734 00809 16343
24	4738 38133 83216 16896	1 91581 23138 05664 14401
25	28430 28802 99297 01376	13 41068 61966 39649 00807
26	1 70581 72817 95782 08256	93 87480 33764 77543 05649
27	10 23490 36907 74692 49536	657 12362 36353 42801 39543
28	61 40942 21446 48154 97216	4599 86536 54473 99609 76801
29	368 45653 28678 88929 83296	32199 05755 81317 97268 37607
30	2210 73919 72073 33578 99776	2 25393 40290 69225 80878 63249

XLV   Werte von $\dfrac{m!}{(m-n)!} = m\,(m-1)\,(m-2)\cdots(m-n+1)$

$m \diagdown n$	1	2	3	4	5	6	7	8
1	1							
2	2	2						
3	3	6	6					
4	4	12	24	24				
5	5	20	60	120	120			
6	6	30	120	360	720	720		
7	7	42	210	840	2520	5040	5040	
8	8	56	336	1680	6720	20160	40320	40320
9	9	72	504	3024	15120	60480	1 81440	3 62880
10	10	90	720	5040	30240	1 51200	6 04800	18 14400
11	11	110	990	7920	55440	3 32640	16 63200	66 52800
12	12	132	1320	11880	95040	6 65280	39 91680	199 58400
13	13	156	1716	17160	1 54440	12 35520	86 48640	518 91840
14	14	182	2184	24024	2 40240	21 62160	172 97280	1210 80960
15	15	210	2730	32760	3 60360	36 03600	324 32400	2594 59200

n	8^n	9^n
1	8	9
2	64	81
3	512	729
4	4096	6561
5	32768	59049
6	2 62144	5 31441
7	20 97152	47 82969
8	167 77216	430 46721
9	1342 17728	3874 20489
10	10737 41824	34867 84401
11	85899 34592	3 13810 59609
12	6 87194 76736	28 24295 36481
13	54 97558 13888	254 18658 28329
14	439 80465 11104	2287 67924 54961
15	3518 43720 88832	20589 11320 94649
16	28147 49767 10656	1 85302 01888 51841
17	2 25179 98136 85248	16 67718 16996 66569
18	18 01439 85094 81984	150 09463 52969 99121
19	144 11518 80758 55872	1350 85171 76729 92089
20	1152 92150 46068 46976	12157 66545 90569 28801
21	9223 37203 68547 75808	1 09418 98913 15123 59209
22	73786 97629 48382 06464	9 84770 90218 36112 32881
23	5 90295 81035 87056 51712	88 62938 11965 25010 95929
24	47 22366 48286 96452 13696	797 66443 07687 25098 63361
25	377 78931 86295 71617 09568	7178 97987 69185 25887 70249
26	3022 31454 90365 72936 76544	64610 81889 22667 32989 32241
27	24178 51639 22925 83494 12352	5 81497 37003 04005 96903 90169
28	1 93428 13113 83406 67952 98816	52 33476 33027 36053 72135 11521
29	15 47425 04910 67253 43623 92528	471 01286 97246 24483 49216 03689
30	123 79400 39285 38027 48991 24224	4239 11582 75246 20351 42944 33201

m\n	9	10	11	12	13	14	15
8							
9	3 62880						
10	36 28800	36 28800					
11	199 58400	399 16800	399 16800				
12	798 33600	2395 00800	4790 01600	4790 01600			
13	2594 59200	10378 36800	31135 10400	62270 20800	62270 20800		
14	7264 85760	36324 28800	1 45297 15200	4 35891 45600	8 71782 91200	8 71782 91200	
15	18162 14400	1 08972 86400	5 44864 32000	21 79457 28000	65 38371 84000	130 76743 68000	130 76743 68000

IL Zahlenschatz

$$e = 2{,}71828 \quad 18284 \quad 59045 \quad 23536 \quad 02874 \quad 71352 \cdots$$

$$\frac{1}{e} = 0{,}36787 \quad 94411 \quad 71442 \quad 32159 \quad 55237 \quad 70161 \cdots \Bigg\} \text{[1]}$$

$$\pi = 3{,}14159 \quad 26535 \quad 89793 \quad 23846 \quad 26433 \quad 83279 \cdots$$

$$\pi^2 = 9{,}86960 \quad 44010 \quad 89358 \quad 61883 \quad 44909 \quad 99876 \quad 15113 \cdots$$

$$\pi^3 = 31{,}00627 \quad 66802 \quad 99820 \quad 17 \cdots \Bigg\} \text{[2] [3]}$$

$$\frac{1}{\pi} = 0{,}31830 \quad 98861 \quad 83790 \quad 6715 \cdots$$

$$\frac{1}{\pi^2} = 0{,}10132 \quad 11836 \quad 4233 \cdots$$

$$\sqrt{\pi} = 1{,}77245 \quad 38509 \quad 05516 \quad 02729 \quad 81674 \quad 83 \cdots$$

$$\frac{1}{\sqrt{\pi}} = 0{,}56418 \quad 95835 \quad 47756 \quad 28694 \quad 80794 \cdots$$

$$\log_e \pi = 1{,}14472 \quad 98858 \quad 49400 \quad 17414 \quad 34 \cdots$$

$$\log_{10} \pi = 0{,}49714 \quad 98726 \quad 94133 \quad 85435 \quad 12 \cdots$$

$$\sqrt{\frac{2}{\pi}} = 0{,}79788 \quad 45608 \quad 02865 \quad 35588 \quad 9892 \cdots$$

x	$\sqrt{\dfrac{2}{\pi x}}$			x	$\sqrt{\dfrac{2}{\pi x}}$		
				6	0,32573	50079	35
2	0,56418	95835	48	7	0,30597	47616	39
3	0,46065	88659	62	8	0,28209	47917	74
4	0,39894	22804	01	9	0,26596	15202	68
5	0,35682	48232	31	10	0,25231	32522	02

---

[1] In Orstrand, Tables of the Exponentialfunction, S. 79 ist e bis auf die 346ste, $\dfrac{1}{e}$ bis auf die 105ste Stelle angegeben. Die 32ste Stelle des Wertes von e ist dort unrichtig; an Stelle von 0 muß 6 gelesen werden.

[2] John Machin (1706) hat die Berechnung von π bis auf die 100ste Dezimalstellen, später Shanks (1872) bis auf die 707ste Stellen fortgeführt. Die erstere in der Synopsis von W. Jones, London 1706, die letztere in Proc. Roy. Soc. London 21 (1872), 22 (1873) veröffentlicht.

[3] Wegen weiterer Tafeln siehe Hayashi, Tafeln der Besselschen usw. Funktionen, 1930, S. 1.

$$\frac{\pi}{2} = 1{,}57079 \quad 63267 \quad 9489 \cdots$$

$$\sqrt{\frac{\pi}{2}} = 1{,}25331 \quad 41373 \quad 1550 \cdots$$

$$M = \log_{10} e = 0{,}43429 \quad 44819 \quad 03251 \quad 82765 \quad 11289 \quad 18916 \cdots$$

$$\log_{10} M = \bar{1}{,}63778 \quad 43113 \quad 00536 \quad 7891 \cdots$$

$$\frac{1}{M} = \log_e 10 = 2{,}30258 \quad 50929 \quad 94045 \quad 68401 \quad 79914 \quad 54684 \cdots$$

$$\pi M = 1{,}36437 \quad 63538 \quad 41841 \quad 34748 \quad 5 \cdots$$

$$\begin{cases} \log_e x = \dfrac{1}{M} \log_{10} x \\[2mm] \log_{10} x = M \log_e x \end{cases}$$

$$\sqrt{2} = 1{,}41421 \quad 35623 \quad 73095 \quad 04880 \quad 16887 \cdots$$

$$\sqrt{10} = 3{,}16227 \quad 76601 \quad 68379 \quad 33199 \quad 88935 \cdots$$

$$\sqrt[4]{10} = 1{,}77827 \quad 94100 \quad 38922 \quad 80122 \quad 54211 \cdots$$

$$\sqrt[8]{10} = 1{,}33352 \quad 14321 \quad 63324 \quad 02567 \quad 59316 \cdots$$

$$\gamma = \lim_{m = \infty} \left[1 + \frac{1}{2} + \frac{1}{3} + \cdots + \frac{1}{m} - \log_e m \right]$$

$$= 0{,}57721 \quad 56649 \quad 01532 \quad 86060 \quad 65120 \quad 90 \cdots$$

$$\log_e 2 = 0{,}69314 \quad 71805 \quad 59945 \quad 30941 \quad 72321 \cdots$$

XLVI

Die **Bernouillischen Zahlen** sind durch die symbolische Gleichung

$$(B + 1)^n - B_n = n \qquad\qquad (n = 1, 2, 3, \cdots)$$

definiert; bei Ausführung der Potenz ist B_k statt B^k zu setzen. Ihre erzeugende Funktion ist

$$\frac{x}{e^x - 1} = \sum_{n=0}^{\infty} (-1)^n \frac{B_n}{k!} x^n$$

$$= 1 - \frac{x}{2} + \frac{B_2}{2!} x^2 + \frac{B_4}{4!} x^4 + \cdots + B_n \frac{x^n}{n!} + \cdots;$$

die Reihe ist konvergent für $|x| < 2\pi$.

Die ersten 22 Werte der Bernouillischen Zahlen sind:

$$B_2 = \frac{1}{6}, \qquad B_{18} = \frac{43867}{798}, \qquad B_{32} = \frac{-\,770\ 93210\ 41217}{510},$$

$$B_4 = \frac{-1}{30}, \qquad B_{20} = \frac{-1\ 74611}{330}, \qquad B_{34} = \frac{257\ 76878\ 58367}{6},$$

$$B_6 = \frac{1}{42}, \qquad B_{22} = \frac{8\ 54513}{138}, \qquad B_{36} = \frac{-\,26315\ 27155\ 30534\ 77373}{19\ 19190},$$

$$B_8 = \frac{-1}{30}, \qquad B_{24} = \frac{-\,2363\ 64091}{2730}, \qquad B_{38} = \frac{2\ 92999\ 39138\ 41559}{6},$$

$$B_{10} = \frac{5}{66}, \qquad B_{26} = \frac{85\ 53103}{6}, \qquad B_{40} = \frac{-\,2\ 61082\ 71849\ 64491\ 22051}{13530},$$

$$B_{12} = \frac{-691}{2730}, \qquad B_{28} = \frac{-\,2\ 37494\ 61029}{870}, \qquad B_{42} = \frac{15\ 20097\ 64391\ 80708\ 02691}{1806},$$

$$B_{14} = \frac{7}{6},$$

$$B_{16} = \frac{-3617}{510}, \qquad B_{30} = \frac{861\ 58412\ 76005}{14322}, \qquad B_{44} = \frac{-\,278\ 33269\ 57930\ 10242\ 35023}{690}.$$

Zu bemerken ist

$$B_0 = 1, \quad B_1 = \frac{1}{2}, \quad B_3 = B_5 = B_7 = \cdots = 0.$$